Sistema de Planos Acotados y sus aplicaciones

Carlos Gordo Monsó

Antonio A. Arcos Álvarez

José Luis García Calleja

Sistema de Planos Acotados y sus aplicaciones
Carlos Gordo Monsó, Antonio A. Arcos Álvarez, José Luis García Calleja

Editado por:
CULTIVA LIBROS
Lantia Publishing S.L.
C/ Méndez Álvaro 18 2ª Pl.
Madrid 28045
España
912049636
www.cultivalibros.com
info@cultivalibros.com

Impreso en España
ISBN: 978-84-16073-68-9

Maquetación, diseño y producción: Cultiva Libros

SISTEMA DE PLANOS ACOTADOS Y SUS APLICACIONES

SISTEMA DE PLANOS ACOTADOS Y SUS APLICACIONES

ÍNDICE

Capítulo I. INSTRUMENTACIÓN DEL SISTEMA

CAPÍTULO I

INSTRUMENTACIÓN DEL SISTEMA

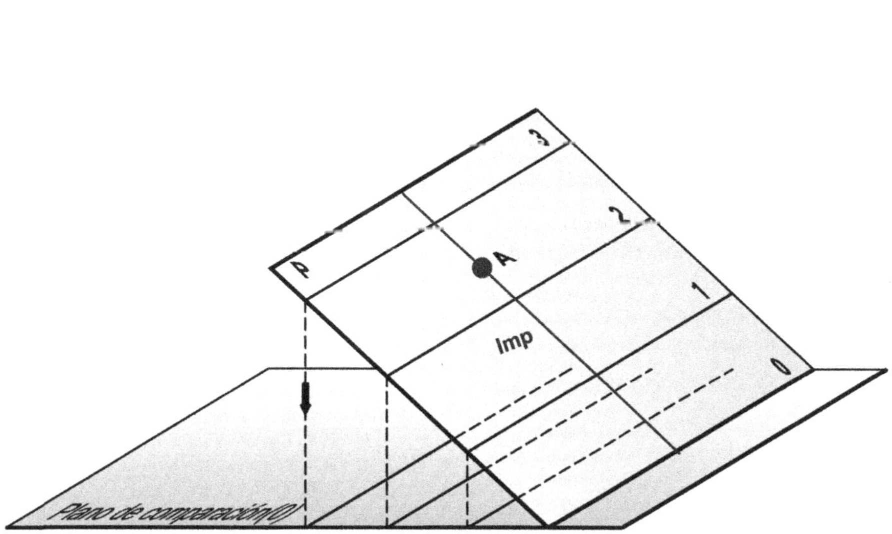

1. INTRODUCCIÓN

El Sistema acotado o de **planos acotados** es un sistema de proyección cilíndrico y ortogonal sobre un plano horizontal denominado **plano de comparación**, que se hace coincidir con el plano Oxy del sistema de coordenadas. El eje coordenado Oz será, por tanto, ortogonal al plano de comparación.

Los valores de las abcisas x_A, y ordenadas y_A se proyectarán, aplicada la escala, en verdadera magnitud, debiéndose indicar la tercera coordenada z_A, que denominaremos **cota**, entre paréntesis, figs. 1 y 2

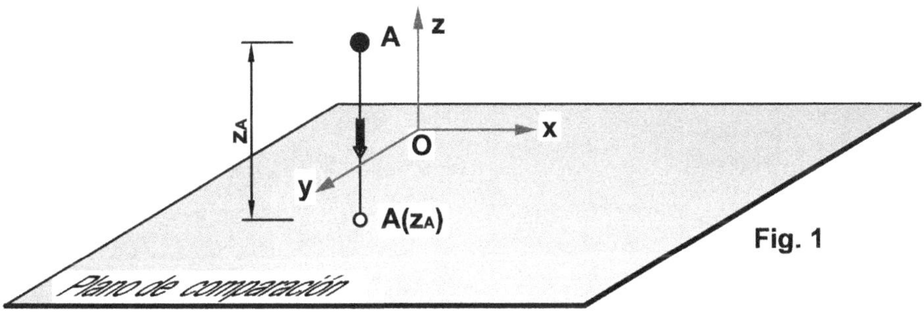

Fig. 1

Sistema de coordenadas en planos acotados

Fig. 2

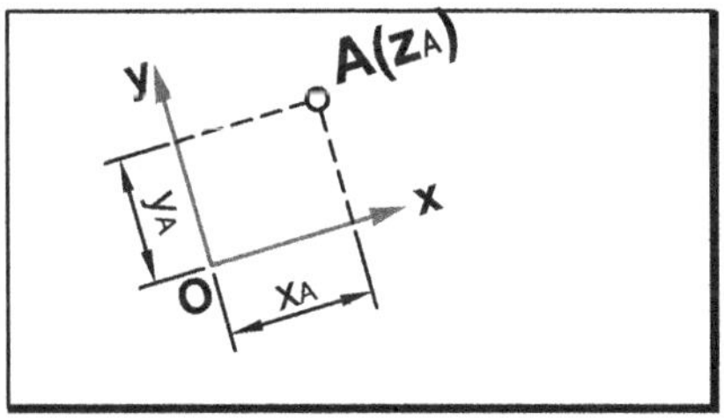

Los sistemas de proyección más usuales (diédrico, axonométrico, caballera, cónica lineal...) son idóneos para representar objetos cuyas tres dimensiones son de un orden de magnitud similar, siendo inoperantes cuando se trata de representar objetos en los que una de sus dimensiones es notoriamente superior a las otras dos.

En la ingeniería civil es preciso representar obras en las que una dimensión, generalmente su longitud, es muy superior a su altura y a su anchura y también otras en las que dos dimensiones, longitud y anchura, son muy superiores a su altura.

Imaginemos la representación de un canal de 50 **km** de longitud por 5 **m** de anchura y una diferencia de cota entre su inicio y final de 50 **m**. Esta obra de ingeniería civil resulta impensable representarla en el sistema diédrico. Otras obras de este tipo serían las de viales (carreteras, ferrocarriles, diques de abrigo en los puertos etc.

Lo mismo ocurre si la obra es un polígono de una urbanización: la superficie del polígono, longitud por anchura, es notablemente superior a la diferencia de cota entre el punto más alto y el más bajo del polígono.

La propia representación del terreno sobre el que se asientan estas obras requiere un sistema de representación específico que es el de **PLANOS ACOTADOS.**

2. POSICIONES DE UN PUNTO RESPECTO AL PLANO DE COMPARACIÓN

Como se aprecia en las figs. 3 y 4, respecto al plano de comparación, un punto puede tener mayor cota que él, A(7), la misma, B(0) o menor, en este caso se indicará con cota negativa, C(-4).

Posiciones del punto en el espacio

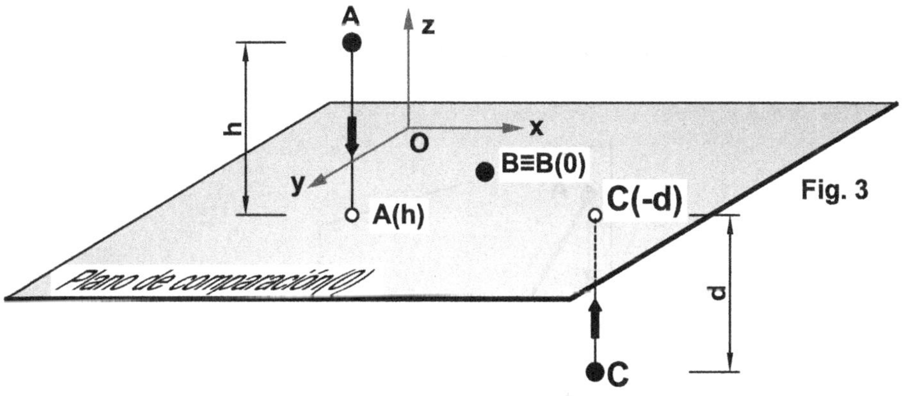

Fig. 3

Representación del punto en acotados

Fig. 4

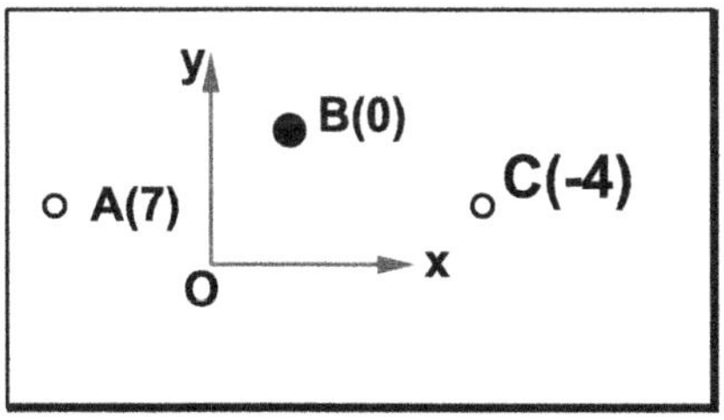

3. REPRESENTACIÓN DE LA RECTA

Una recta del espacio **"r"**, figs. 5 y 6, queda representada por su proyección ortogonal, **r,** sobre el plano de comparación, bastando con indicar la cota de dos de sus puntos, A(7) - C(-4).

Al punto de intersección con el plano de comparación se le denomina **traza** de la recta. Dicho punto tendrá la misma cota que el plano de comparación B(0). Si se considera opaco el plano de comparación, la proyección de la recta será oculta a partir de su traza.

Representación de la recta en acotados

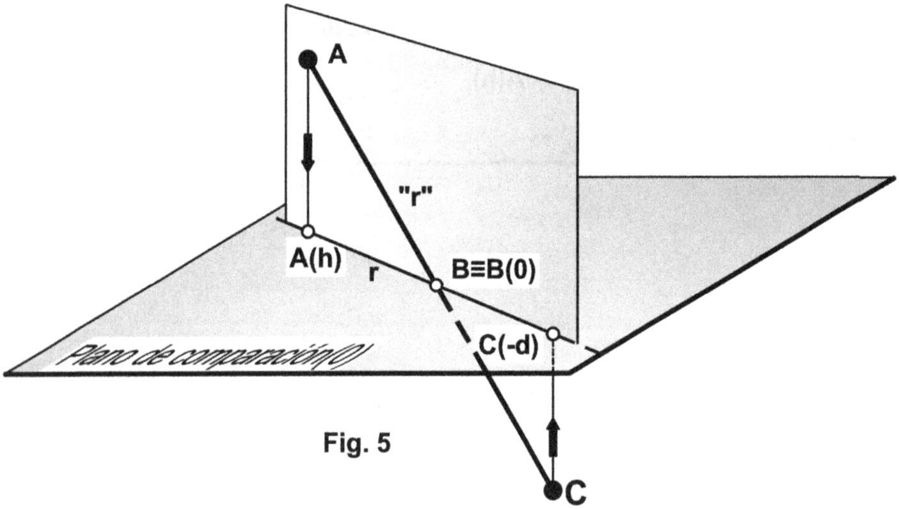

Fig. 5

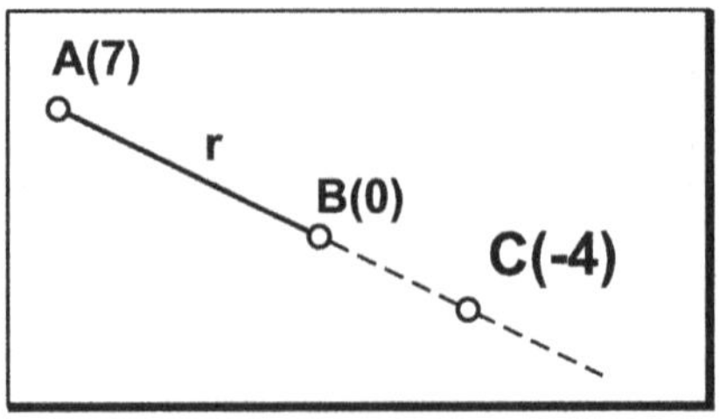

Fig. 6

4. TIPOLOGÍA DE RECTAS

Respecto al plano horizontal de comparación, las rectas pueden ser de tres tipos, figs. 7 y 8:

Oblicua: recta **r**. Cortará al plano en el punto de su traza.

Horizontal: recta **h**. Todos sus puntos tienen la misma cota, es paralela al plano de comparación, siendo su traza el punto impropio de la recta. Se representa mediante dos puntos de ella a la misma cota o mediante el nombre de la recta indicando su cota, **h(3)**.

Vertical: recta **s**. La proyección de la recta es un punto.

Representación en acotados de distintos tipos de rectas

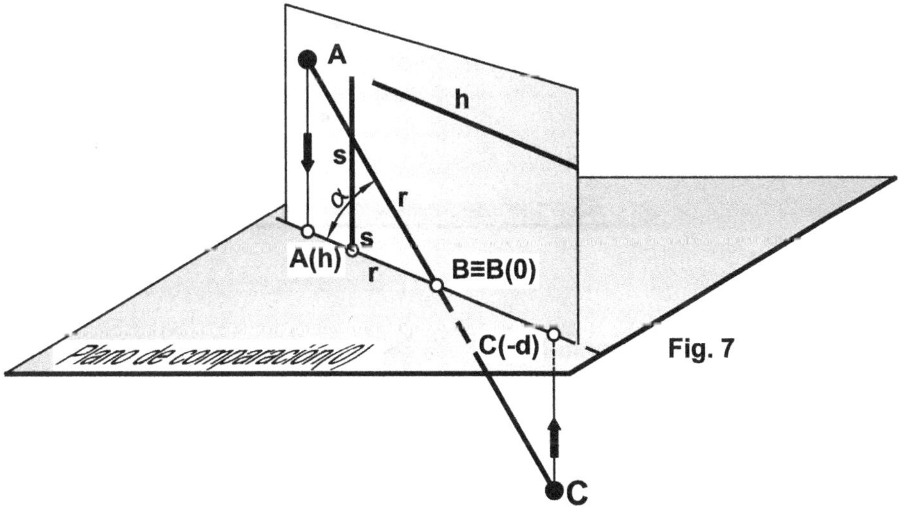

Fig. 7

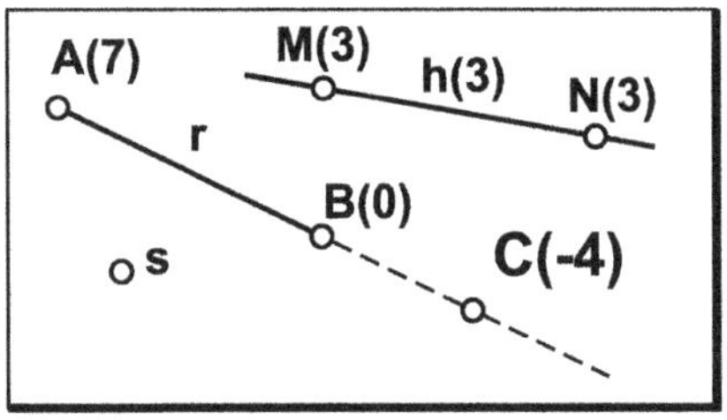

Fig. 8

r ≡ recta oblicua
s ≡ recta vertical
h ≡ recta horizontal

5. GRADUACIÓN DE UNA RECTA

Se entienda por graduar una recta al proceso de obtener puntos de ella con cotas determinadas, entre ellos los de cota entera, figs. 9 y 10.

Sea la recta **r** definida por los puntos A(5,30) y B(2,57). Consideremos el plano **P** que contiene a la recta **r** y que es ortogonal al plano de comparación, fig. 9.

Por abatimiento del plano **P** sobre el de comparación, fig. 10, se determina **(r)**. Bastará para ello trazar por **A** y **B** las perpendiculares a **r** y llevar sobre cada una de ellas, respectivamente, las cotas de cada punto. Se obtendrán los puntos **(A)**, **(B)** y la recta **(r)**.

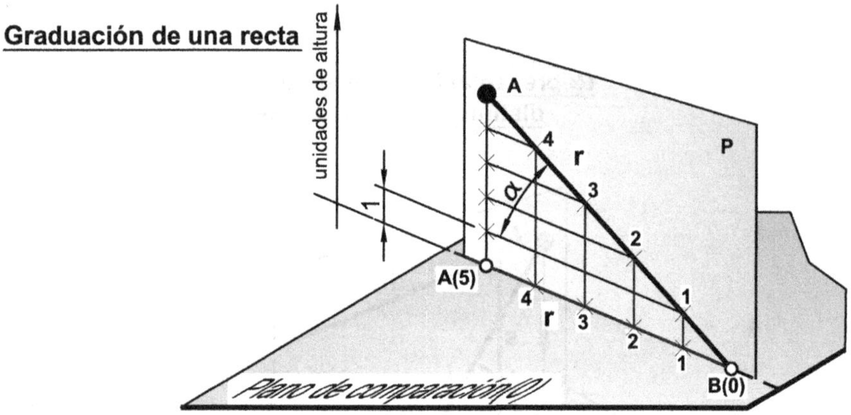

Fig. 9

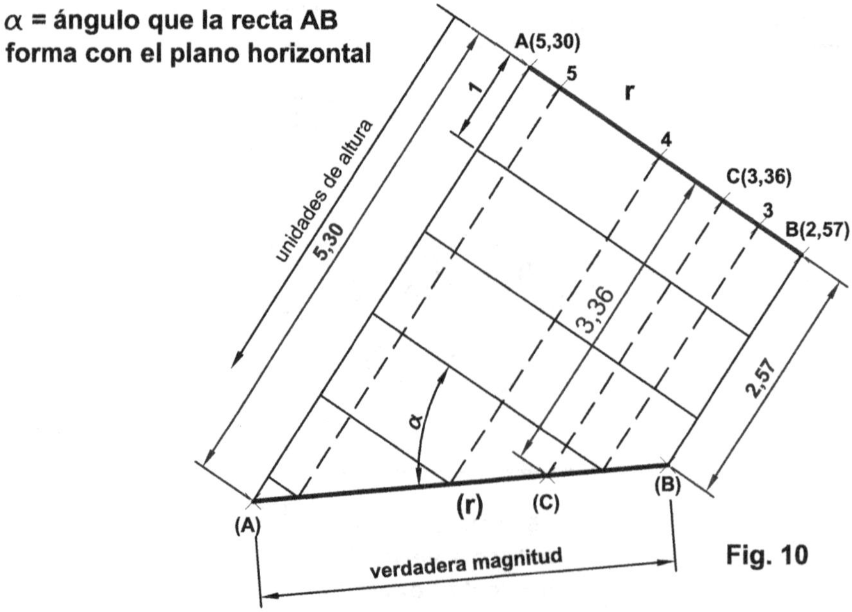

Fig. 10

Trazando paralelas a **r** a distancias iguales a **una unidad de altura,** se determinarán sobre **(r)** puntos de cota entera abatidos que, restituídos a **r,** fijarán sus puntos correspondientes.

Si se deseara fijar el punto de **r** de una cierta cota, p. e. el punto C(3,36), bastaría con trazar la paralela a **r** a una distancia de **3,36 unidades de altura** para obtener sobre **(r)** el punto **(C). R**estituido dicho punto sobre **r** resultará el punto **C(3,36)**.

Mediante esta sencilla construcción geométrica se nos proporciona, además, el valor de la verdadera magnitud del segmento **AB** y el valor del ángulo α que la recta **r** forma con el plano horizontal de comparación.

EA - 01 EJEMPLO DE APLICACIÓN

Se definen las rectas **r(A, B)** y **s(C, D)** con las cotas en metros que se indican y se desea dibujar **en acotados**, a **escala 1/1.500**, la proyección de la recta **t**, horizontal de cota (70), que se apoye en las dadas.

También se quiere obtener los ángulos α y β que forman **r** y **s** con el plano horizontal y las verdaderas magnitudes de los segmentos **AB** y **CD**.

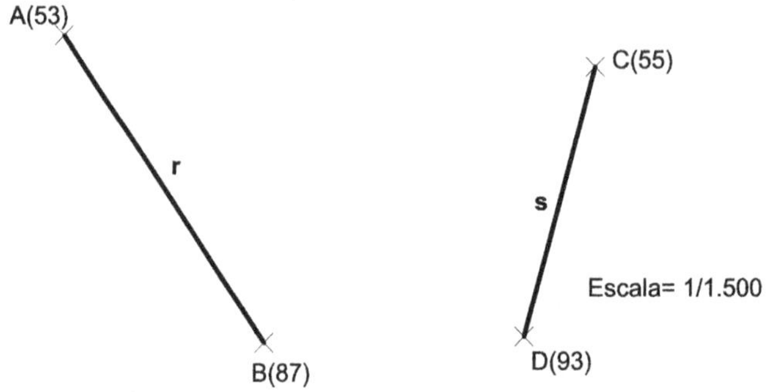

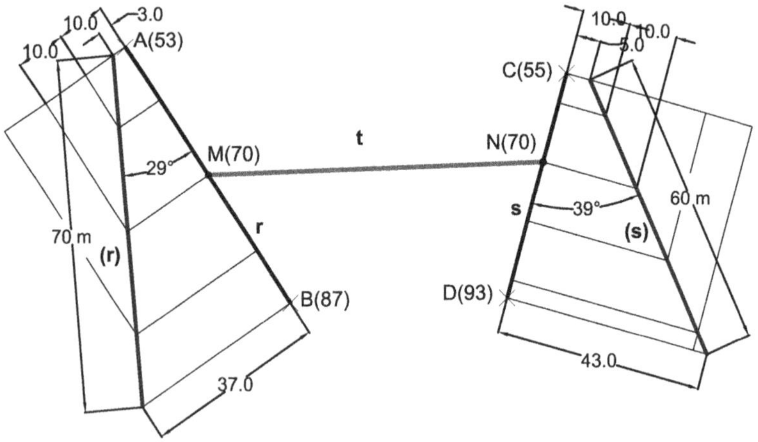

Escala = 1/1.500 = Medida en el dibujo / medida en la realidad
Escala = 1/1.500 = 1 mm en el dibujo / 1.500 mm en la realidad

EXPLICACIÓN

Se han graduado las rectas **r (A, B)** y **s (C, D)** (ver § 5) abatiéndolas sobre el plano horizontal de cota 50 (ha de tenerse en cuenta la escala a la hora de llevar medidas).

Se determinan los puntos **M** y **N** de cota **(70)** sobre cada una de las rectas. La recta **t** que los une es la solución buscada.

Los ángulos α y β pedidos son, respectivamente, de 29º y 39º.

Las verdaderas magnitudes de los segmentos son: **AB = 70 m**, **CD = 60 m**.

6. PERTENENCIA DE UN PUNTO A UNA RECTA

Como se aprecia en la fig. 11, la **condición necesaria** para que un punto C pertenezca a una recta r es que su proyección se sitúe sobre la de la recta r; pero esta condición **no es suficiente**, es preciso, además, que la cota de **C** se corresponda con la del punto de la recta sobre la que se sitúa. Así, fig 12, el punto **D** no pertenece a la recta **r**.

Pertenencia de un punto a una recta

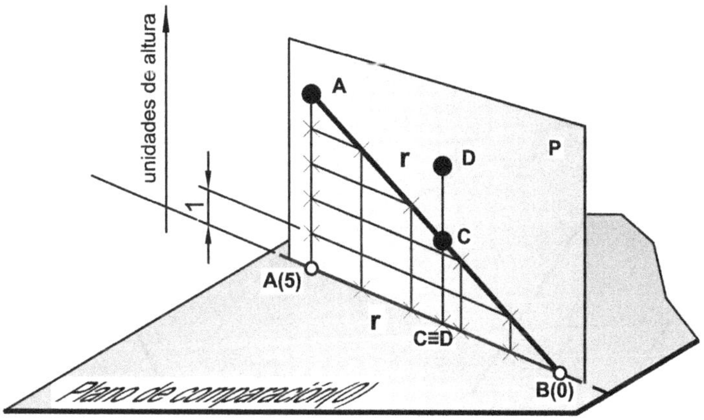

Fig. 11

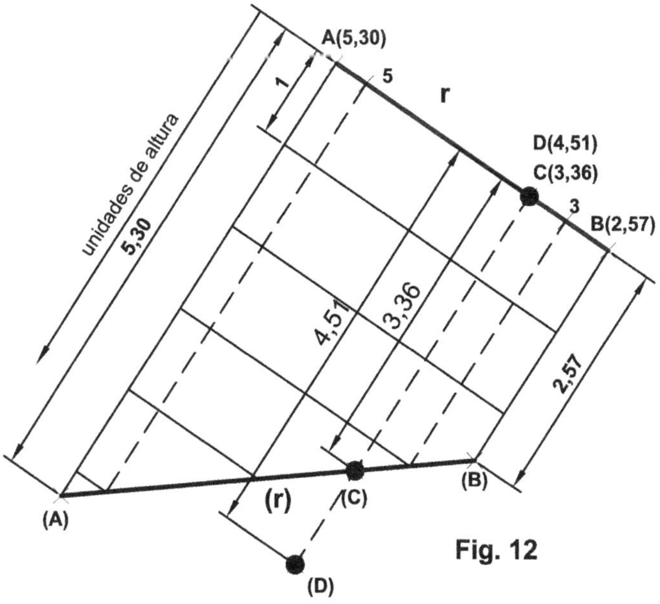

Fig. 12

EP - 01 EJERCICIO PROPUESTO

Los puntos **M** y **N** pertenecen, respectivamente, a los segmentos **AB** y **CD**. Dibujo realizado a **escala 1:1,** cotas en **cm**.

Se pide en acotados obtener las cotas de los puntos **M** y **N**, la verdadera magnitud del segmento **MN** y el ángulo que forma con el plano horizontal.

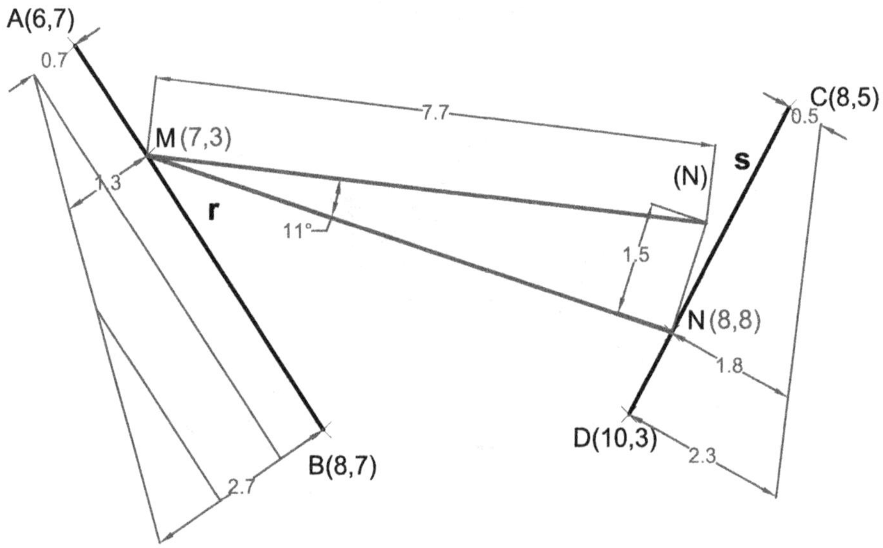

EXPLICACIÓN

Se determinan las cotas de **M** y **N** como pertenecientes a los segmentos **AB** y **CD** respectivamente (ver § 5), que resultan ser 7,3 cm y 8,8 cm.

Para determinar la verdadera dimensión del segmento **MN**, basta con trazar por uno de sus extremos, sea N, la perpendicular a **MN** y sobre ella llevar la magnitud (cota de M - cota de N), que resulta ser 1,5 cm. Se obtiene el punto (N) que unido con M resuelve el problema, resulta ser 7,7 cm.

El ángulo que forma **MN** con el plano horizontal es el formado por **M(N)** con **MN**, esto es 11°.

7. RECTAS QUE SE CORTAN Y RECTAS QUE SE CRUZAN

El hecho de que las proyecciones de dos rectas se corten no implica que ambas rectas se corten en el espacio. Así, en la fig. 13, las rectas **r** y **s** se cortan en el punto **I** común a ambas, sin embargo no lo hacen las rectas **m** y **n** y de ellas se dice que se cruzan.

La condición para que dos rectas se corten es que el punto de intersección de sus proyecciones corresponda al mismo punto en cada recta en el espacio; dicho de otra manera: que el punto de intersección de las proyecciones tenga la misma cota en cada una de las rectas.

Rectas que se cortan o se cruzan

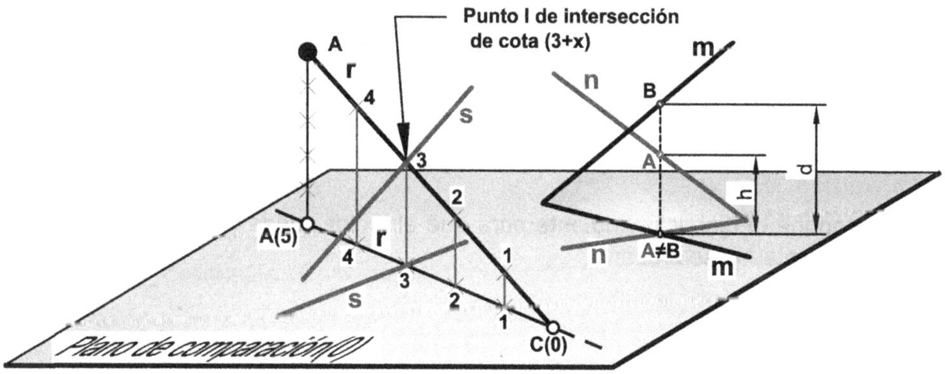

Fig. 13

En la fig. 14 se han hallado las cotas del punto **I** como perteneciente a **r** y a **s** (ver apdo. 4), resultando ser la misma en ambos casos, cota **x,** y por tanto ambas rectas se cortan.

Las rectas r y s se cortan

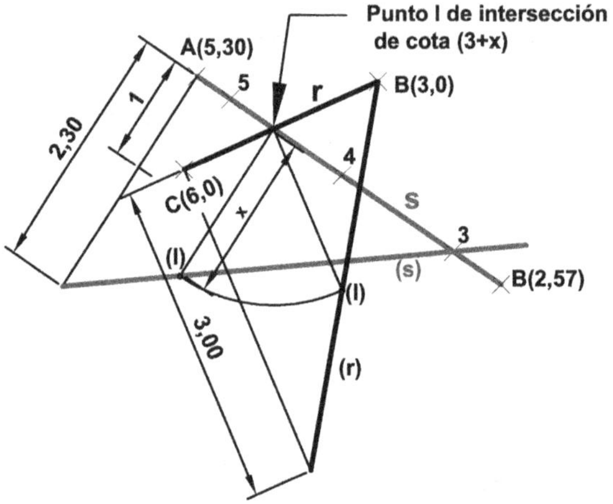

Fig. 14

Se propone el ejercicio siguiente para que el lector pueda comprobar que las dos rectas representadas se cruzan

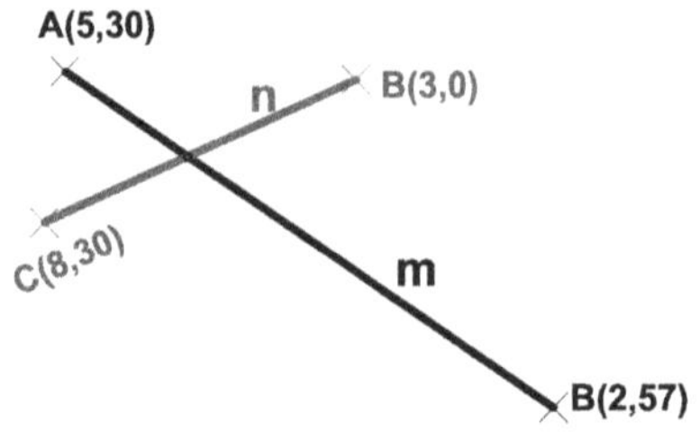

EA - 02 EJEMPLO DE APLICACIÓN

Los segmentos **m(A-B)** y **n(C-D)** con las cotas en metros que se indican, representan dos tuberías que se desean unir mediante una tercera, **t,** que sea vertical.

Calcular mediante el sistema de planos acotados, a **escala 1/100**: la longitud de la tubería **t**, indicando las cotas de sus extremos. Obtener los ángulos α y β que forman **m** y **n**, respectivamente, con el plano horizontal y las verdaderas magnitudes de las tuberías **AB** y **CD**.

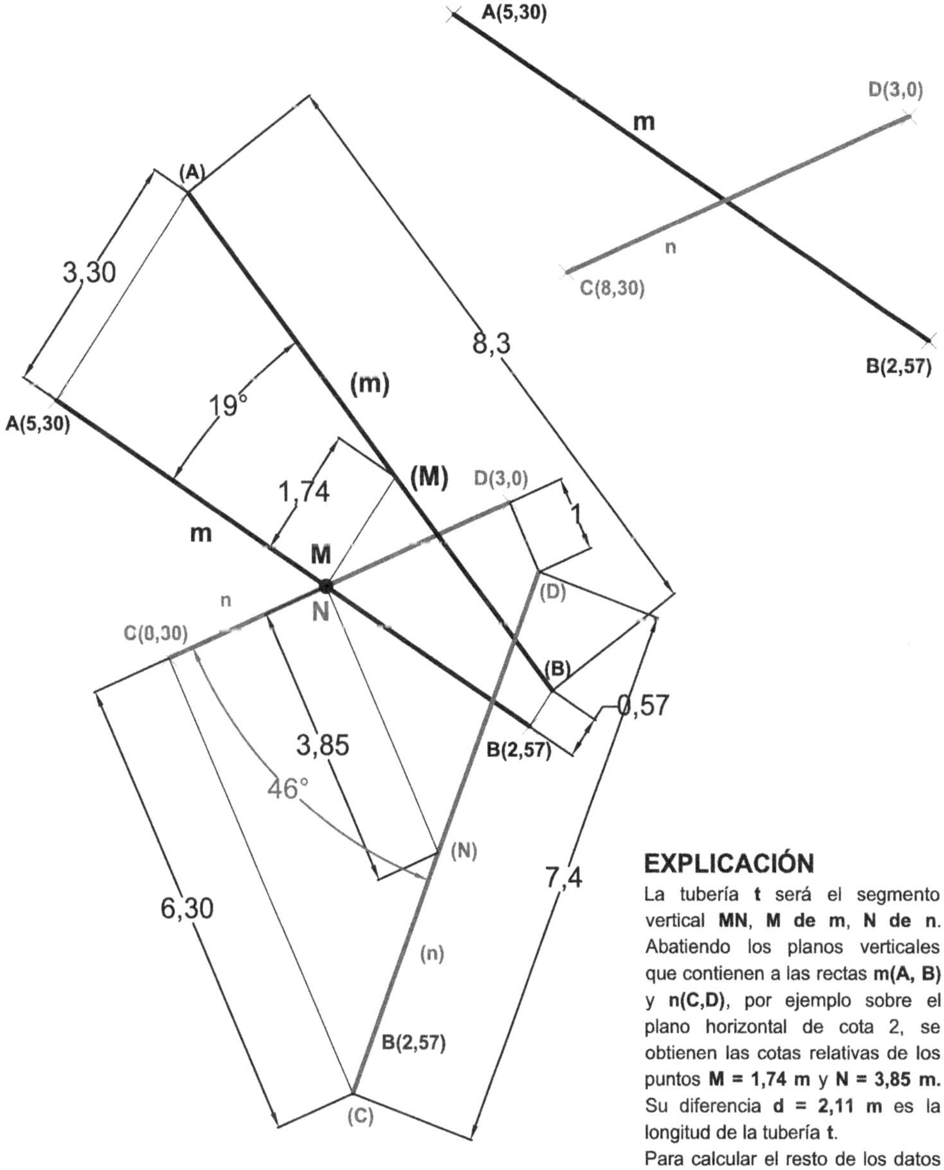

EXPLICACIÓN

La tubería **t** será el segmento vertical **MN**, **M de m**, **N de n**. Abatiendo los planos verticales que contienen a las rectas **m(A, B)** y **n(C,D)**, por ejemplo sobre el plano horizontal de cota 2, se obtienen las cotas relativas de los puntos **M = 1,74 m** y **N = 3,85 m.** Su diferencia **d = 2,11 m** es la longitud de la tubería **t**.

Para calcular el resto de los datos pedidos se procederá como en el ejercicio EA **- 01**

EP - 02 EJERCICIO PROPUESTO

La recta **m(A, B)** simula el eje de un tramo de carretera de **41,5 m** de longitud que se corta con otra carretera de eje **n** que pasa por el punto **C(8,30)**

Calcular mediante el sistema de planos acotados la escala del dibujo.

Se desea que el tramo de carretera **n(C,D)** sea de **60 m** de longitud y se **pide** fijar la posición del extremo **D** de dicho tramo, sabiendo que debe tener menor cota que el punto **C** y calculando la cota del punto **X** de intersección de ambos ejes.

Obtener los ángulos α y β que forman **m** y **n**, respectivamente, con el plano horizontal.

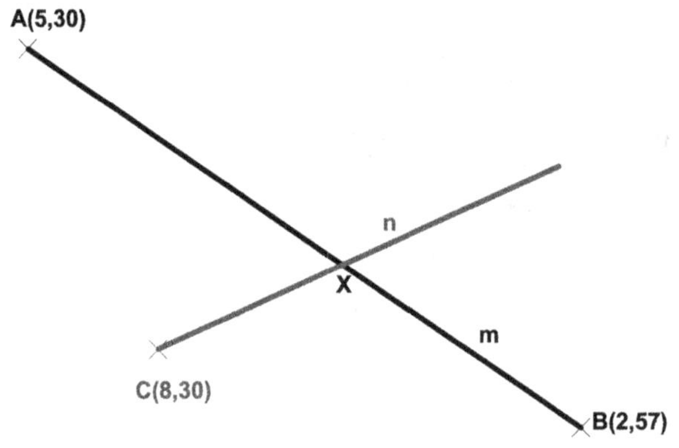

8. PENDIENTE Y MÓDULO, TALUD O INTERVALO DE UNA RECTA

Dada una recta **r**, fig. 15, se denomina **pendiente de dicha recta, p_r,** al valor de la tangente trigonométrica del ángulo α que la recta **r** forma con el plano horizontal de referencia. La pendiente p_r es un valor adimensional.

Se denomina **módulo**, **talud** ó **intervalo** de la recta **r, m_r**, al valor inverso de su pendiente: $m_r = 1/p_r$. El valor del módulo es, igualmente, adimensional.

Podría decirse que: **"El módulo de una recta es la distancia que es preciso recorrer en horizontal para ascender, o descender, una unidad de altura"**, fig. 16. El módulo de una recta es la equidistancia entre las proyecciones de los puntos sucesivos de una recta cuya diferencia de cota es una unidad; es, por tanto, la distancia que gradúa una recta.

Para ángulos	$\alpha < 45^o$,	$m > 1$,	$p < 1$
si	$\alpha = 0^o$,	$m = \infty$,	$p = 0 \equiv$ recta horizontal
si	$\alpha = 45^o$,	$m = 1$,	$p = 1 \equiv p = 100\%$
si	$\alpha = 90^o$,	$m = 0$,	$p = \infty \equiv$ recta vertical

Pendiente y módulo, talud o intervalo de una recta

La pte p y el módulo m son valores adimensionales

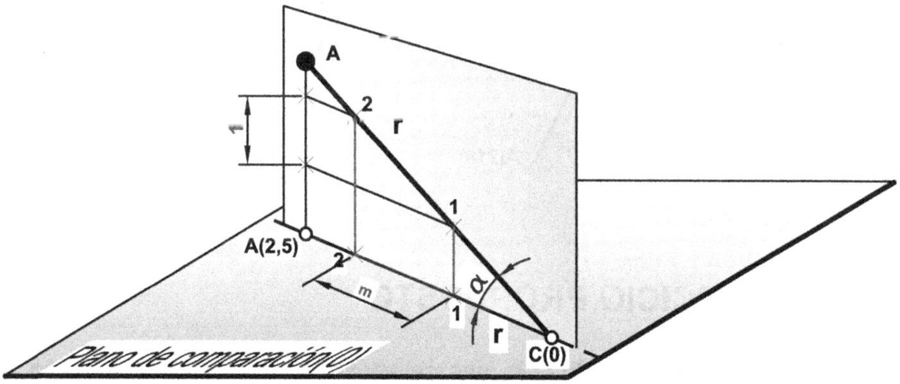

Fig. 15

pte de r, p = tg α= 1/m

m = 1/p

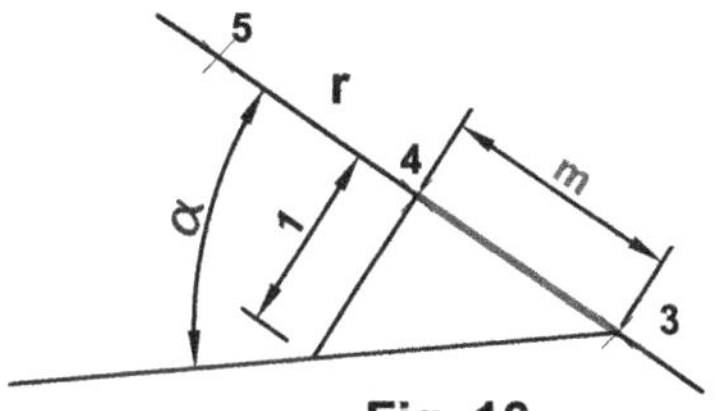

Fig. 16

Distintas formas de **definir la pendiente** de una recta:

- **Dando el valor de α**
- **Dando el valor de m**
- **Expresada en %**
- **Gráficamente**
- **Mediante la relación H/V : 2,5 / 1**

Si el módulo de la recta **r** es $\mathbf{m_r = 2,5}$, su pendiente es $\mathbf{p_r = 1/2,5 = 0,4 \equiv 40\%}$ expresada en %

Con este único dato, la recta r queda indefinida pues no se sabe el sentido en que asciende su cota.

Se dice que una recta va en **rampa** según un cierto sentido de dicha recta cuando asciende en cota siguiendo dicho sentido; en caso contrario se dice que va en **pendiente**, figs. 17 y 18.

Recta r en rampa hacia el norte

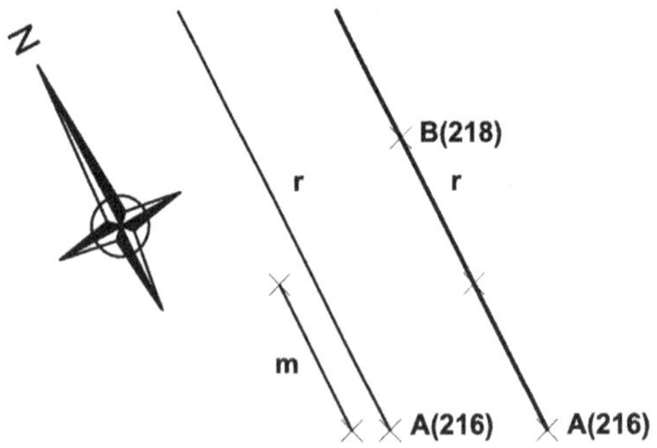

Fig. 17

Recta r en pendiente hacia el norte

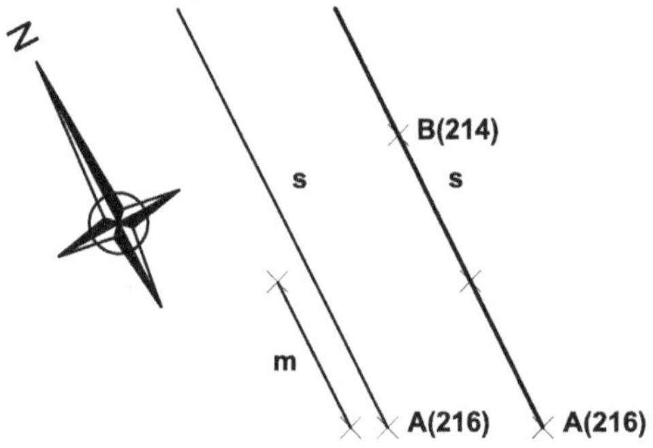

Fig. 18

E.P. 03 EJERCICIO PROPUESTO

Dibujar la recta horizontal, **h(219)**, que se apoye sobre la recta **r** de la fig. 17 y sobre la recta **s** de la fig. 18.

9. REPRESENTACIÓN DEL PLANO

Un plano **P** se representa por las proyecciones ortogonales sobre el plano de comparación de sus rectas horizontales de cota entera que, naturalmente, serán paralelas y equidistantes, fig. 19.

Existe en el plano **P** una dirección ortogonal a todas las horizontales del plano. Dicha dirección se denomina de **máxima pendiente.** Cualquier recta del plano que sea paralela a esa dirección se denomina **línea de máxima pendiente, lmp,** del plano. La proyección de una **lmp** será ortogonal a las proyecciones de las rectas horizontales del plano, fig. 20. Por su especial importancia, la **lmp** de un plano se representa con dos rectas paralelas cercanas.

Así, si se considera una gota de agua que se desliza por el plano, su trayectoria seguirá una **lmp**. Según se ha visto en el § 8, definida una **lmp** serán conocidos su pendiente **plmp** y su módulo **mlmp**.

Se definen como **pendiente del plano P** el valor de la pendiente de su **lmp**, y **módulo o talud del plano** el valor del módulo de su **lmp**.

pte de un plano = pte de su lmp = tg α= 1/m
módulo de un plano = módulo de su lmp = m = 1 / pte

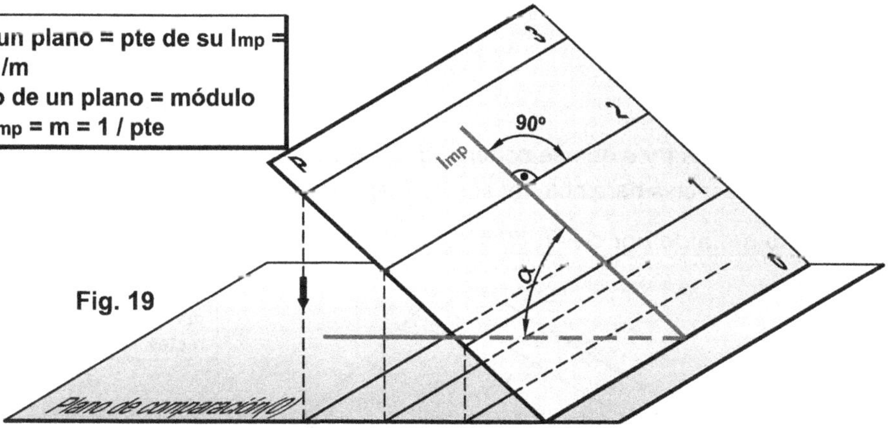

Fig. 19

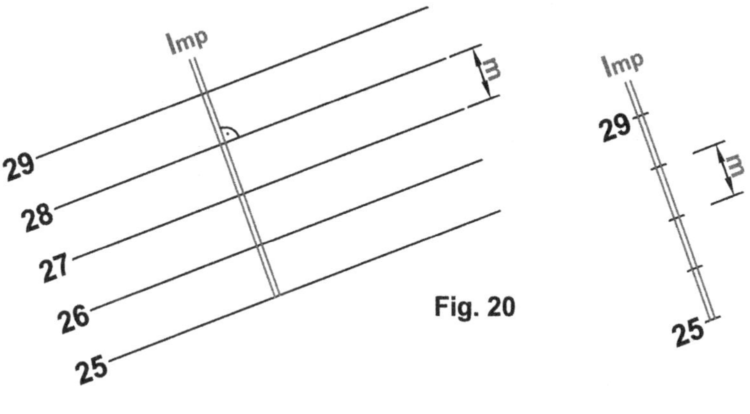

Fig. 20

10. DEFINICIÓN DEL PLANO

Un plano **P** puede quedar definido por:

1. Tres puntos **A**, **B** y **C** no colineales, fig. 21. Bastará con trazar el segmento **r** que une dos de ellos **A** y **B**, graduar dicho segmento y trazar las correspondientes rectas horizontales, fig. 22

Plano definido por tres puntos no alineados

La horizontal del plano P que definen, resultará de unir el punto C con el de igual cota del segmento AB

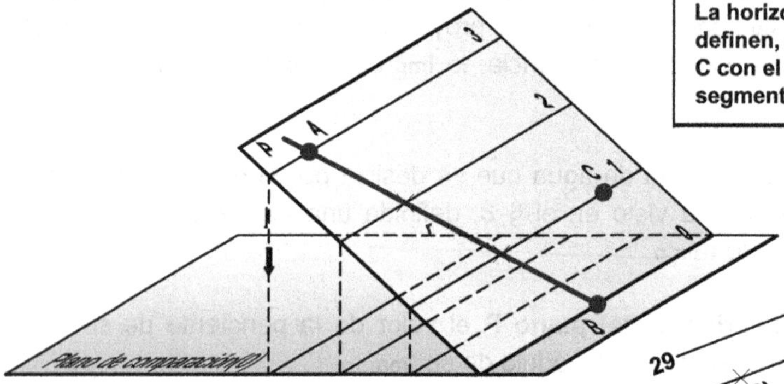

Fig. 21

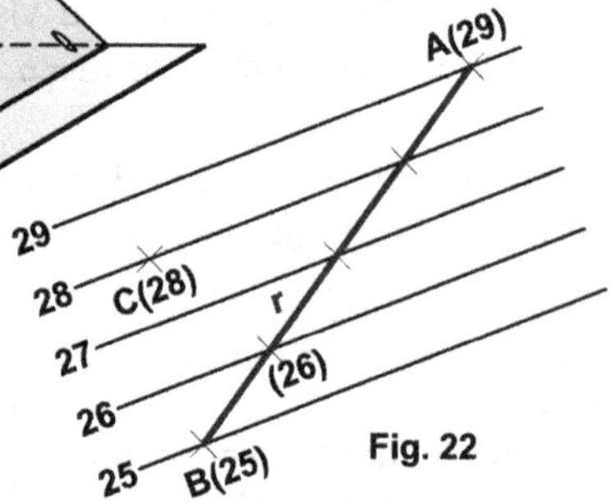

Fig. 22

2. Dos rectas **r** y **s** que se corten, fig. 23. Bastará con unir puntos de igual cota de ambas rectas para obtener sus correspondientes rectas horizontales, fig. 24.

Plano definido por dos rectas r y s que se cortan

Las horizontales del plano P que definen resultarán de unir puntos de igual cota en ambas rectas

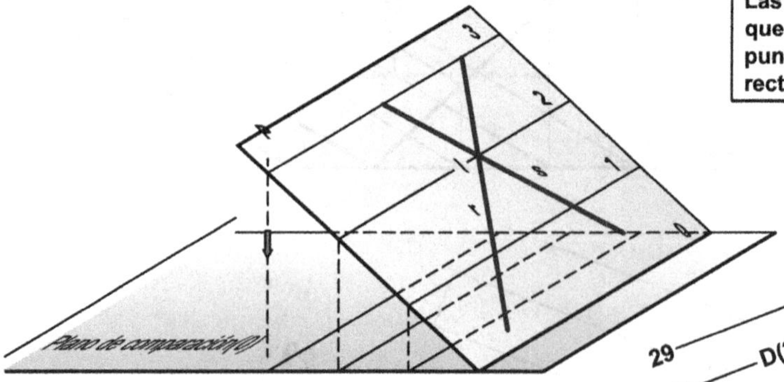

Fig. 23

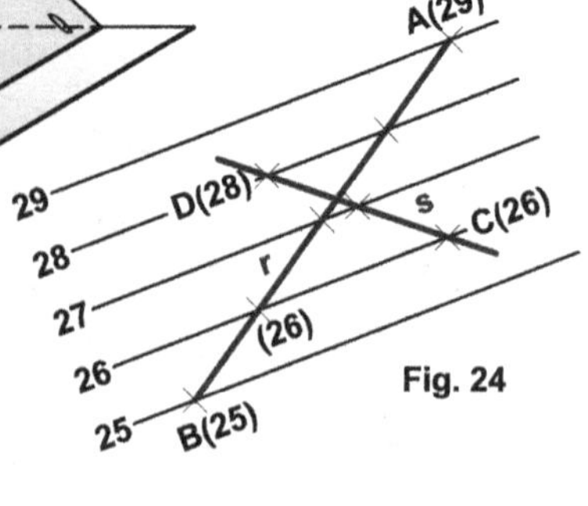

Fig. 24

3. Como se ha visto en el § 9, definiendo dos horizontales del plano, o bien su línea de máxima pendiente

EA - 03 EJEMPLO DE APLICACIÓN

Se definen dos planos, el **Q** por su línea de máxima pendiente **r** y el **P** por las rectas **m(A,B)** y **n(C,D)** que se cortan.

Las rectas horizontales **h´(50)** ∈ **P**, **h(50)** ∈ **Q**, representan los ejes de dos carreteras que se desean unir mediante otra carretera de eje la recta **t**, que forme **30º** con el eje de abcisas y que tenga **60 m** de longitud.

Calcular mediante el **sistema de planos acotados**, a **escala 1/1.000,** la posición del eje de la carretera **t**.

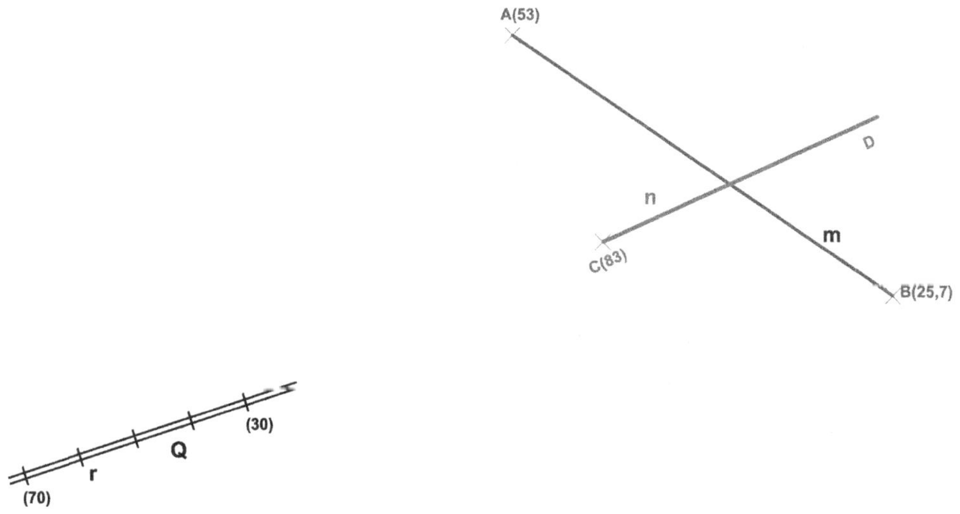

EXPLICACIÓN

Se define la recta **n** obligando a que su punto **M** pertenezca a **m** siendo, por tanto, su cota conocida, **M(37,4)**, el plano vertical que contiene a la recta **m** se ha abatido sobre el plano de cota **(20)**.

Se gradúan las rectas **m** y **n** obteniendo la horizontal **h´(50)** del plano **Q**. Se dibuja la horizontal **h(50)** del plano **P**.

La posición de la recta **t** se obtiene mediante una traslación, obligando a que su longitud sea de **60 m** y su orientación de **30º** respecto al eje de abcisas (eje OX).

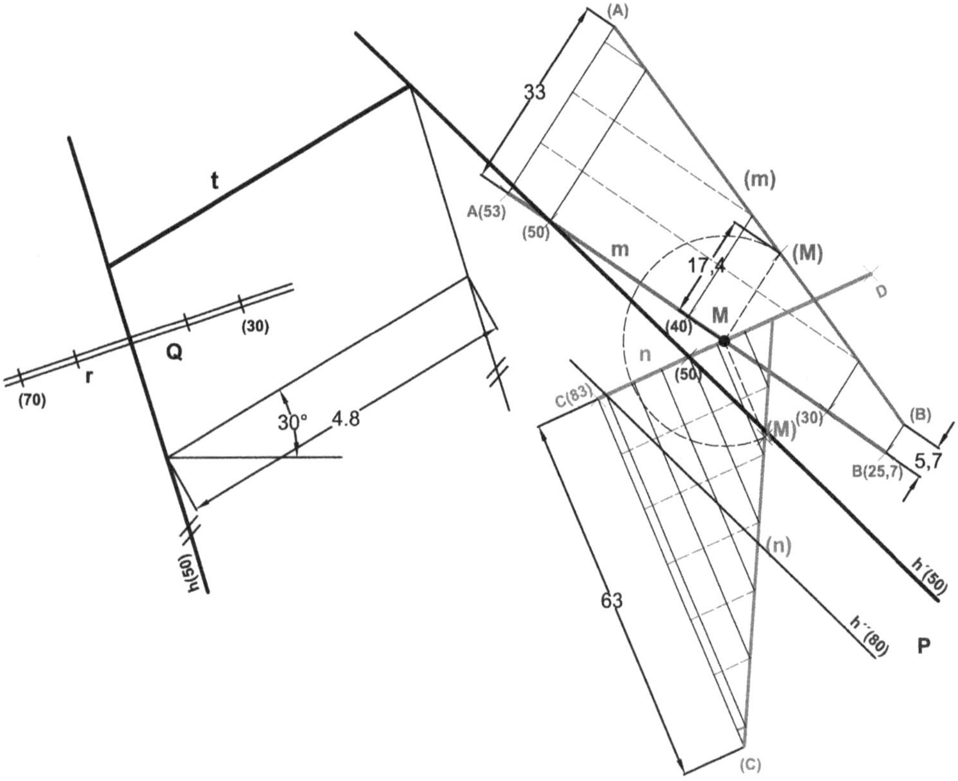

11. PERTENENCIA ENTRE PUNTOS, RECTAS Y PLANOS

11.1 Pertenencia de un punto a una recta.

Véase § 6

11.2 Dada la proyección de un punto A, determinar su cota para que el punto pertenezca a un plano dado P, fig. 25.

Bastará, figs. 26 y 27, con trazar la línea de máxima pendiente del plano que contenga a la proyección del punto A, y obligar a que el punto pertenezca a esa línea, con lo que quedará obligada su cota, véase § 6. En el caso de la fig. 27, el punto A deberá tener una cota de 28,40.

Esta construcción permite trazar una horizontal de plano de cota determinada.

Fig. 25

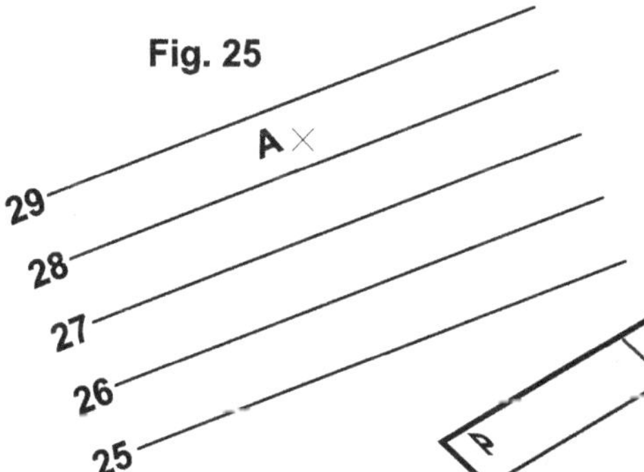

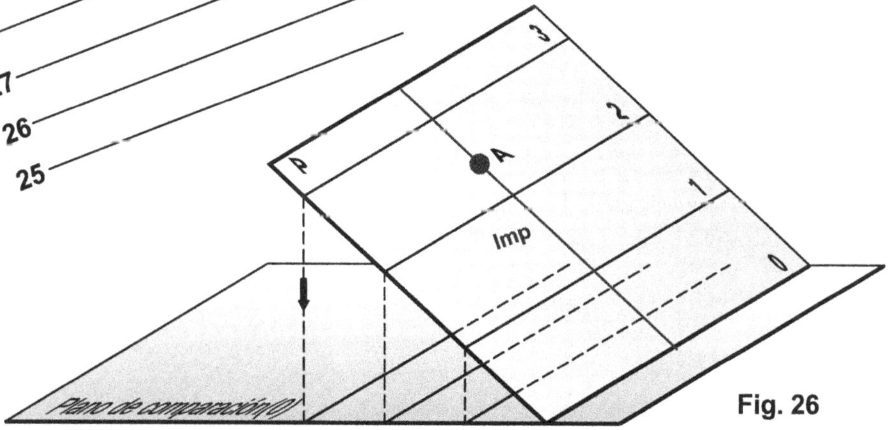

Fig. 26

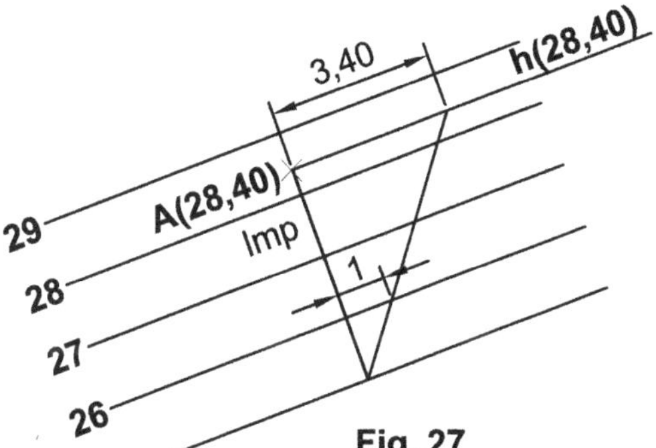

Fig. 27

11. 3 Pertenencia de una recta a un plano.

La condición para que una recta **r** pertenezca a un plano **P**, fig. 28, es que tenga dos puntos de ella, **A** y **B**, sobre el plano. Así, fig. 29, para que **r** pertenezca a **P**, los puntos han de tener las cotas que se indican.

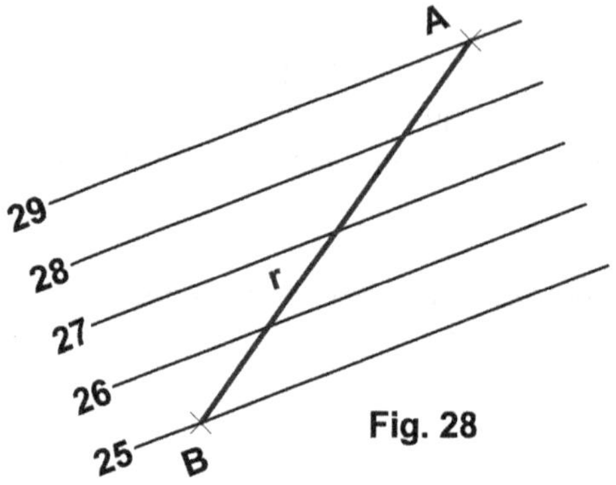

Fig. 28

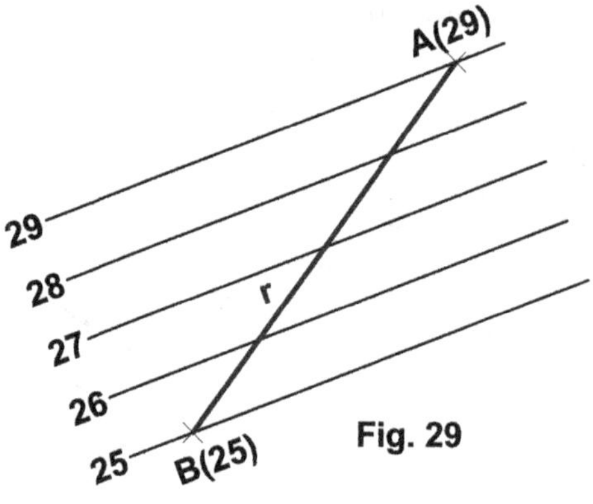

Fig. 29

11.4 Obtener sobre un plano P las direcciones de sus rectas que tengan una pendiente dada.

El ejercicio es similar al de **obtener las rectas que, perteneciendo a un plano P dado, formen un cierto ángulo β con el plano horizontal de comparación**.

Las pendientes de las infinitas rectas de un plano están comprendidas entre la pendiente nula de sus rectas horizontales y la de la recta de máxima pendiente del plano, que será tg α.

Para resolver el ejercicio debe tenerse en cuenta que el lugar geométrico de las rectas que pasan por un punto V y forman un ángulo α con un cierto plano Q, es una superficie cónica de revolución de vértice V y eje ortogonal al plano Q.

Bastará por tanto, fig. 30, con trazar la superficie cónica de vértice V, situado sobre una horizontal cualquiera del plano, p. e. la de cota **(h)**, y una unidad de altura para obtener su base circular a cota **(h-1)**. El radio de la circunferencia de la base del cono tomará el valor R= 1/tgβ, fig. 31, y los puntos M y N de intersección de la circunferencia con la horizontal del plano de cota **(h-1)**, junto con **V** definen las dos direcciones **r** y **s**, soluciones del problema.

El número de soluciones podrán ser dos, una ó ninguna, en función del valor de β. En la fig. 32 se ha resuelto el ejercicio en acotados.

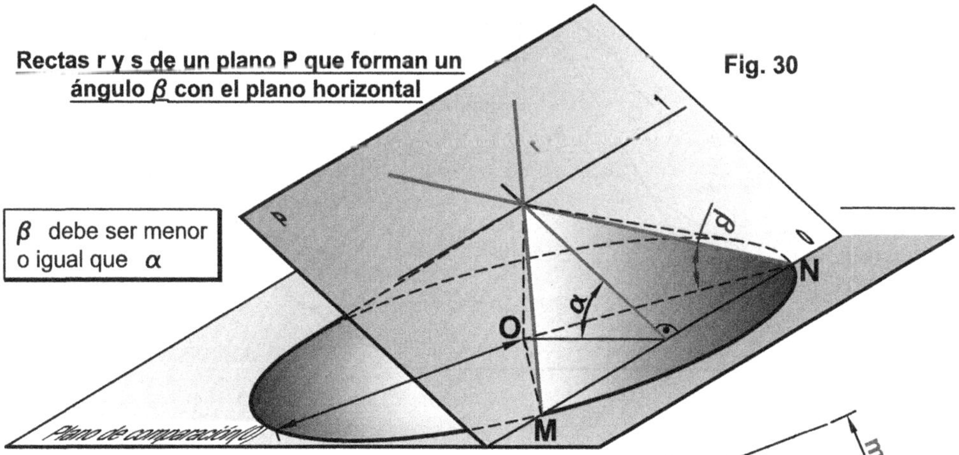

Fig. 30

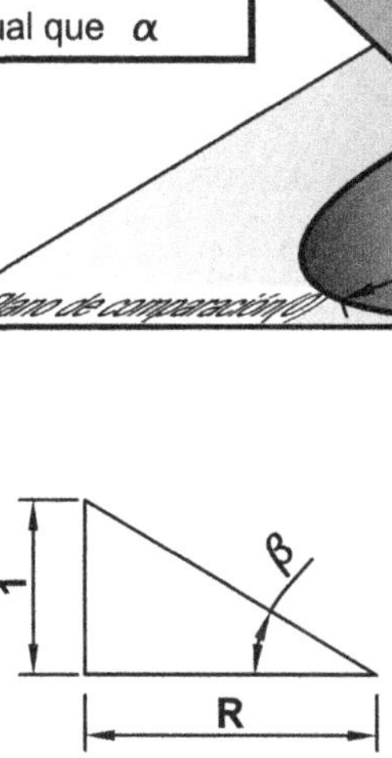

Fig. 31

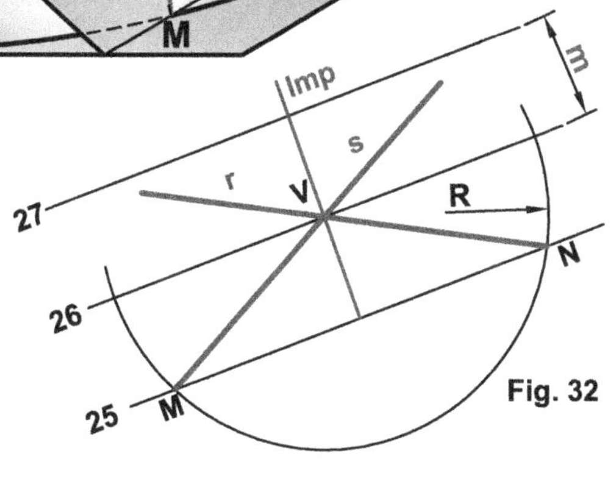

Fig. 32

11. 5 Por una recta r trazar planos que tengan una pendiente dada.

El ejercicio es similar al de **obtener los planos que pasan por una recta r dada y forman un cierto ángulo β con el plano horizontal de comparación**.

Por una recta pasan infinitos planos. Para resolver el ejercicio debe tenerse en cuenta que todos los planos que pasan por un punto V forman un ángulo α con un cierto plano Q y son tangentes a una superficie cónica de revolución de vértice V y eje ortogonal a Q.

Bastará por tanto, fig. 33, con trazar la superficie cónica de vértice V, situado sobre la recta dada **r**, p. e. la de cota **(h)**, y una unidad de altura para obtener su base circular a cota **(h-1)**. El radio de la circunferencia de la base del cono tomará el valor R= 1/tgβ, fig. 34. Las dos tangentes, **t** y **t´**, trazadas desde el punto de la recta **r** de cota **I(h-1)**, junto con la recta dada **r**, definen los planos **P** y **Q** soluciones del problema.

El número de soluciones podrán ser dos, una o ninguna, en función del valor de β. En la fig. 35 se ha resuelto el ejercicio en acotados.

Planos P y Q que pasan por una reta r y forman un ángulo β con el plano horizontal

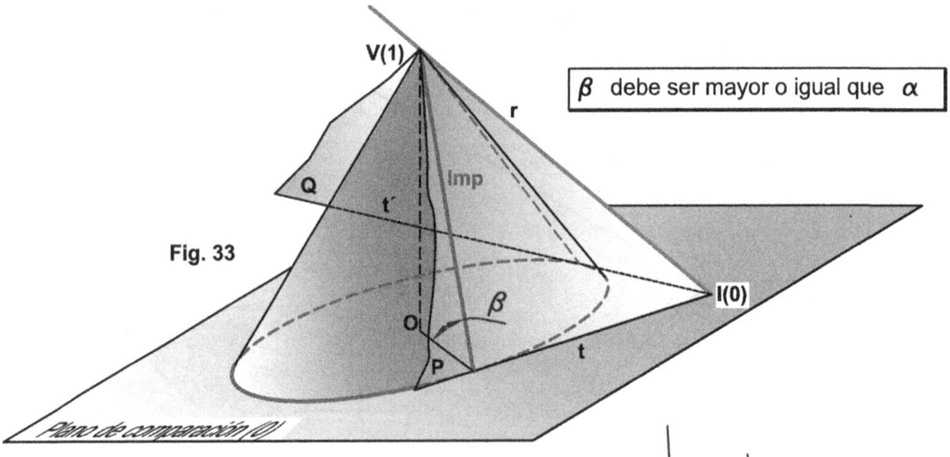

Fig. 33

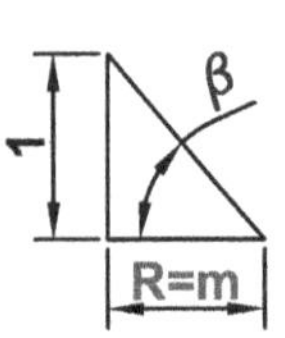

Fig. 34

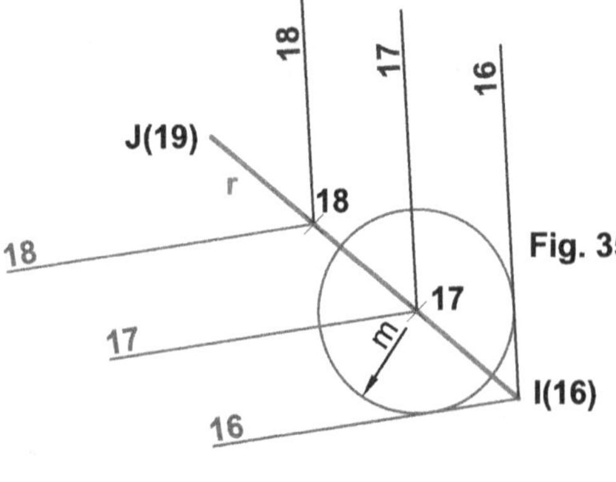

Fig. 35

EA - 04 EJEMPLO DE APLICACIÓN

La recta **r** que pasa por **A(53)** asciende hacia el norte en rampa del 10%. De **r** nacen dos planos, el **P** que asciende hacia el **oeste** con talud 5 (módulo) y el **Q** que lo hace hacia el **este** con pte = 1/8. Los planos **P** y **Q** simulan las dos laderas de un valle y la recta **r** el lecho de un arroyo.

Se desea trazar una senda por las laderas del valle constituida por dos alineaciones rectas que, atravesando el arroyo en un cierto punto **M**, permita ir desde el punto **B** del plano **P** hasta un punto **C** de cota **(58)** del plano **Q**.

El tramo de senda situado sobre el plano **P** tendrá una pendiente de **1/13** y el situado sobre el plano **Q** un talud de **15.**

Se desea en acotados, a escala 1/1.000, trazar las dos alineaciones rectas de la senda, indicar la cota del punto **B**, la posición del punto **M** donde se atravesará el arroyo y la del punto **C** final de la senda.

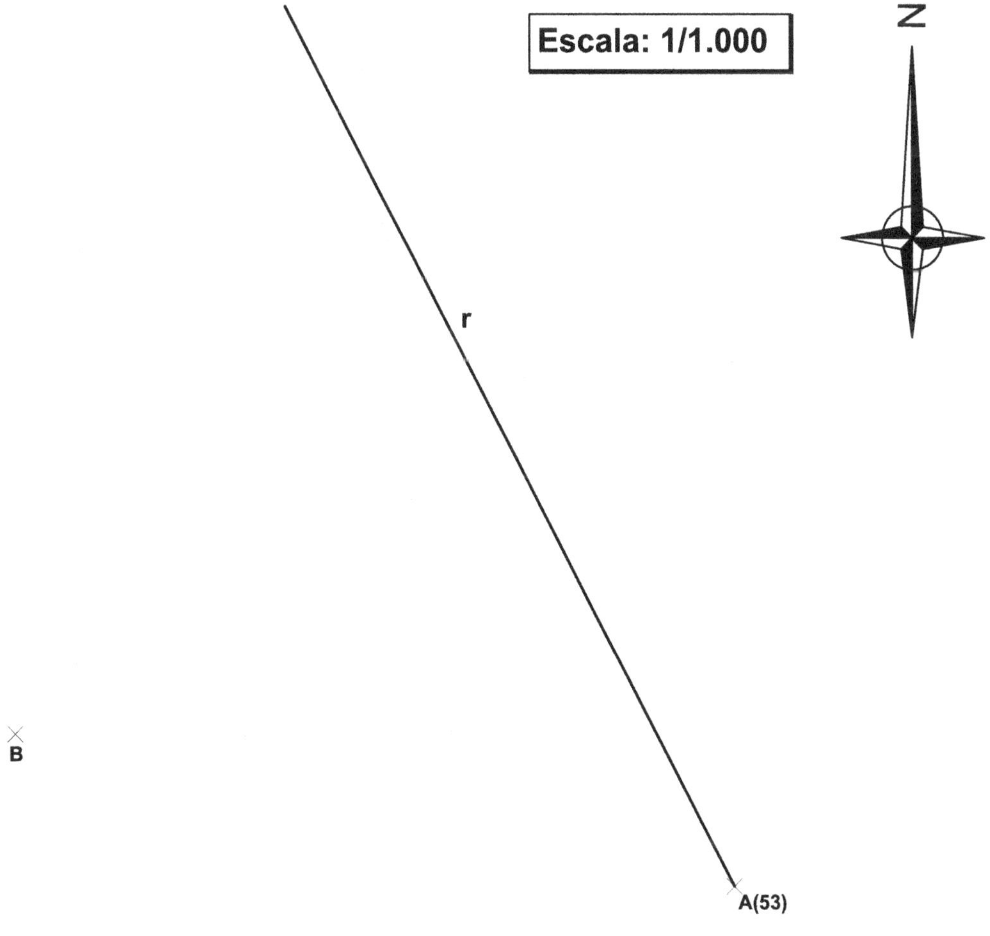

EXPLICACIÓN

Se gradúa la recta **r** teniendo en cuenta que el punto A tiene cota 53 y su pendiente es del 10% ≡ 1/10. Su módulo será $m_r = 10$

Se traza el plano **P** que pasa por **r** con talud 5, ver § 11.5. En este caso se ha tomado como vértice del cono el punto de **r**, **V(56)**, siendo el radio de la base de **5 m** (a escala 1/1.000, 5 mm); de las dos soluciones se ha tomado la que asciende hacia el oeste. De idéntica forma se traza el plano **Q**, habiendo tomado como vértice del cono el punto de **r**, **W(59)**, siendo el radio de la base de **8 m** (a escala 1/1.000, 8 mm) .

Por B**(73)** se traza la alineación B**M** como recta perteneciente al plano **P** de **pte = 1/13 ≡ m = 13**, ver § 11.4, se toma la solución que desciende hacia el norte.

De idéntica forma se traza la dirección **d** sobre el plano **Q** de **m = 15**. La paralela a la dirección **d**, trazada por **M**, define la segunda alineación **MC** de la senda sobre el plano **Q**,

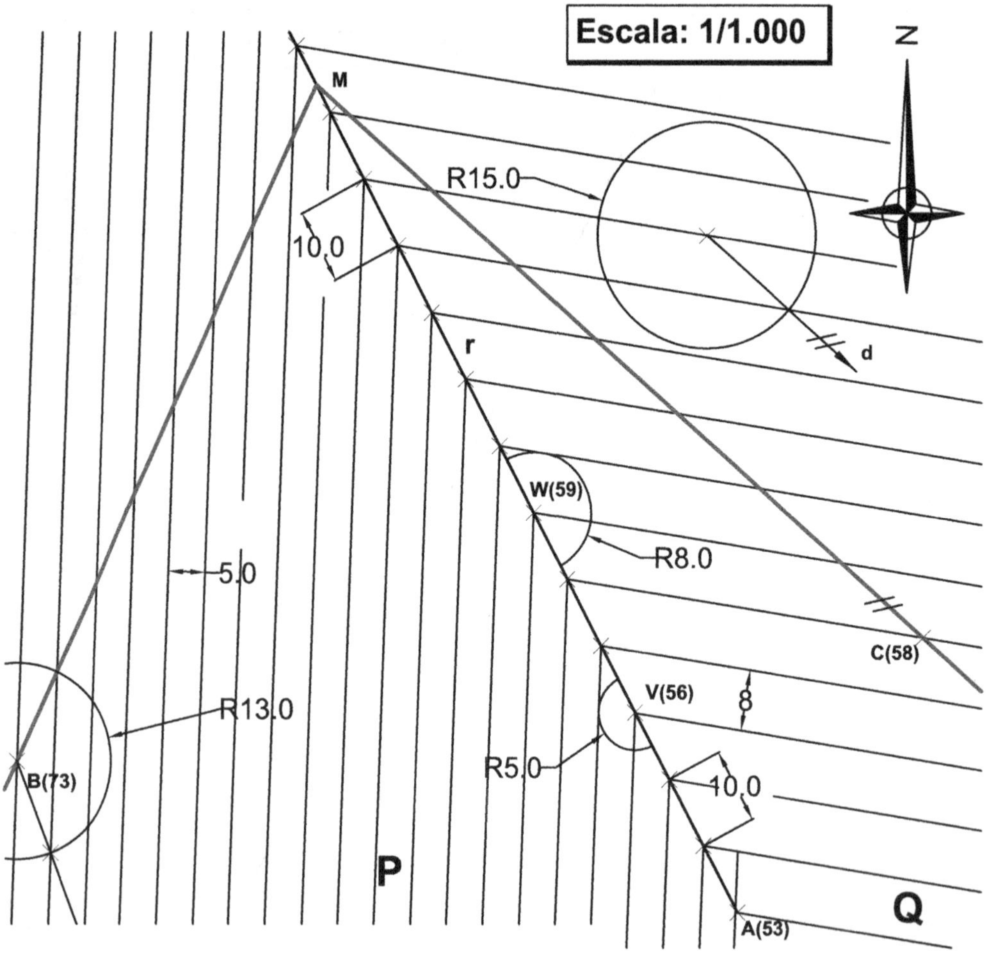

EA- 05 EJEMPLO DE APLICACIÓN

La recta **r** asciende hacia el N con pendiente del 40%. De ella nacen dos planos el **P**, que asciende hacia el NO con talud igual a la mitad del talud (módulo) de la recta **r**, y el **Q** que asciende hacia el N con la máxima pendiente posible.

Desde el punto **M(218)** del plano **P**, cuya distancia al punto **A** es de 9 m medida en planta, se traza la recta **s** de **P** con pendiente 1/1,8 hasta su intersección **I** con la recta **r** (tómese la solución que queda dentro del papel)

Desde **I** se traza la recta **t** sobre el plano **Q** de pendiente 1/3.

Por **t** se traza un tercer plano **R** que asciende hacia el E con pendiente 0,5. Los tres planos se limitarán en el contorno punteado que se indica.

SE PIDE en acotados, a escala 1/100:

1º.- Dibujar los tres planos con sus líneas de nivel de metro en metro limitándolos por las rectas **r** y **s**.

2º.- Situar los puntos **M** e **I** indicando sus cotas.

3º.- Si en una tormenta precipitan 60 mm de agua sobre la zona punteada, colorear suavemente en azul la parte de ella que verterá sobre el punto **I** calculando su superficie en m², así como el volumen de agua que podría recogerse en dicho punto expresado en m³

EXPLICACIÓN

Se gradúa la recta **r** con pte=40% ≡ módulo 2,5 y se traza por ella el plano **P** según § 11.5. El plano **Q** será, necesariamente, el que tiene por línea de máxima pendiente la propia recta **r**.

El punto **M** se encontrará en la horizontal de cota **218** del plano **P** a **9 metros** de **A** ≡ a **9 cm** en el dibujo por estar a escala 1/100. Por **M** se traza la recta **s** siguiendo lo explicado en el § 11.4, obteniéndose el punto **I** con la cota que se indica.

Por **I** se traza la recta **t** siguiendo lo explicado en el mismo § 11.4. En el dibujo se ha obtenido la dirección de **t** mediante la circunferencia auxiliar de radio 3 m.

El trazado del plano **Q** es idéntico al del plano **P**, § 11.5, pero con módulo 2.

La superficie vertiente en el punto **I** es la cerrada por el contorno punteado dado en el ejercicio y las rectas de máxima pendiente de los planos **P** y **Q** trazadas por el punto **I**.

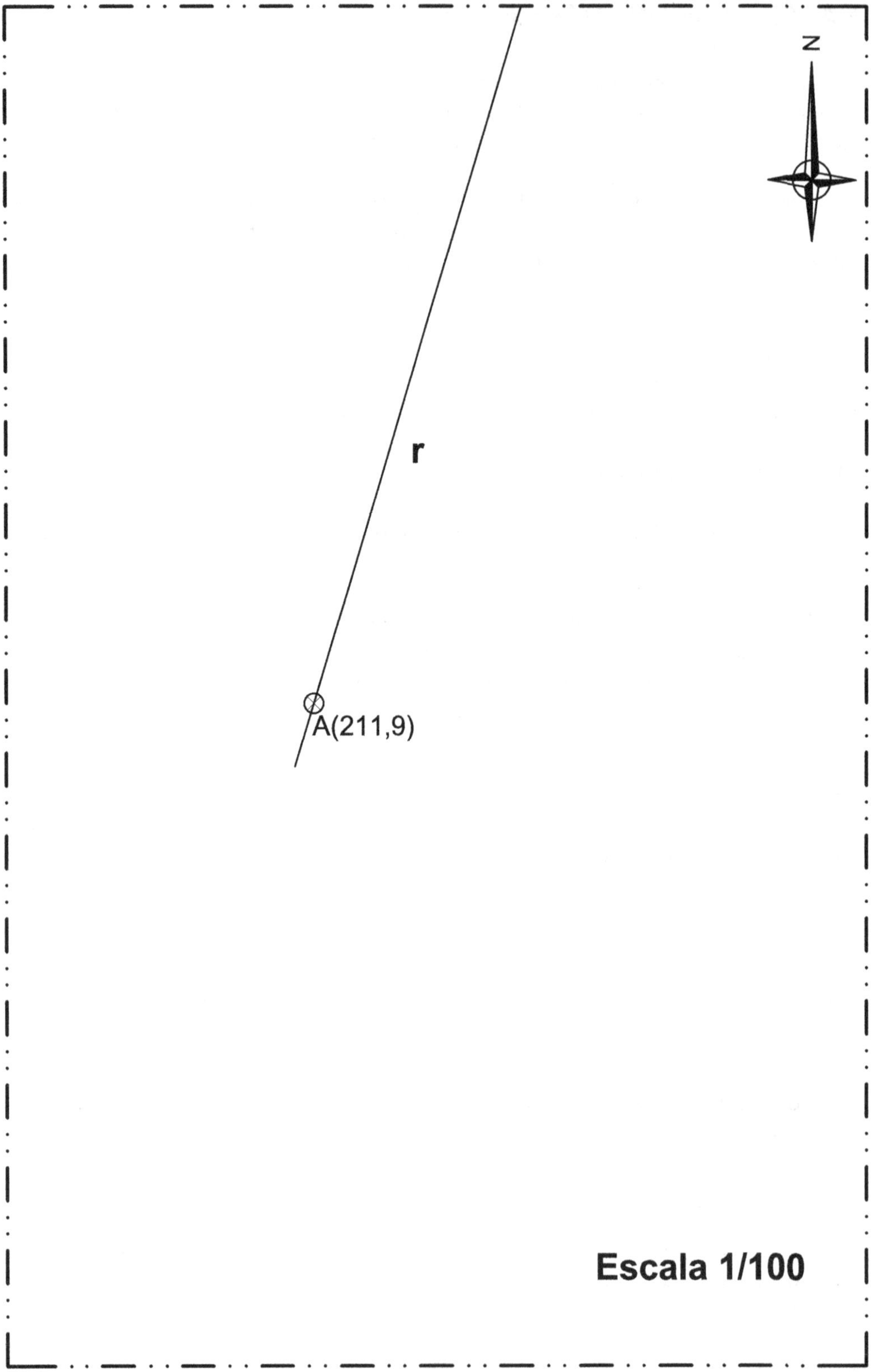
N
r
A(211,9)
Escala 1/100

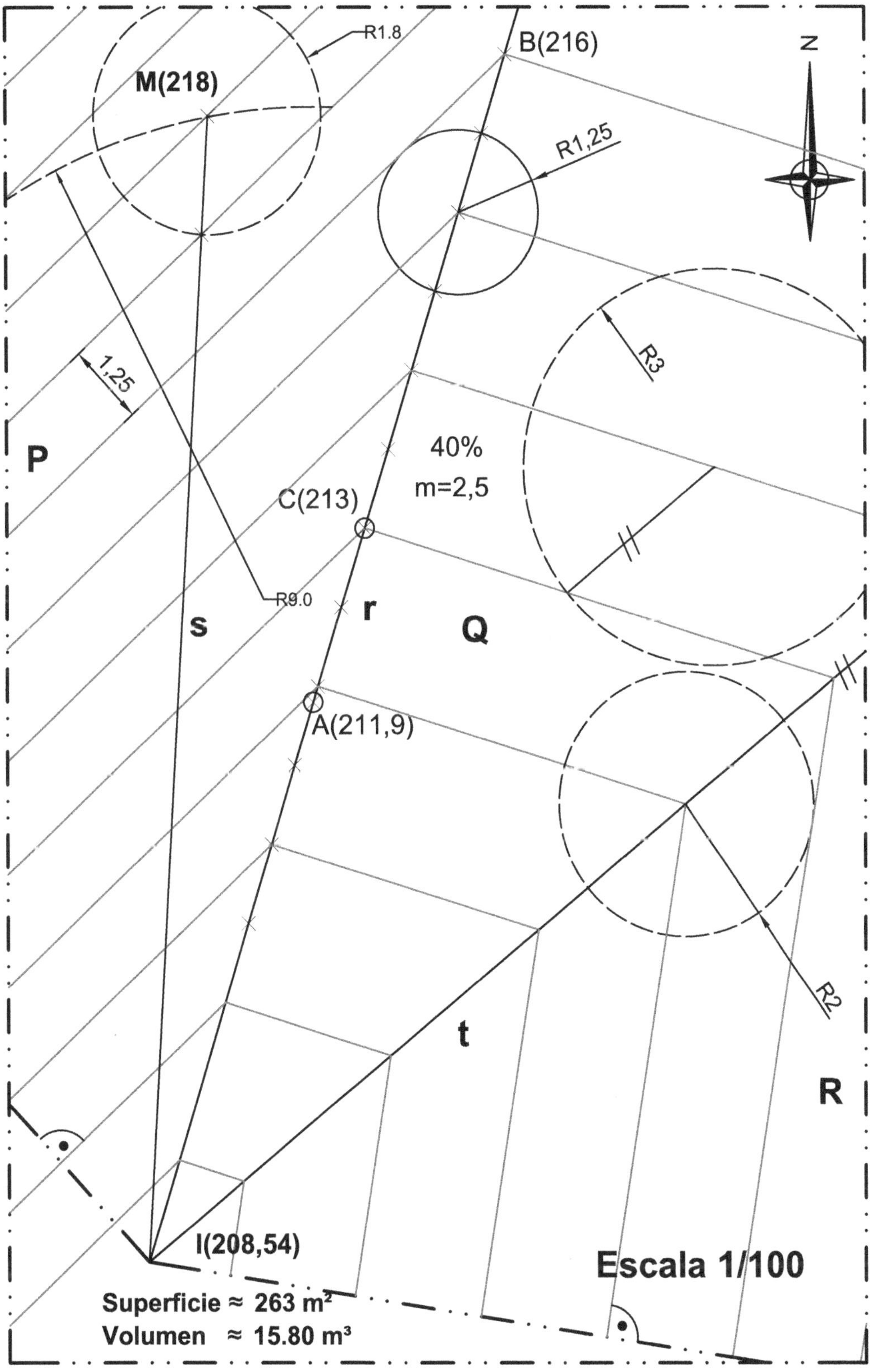
R1.8
B(216)
N
M(218)
R1,25
R3
1,25
P
40%
m=2,5
C(213)
R9.0
r
s
Q
A(211,9)
R2
t
R
I(208,54)
Escala 1/100
Superficie ≈ 263 m²
Volumen ≈ 15.80 m³

EA-06 EJEMPLO DE APLICACIÓN

La recta **r** simula una tubería que asciende hacia el N con pendiente del 40%. De ella se va a abastecer un depósito representado por el punto **D(213)** mediante otra tubería que denominaremos "**a**" que ha de tener una pendiente del 50% y longitud mínima.

La tubería de desagüe del depósito la denominaremos "**d**" y ha de desagüar en la tubería **s** con la máxima pendiente posible. La tubería **s** desciende desde el NE con pendiente 1/3.

SE PIDE, a escala 1/125:

1º.- Dibujar las tuberías **a** y **d**

2º.- Determinar los puntos **M** y **N**, indicando sus cotas de empalme de las tuberías **r-a** y **d-s**, respectivamente

EXPLICACIÓN

Se deja al lector la explicación del ejercicio, que puede desarrollarse a la vista de la solución que se adjunta.

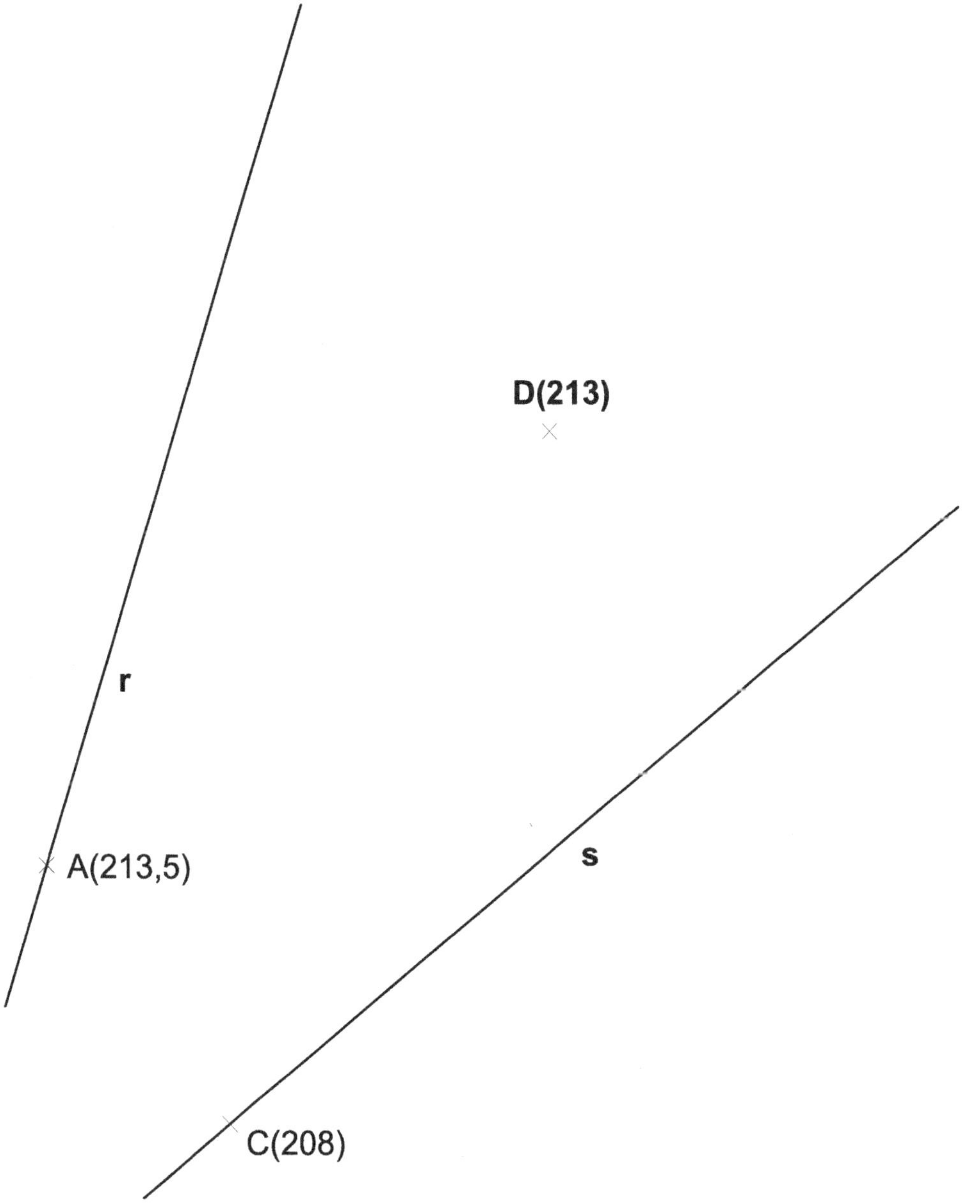

Escala 1/125

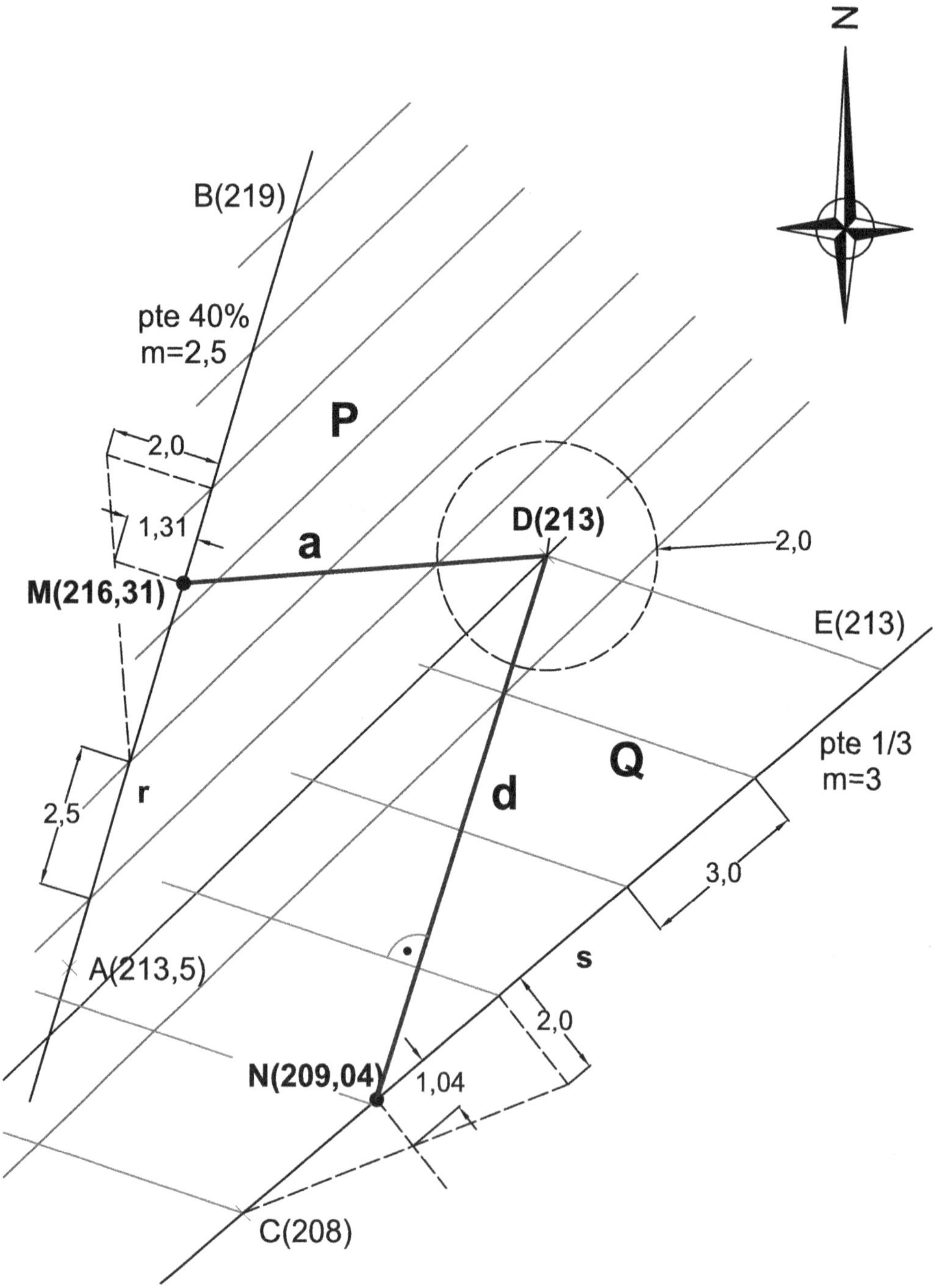
N
B(219)
pte 40%
m=2,5
P
2,0
1,31
a
D(213)
2,0
M(216,31)
E(213)
2,5
r
Q
pte 1/3
m=3
d
3,0
s
A(213,5)
2,0
N(209,04)
1,04
C(208)

Escala 1/125

12. INTERSECCIÓN DE PLANOS

12.1 Caso general

El procedimiento general, fig. 36, consiste en cortar los planos dados **P** y **Q** por otros dos planos auxiliares δ y σ, cuyas parejas correspondientes de rectas de intersección con P y Q, **m-n**, **r-s**, darán los puntos **A** y **B**, que definen la intersección **i** de **P** y **Q**.

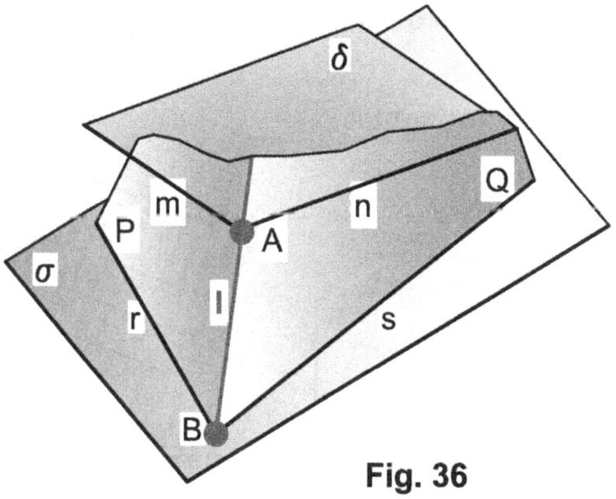

Fig. 36

12.2 Aplicación en acotados

En el caso del sistema de planos acotados, se tomarán como planos auxiliares, δ y σ, planos horizontales, fig. 37, resultando ser las parejas de rectas de intersección con P y Q, **m-n**, **r-s**, horizontales de plano de igual cota cuyas intersecciones darán los puntos **A** y **B**, que definen la intersección **i** de P y Q, figs. 37 Y 38.

<u>**Intersección de planos**</u>

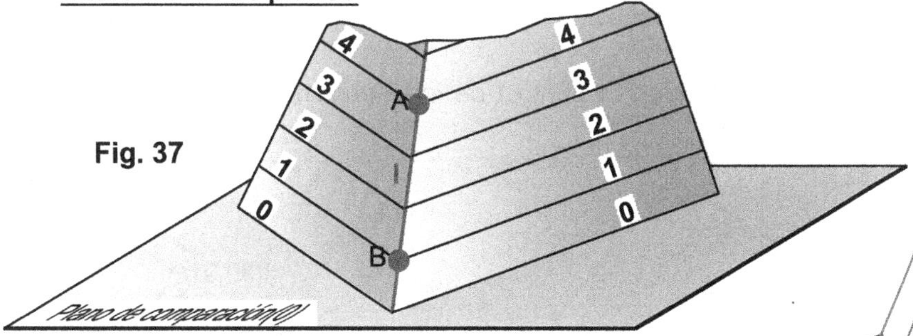

Fig. 37

> **Si los planos tienen la misma pendiente, la proyección de la recta intersección, i, coincide con la bisectriz de las horizontales de igual cota**

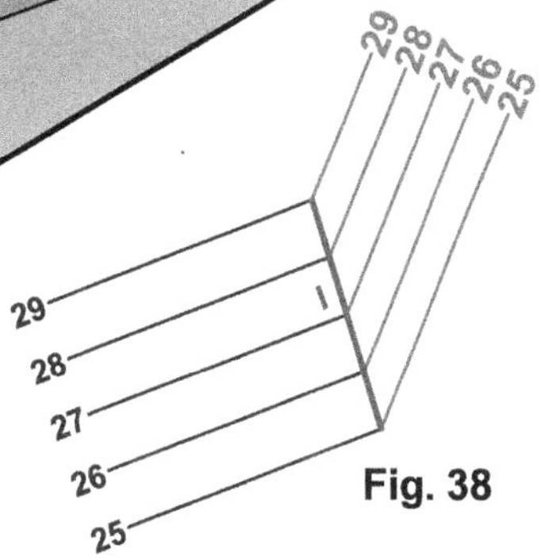

Fig. 38

12.3 Caso particular. Los planos P y Q tienen sus horizontales paralelas

En este caso la intersección **i** será la horizontal común de ambos planos y se tomará como plano auxiliar uno vertical **R** ortogonal a las horizontales de los planos dados, fig 39. Dicho plano dará rectas de intersección con P y Q, **m-n**, cuya intersección dará el punto **A**, que definen la intersección **i** de P y Q, La fig. 40 recoge el proceso en acotados. El abatimiento del plano **R** sobre el horizontal de cota (25) permite determinar la cota de la recta de intersección **i**.

La recta intersección, i, es horizontal

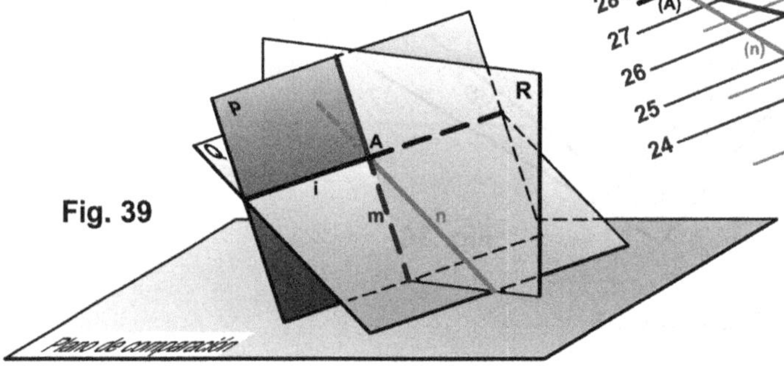

Fig. 39

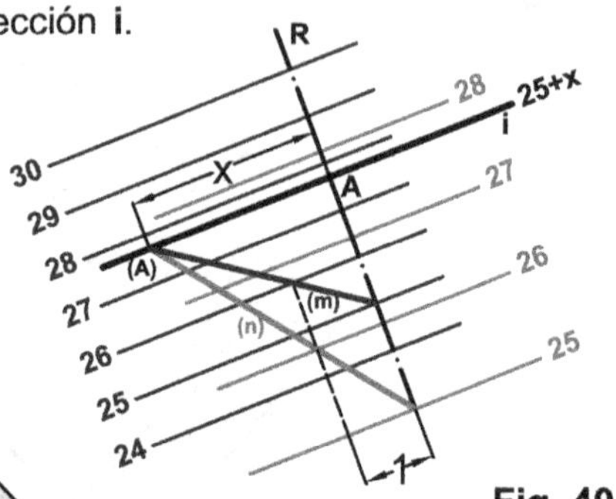

Fig. 40

12.4 Intersección de tres planos

Para hallar el punto **I** de intersección de los tres planos, **P**, **Q** y **R**, fig. 41, se hallarán las rectas de intersección de uno de ellos con los otros dos, p.e. **(P - R)** → **r** , **(P - Q)** → **i**. La intersección de ambas rectas será el punto **I** de intersección buscado.

En la fig. 42 se ha obtenido el punto **I** de intersección de tres planos y se ha determinado su cota, **I(30,90)**.

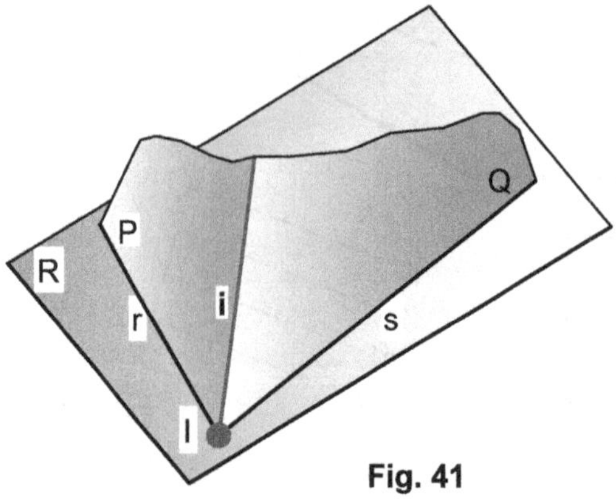

Fig. 41

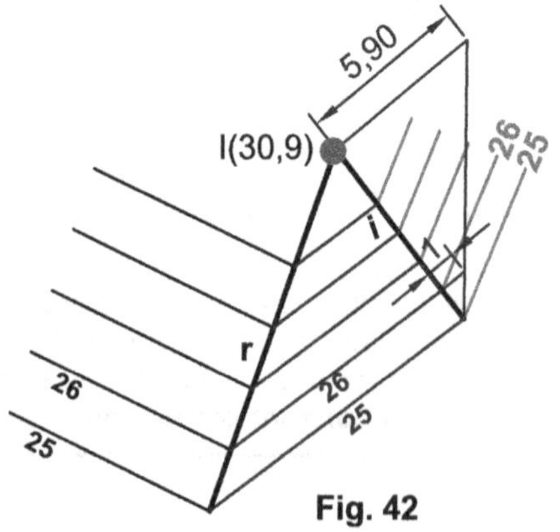

Fig. 42

EA-07 EJEMPLO DE APLICACIÓN

Apartado nº 1

La recta **h(315)** es la horizontal de un plano que asciende hacia la derecha del papel con **módulo 3**.

Este plano representa la ladera de un terreno sobre el que se cimienta una estructura porticada de acero sobre la que, a su vez, se asienta el tablero de un puente.

Como se indica en el esquema que se adjunta, la estructura porticada consta de un dintel **AB** a cota **330 m** y dos pilares inclinados **15º** que terminan apoyándose en el terreno en los puntos **X** e **Y**.

Toda la estructura se encuentra en el plano vertical del dintel. El tablero del puente, de **20 m** de anchura y eje **e**, asciende hacia la parte inferior del papel con una pendiente de **5%**, limitándose en el sentido del descenso por su entrega con el plano de la ladera.

SE PIDE, en acotados, a escala 1/500:

1º.- Obtener los puntos **X** e **Y** de apoyo de la estructura sobre el terreno, indicando sus cotas.

2º.- Dibujar las líneas de nivel del tablero del puente (las 28, 29, 30 y 31) y limitar éste con el plano del terreno.
Si se estima que el precio del tablero es de **900 €/ m2**, se pide valorar el comprendido entre su entrega con el terreno y la línea de nivel **331 m**.

3º.- Para la estructura se utilizará perfil laminado HB300 de sección 142 cm2. Se pide valorar el coste de la estructura estimando el precio del acero en 3 €/kg. Densidad del acero 7.850 kg/m3

Apartado nº 2

La zona representada como **2** es un detalle ampliado de la zona de apoyo del pilar **AY**.

El cuadrado de **2´5 x 2´5 m** es una solera horizontal a cota **312 m** sobre la que se va a cimentar el pilar **AY**, siendo preciso realizar la excavación en pozo oportuna que se hará con taludes **H/V = 1/1**, tal como se indica en el esquema proporcionado.

SE PIDE, en acotados, a la escala del dibujo:

1º.- Indicar dicha escala.

2º.- Dibujar la excavación necesaria, representándola con líneas de nivel cada metro, hasta su límite con el terreno.

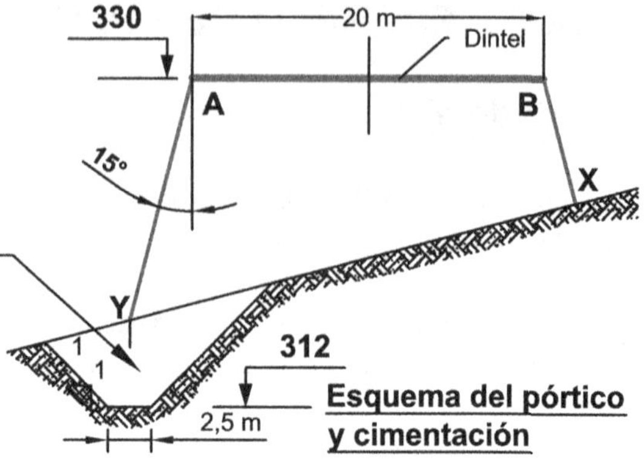

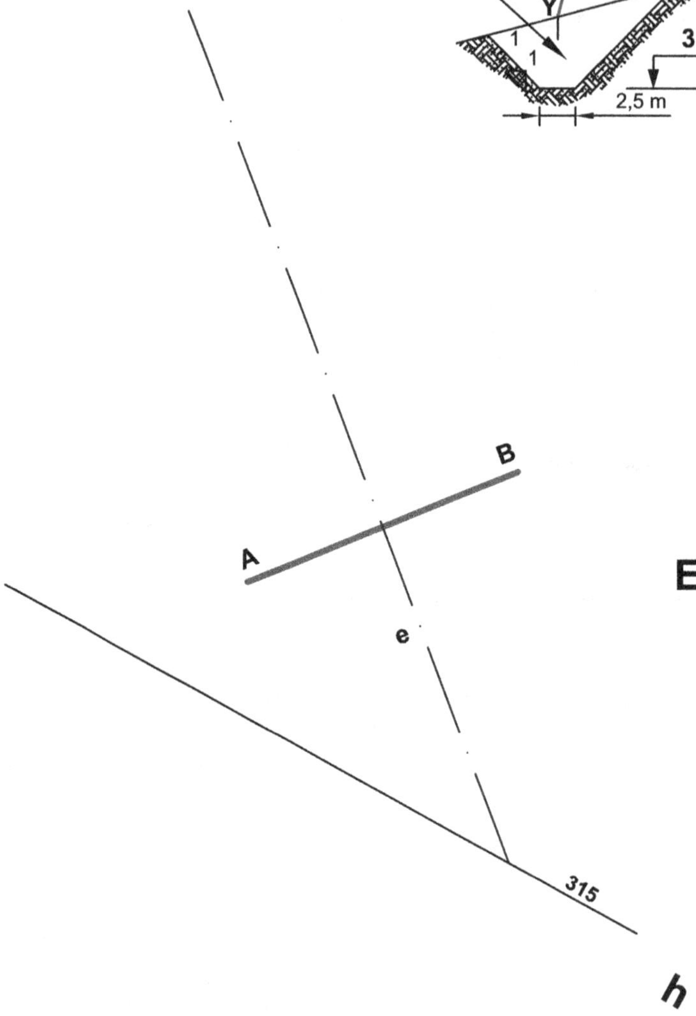

1

Escala 1/500

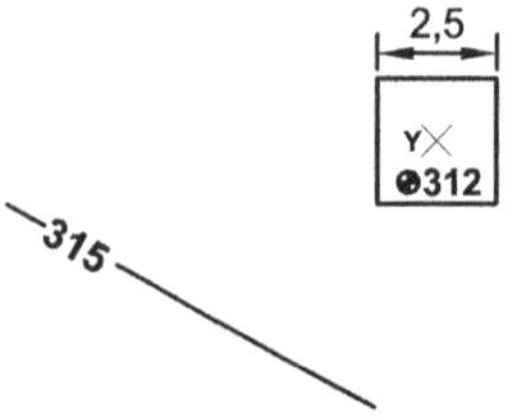

2

Escala 1/300

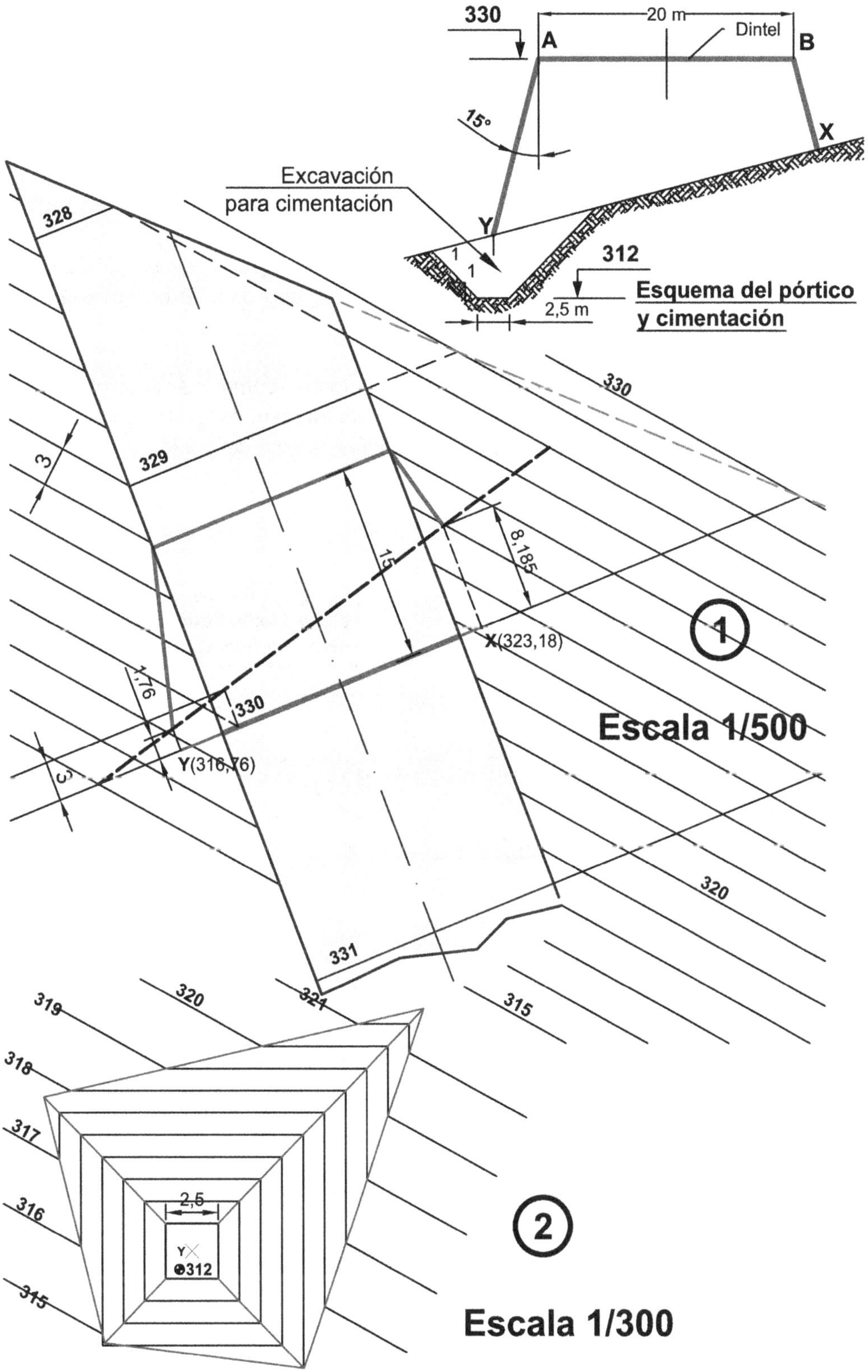
330
20 m
Dintel
A
B
15°
X
Excavación
para cimentación
Y
1
1
312
2,5 m
Esquema del pórtico
y cimentación
328
329
330
3
8,185
15
1,76
X(323,18)
Y(316,76)
330
1
Escala 1/500
320
331
315
319
320
321
318
317
316
315
2,5
Y
312
2
Escala 1/300

13. INTERSECCIÓN DE RECTA Y PLANO

La intersección de una recta y un plano será siempre un punto, que será impropio si la recta es paralela al plano. La recta no debe estar contenida en el plano.

13.1 Caso general

El procedimiento general, fig. 43, consiste en trazar un plano auxiliar cualquiera **Q** que pase por la recta dada **r**. Este plano cortará al plano dado **P** en la recta **i**. La intersección de las rectas **r** e **i** es el punto **I** buscado.

En el sistema de acotados es de interés tomar como plano auxiliar **Q** el proyectante vertical de la recta **r**. Así, en la fig. 44 se ha resuelto la intersección **I** de la recta **r≡(A,B)** con un plano **P**, obteniéndose, además, la cota del punto de intersección **I(29+z)**.

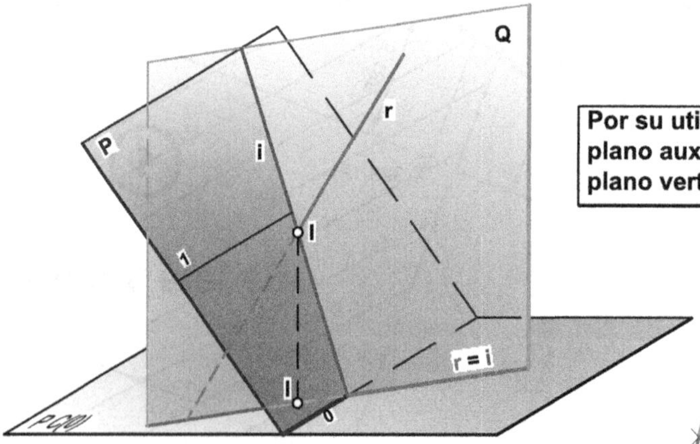

Por su utilidad se ha tomado como plano auxiliar que pasa por r el plano vertical Q que la contiene

Fig. 43

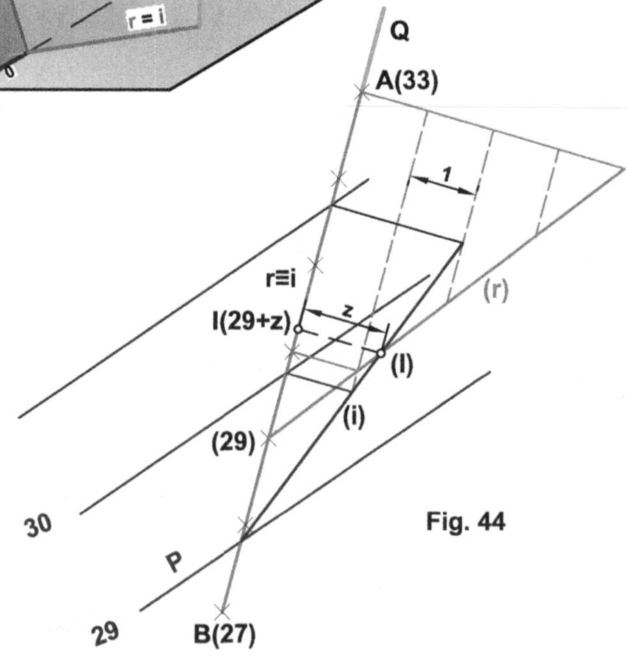

Fig. 44

13.2 Casos particulares

13.2.1 La recta r es vertical, fig. 45

Se tomará como plano proyectante vertical de la recta **r** aquél que, además, contiene a la línea de máxima pendiente del plano **P**, fig. 45. En la fig. 46 se ha obtenido la cota del punto de intersección **I.**

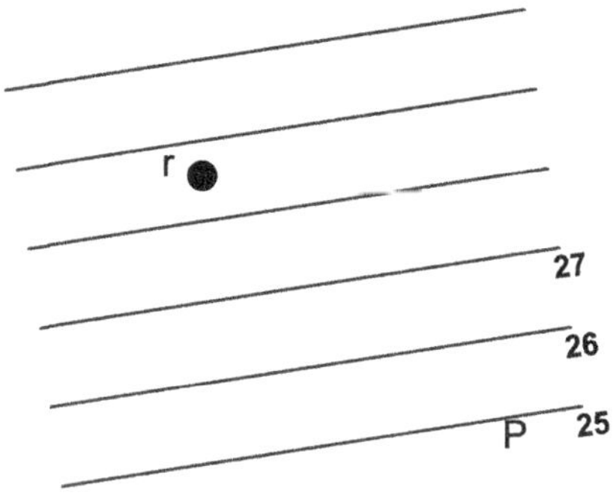

Fig. 45

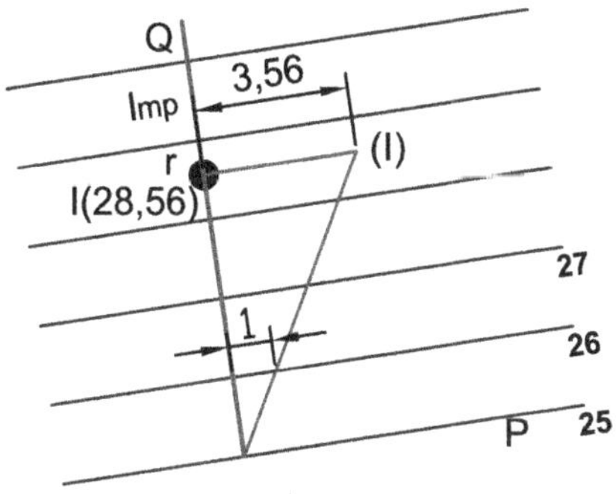

Fig. 46

13.2.2 La recta r es horizontal, fig. 47

Se tomará como plano auxiliar el horizontal de la recta **r**. Dicho plano cortará al plano dado **P** según su recta horizontal **h** de igual cota que **r**. La intersección de **h** y **r** es el punto de intersección **I**.

La fig. 48 recoge la construcción en acotados y, en ella, se ha obtenido la cota del punto **I**, véase § 11.2, fig. 27.

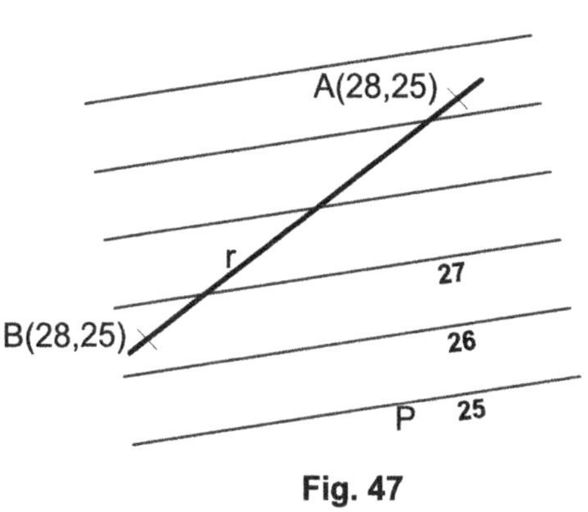

Fig. 47

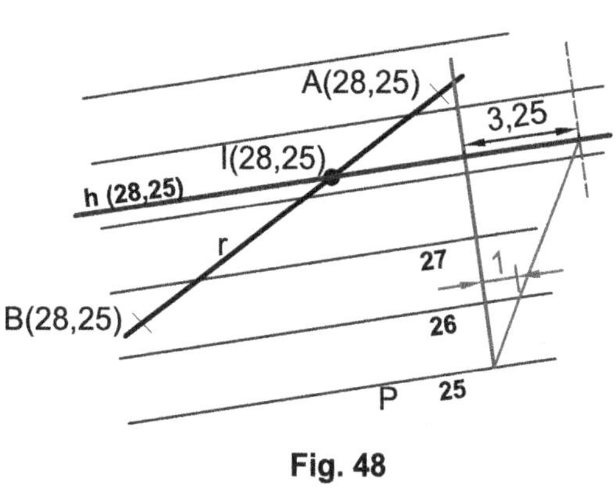

Fig. 48

13.2.3 El plano P dado es vertical, fig. 49.

El punto de intersección, **I,** es el de corte de la recta dada, **r**, con la traza del plano vertical **P**. El problema se reduce a obtener la cota del punto de corte, **I**, como perteneciente a la recta, véase § 6, fig. 12.

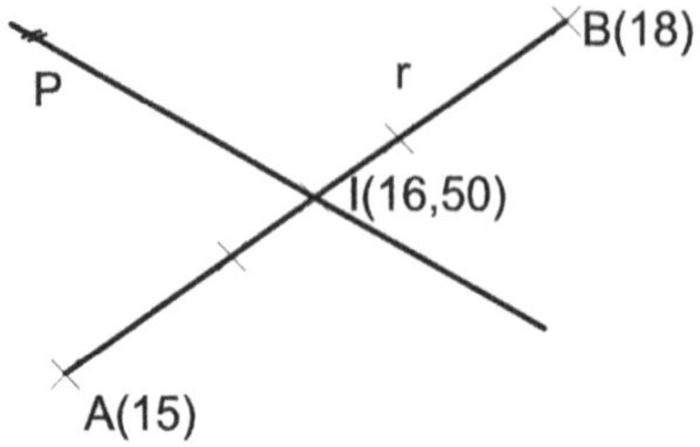

Fig. 49

13.2.4 El plano P dado es horizontal fig.50

El punto de intersección, **I**, es el de corte de la recta dada, **r**, con el plano horizontal **P**. El problema se reduce a obtener el punto **I** de la recta **r** cuya cota sea la del plano **P**, véase § 5, fig. 10.

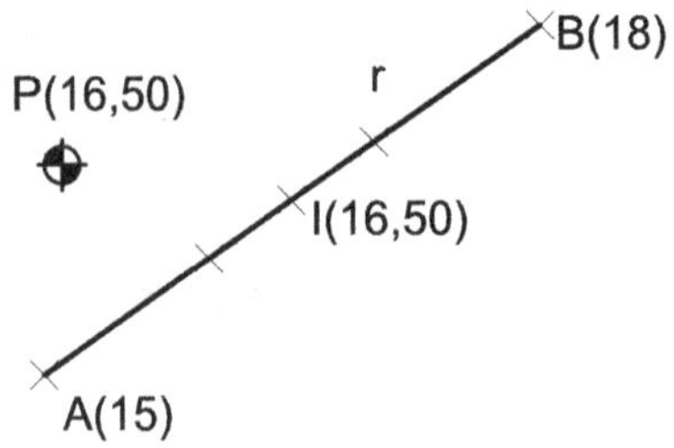

Fig. 50

EA - 08 EJEMPLO DE APLICACIÓN

Cada lado del triángulo dado es, respectivamente, la recta horizontal de cota **221 m** de cada uno de los planos **P**, **Q** y **R** convergentes en el punto **V(213)**

Las porciones de cada plano comprendidas entre sus intersecciones y las horizontales dadas representan tres chapas de acero.

Se desea construir un trípode de vértice **A(221)** constituido por tres barras de acero **r**, **s** y **t (A-B)**, que se soldarán a las chapas metálicas en los puntos **K**, **L** y **M** respectivamente.

Se sabe que:

r tiene una pendiente del 40%
s tiene una pendiente del 100%

SE PIDE, a escala 1/125:

1º.- Representar con líneas de nivel de metro en metro las chapas de acero así como sus intersecciones. Siendo necesario soldar las chapas, se desea calcular los metros de soldadura que será necesario realizar.

2º.- Determinar los puntos **K**, **L** y **M** (indicando sus cotas) en que las barras **r**, **s** y **t** han de soldarse a cada una de las chapas de acero. Obtener las longitudes de las barras que constituyen las patas del trípode.

EXPLICACIÓN

Se deja al lector la explicación del ejercicio, cuya solución se presenta adjunta.

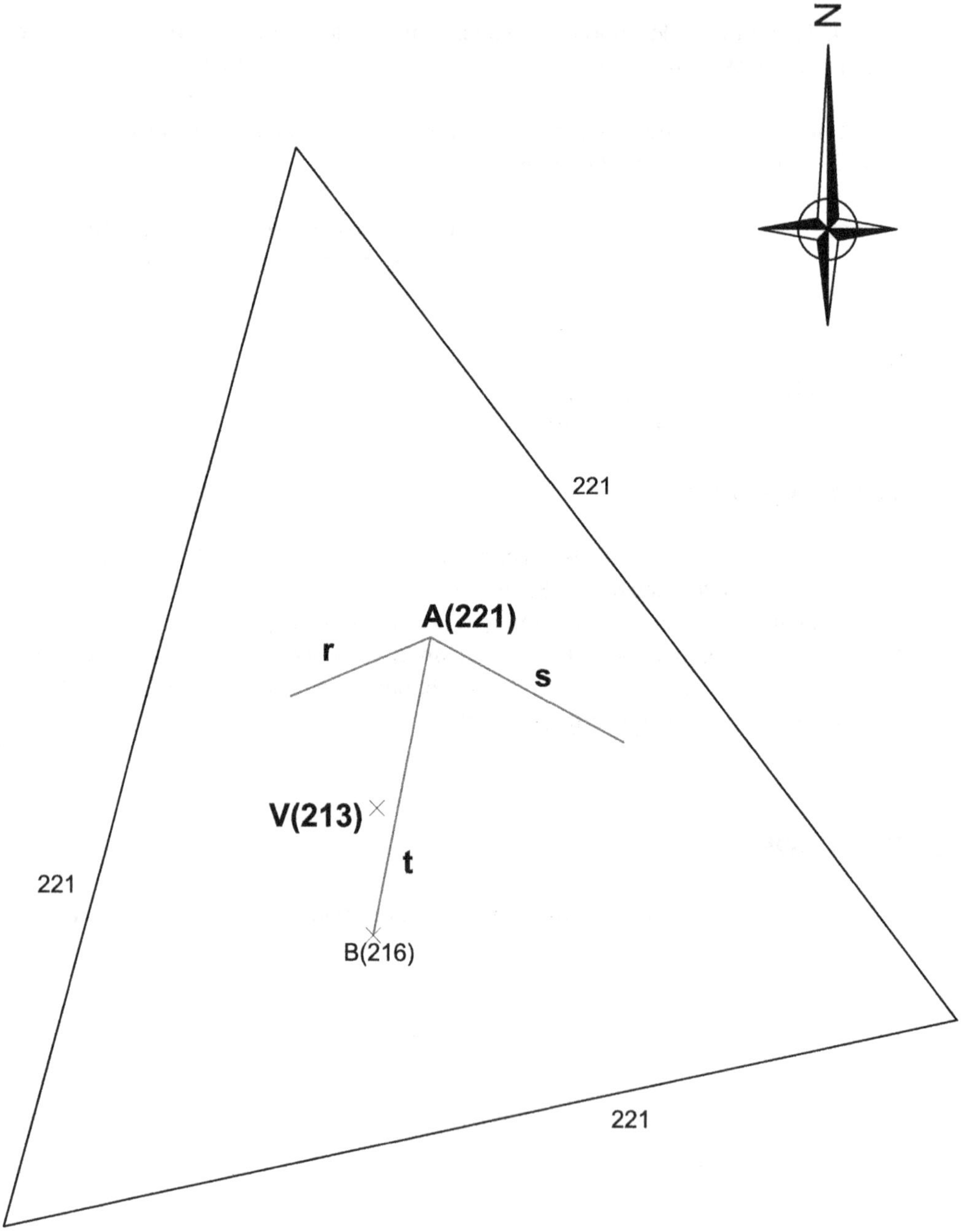

Escala 1/125

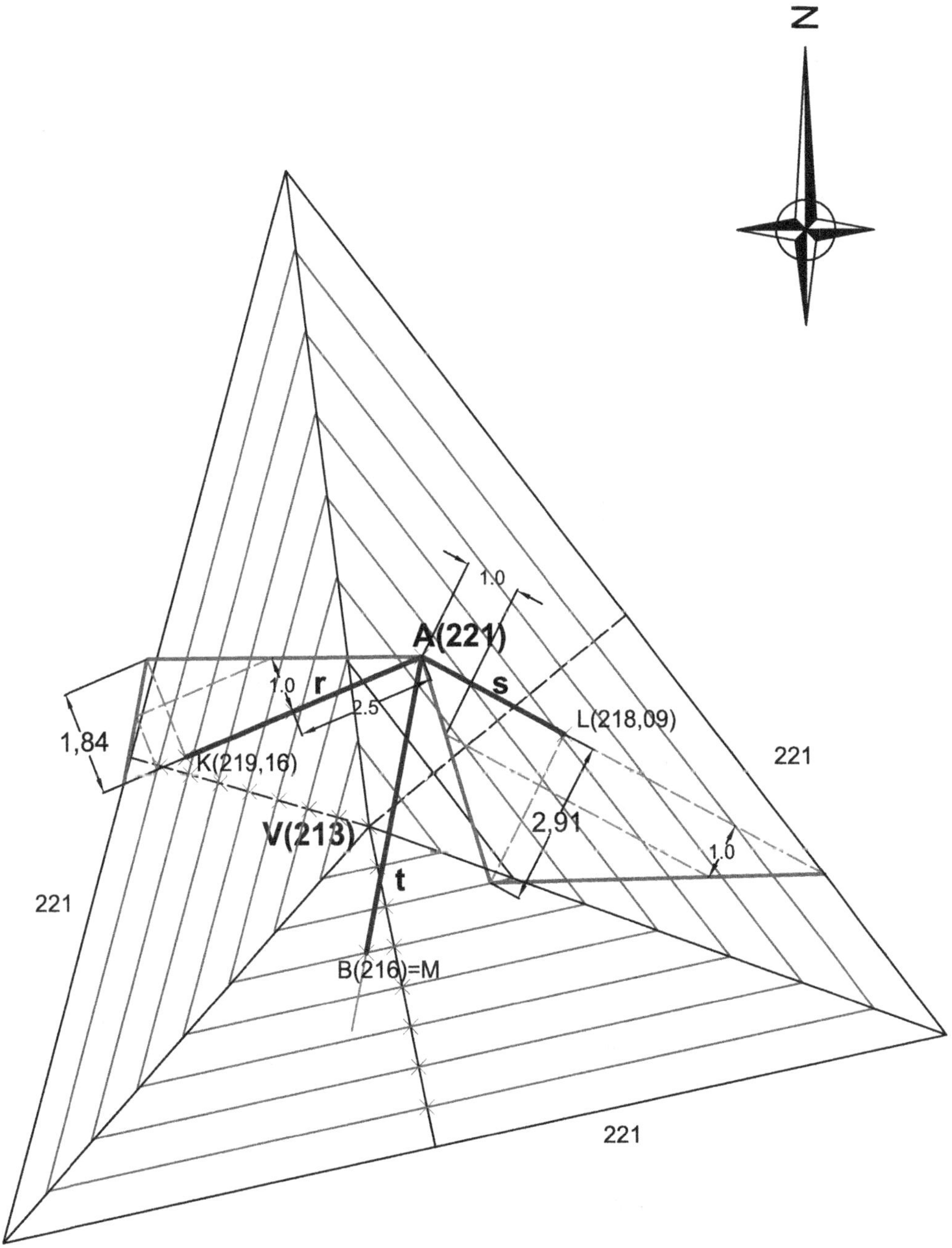
N
1.0
A(221)
1.0
r
s
2.5
L(218,09)
1,84
K(219,16)
221
2,91
V(213)
1.0
t
221
B(216)=M
221

Escala 1/125

14. PARALELISMO

14.1 Paralelismo entre rectas

En el sistema de planos acotados, para que dos rectas sean paralelas han de cumplir **simultáneamente** las siguientes condiciones:

- Sus proyecciones cilíndricas ortogonales sobre el plano horizontal de proyección han de ser paralelas.
- Han de tener la misma pendiente → mismo módulo.
- Han de crecer en cota según el mismo sentido.

Rectas paralelas

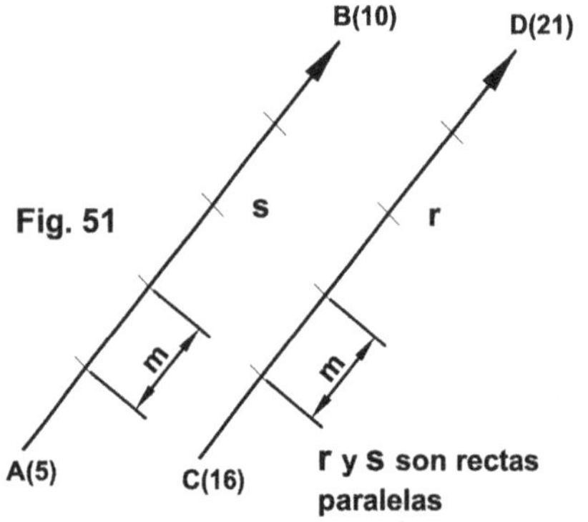

Fig. 51

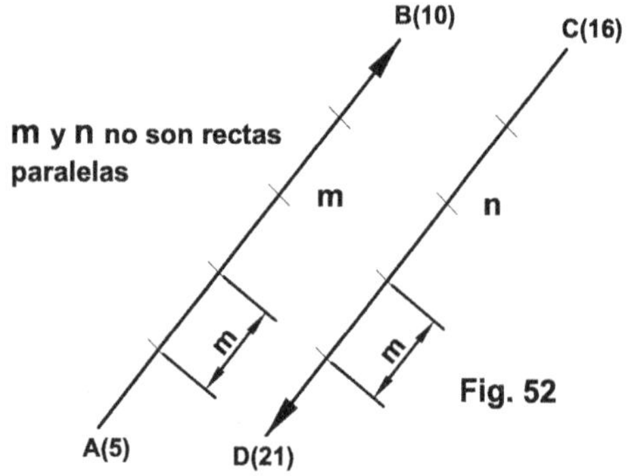

Fig. 52

14.2 Recta paralela a un plano

Una recta **r**, fig. 53, será paralela a un plano **P** dado, si lo es a una recta cualquiera **s** de dicho plano.

Existen infinitas rectas paralelas a un plano e infinitas rectas paralelas a un plano que pasan por un punto **A,** pero sólo existe una recta paralela a un plano que, pasando por un punto, sea paralela a una recta del plano dado

En la fig. 54 se ha trazado por el punto **A(35)** una recta **r** paralela al plano **P** y a la recta **s** de él.

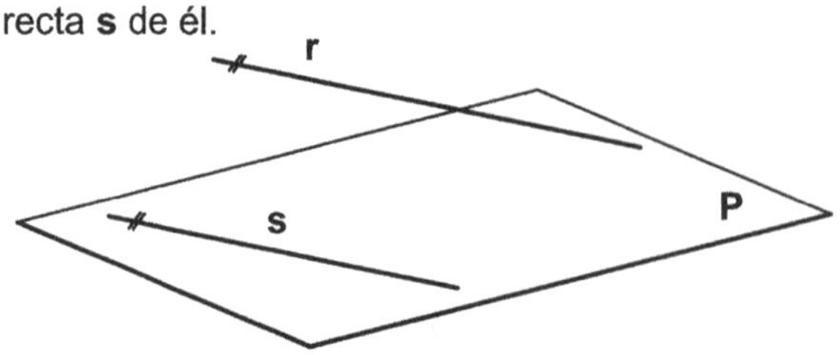

Fig. 53

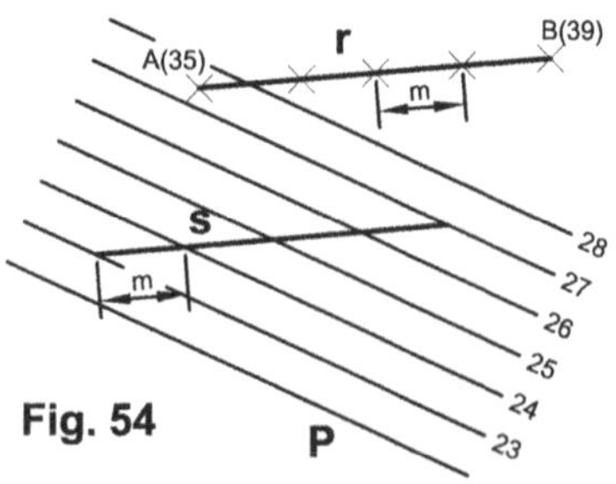

Fig. 54

14.3 Trazar un plano P que contenga a una recta r dada y sea paralelo a otra recta s dada.

Por un punto **A** cualquiera de **r** se traza la recta **s´** paralela a la dada **s**, fig. 55. El plano **P** quedará definido por **r** y **s´**.

En la fig. 56 se ha trazado el plano **P** que contiene a la recta **r**(B-C) y es paralelo a la recta **s**(D-E)

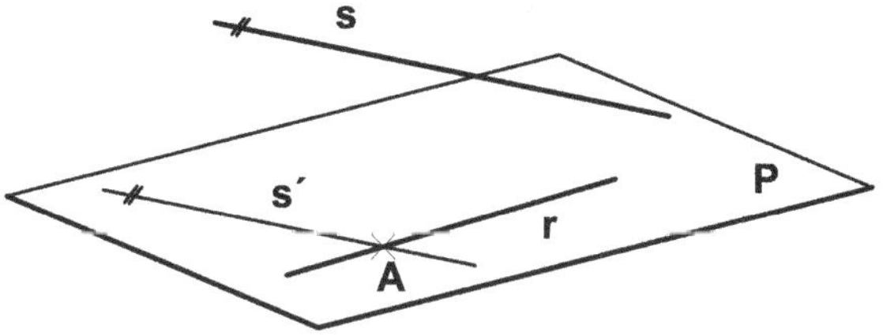

Fig. 55

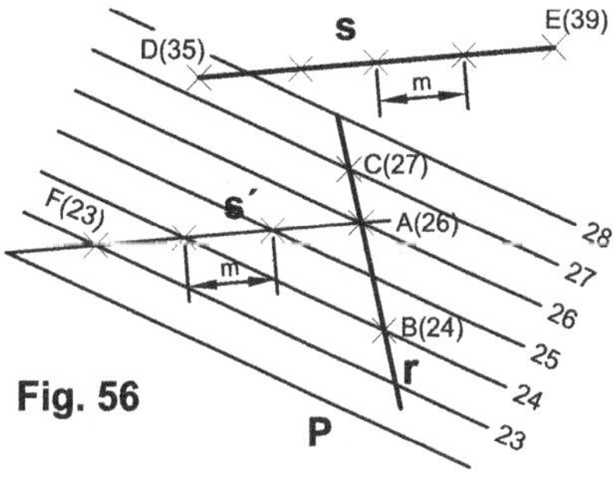

Fig. 56

14.4 Paralelismo entre planos

En el sistema de planos acotados, para que dos planos sean paralelos han de cumplir que sus rectas de máxima pendiente sean paralelas, véase § 14.1, es decir, sus rectas de máxima pendiente han de cumplir, figs. 57 y 58, las siguientes condiciones:

- Sus proyecciones cilíndricas ortogonales sobre el plano horizontal de proyección han de ser paralelas.
- Han de tener la misma pendiente → mismo módulo.
- Han de crecer en cota según el mismo sentido.

P y Q son planos paralelos

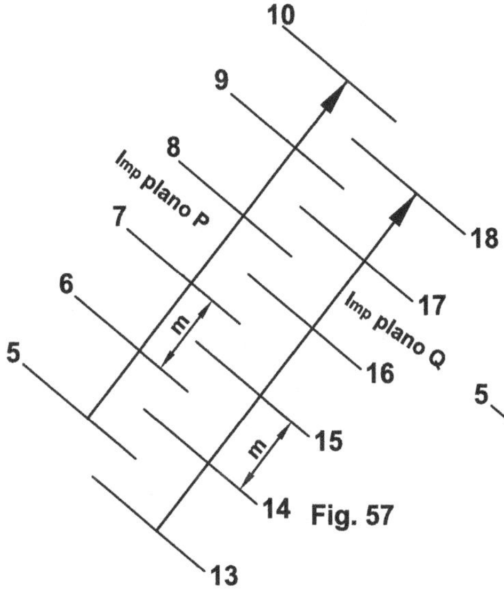

Fig. 57

R y T no son planos paralelos

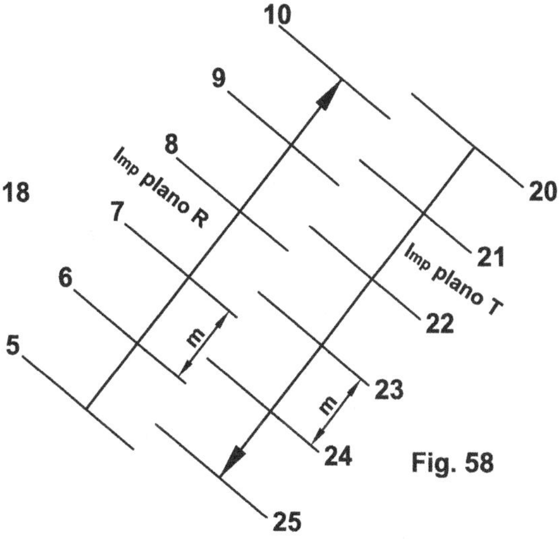

Fig. 58

15. PERPENDICULARIDAD

15.1 Teorema de las tres perpendiculares

Si dos rectas **r** y **s** son perpendiculares en el espacio, no necesariamente tienen que cortarse, sus proyecciones ortogonales sobre un plano **P** cualquiera serán ortogonales siempre que una de las rectas dadas sea paralela al plano **P**.

También puede enunciarse como sigue: si una recta **r** es perpendicular a un plano **P**, la proyección ortogonal de **r** sobre otro plano **Q** es perpendicular a la intersección de **P** y **Q**.

15.2 Recta perpendicular a un plano

Una recta **rp**, fig. 59, será perpendicular a un plano **P** dado, si lo es a dos rectas cualquiera de dicho plano, p.e. a dos de sus horizontales. La recta **rp** pertenecerá, por tanto, a un plano **Q** vertical y ortogonal a las líneas de nivel del plano **P**. El plano **Q** cortará al **P** según una línea de máxima pendiente de **P**.

Existen infinitas rectas perpendiculares a un plano, pero sólo una que pase por un punto **A**.

En consecuencia, para trazar la perpendicular al plano **P** por el punto **A**, se trazará el plano **Q** que pase por **A**, fig 60; se abatirá dicho plano y, como perteneciente e él, la línea de máxima pendiente **(lmp)** del plano **P** y el punto **(A)** como perteneciente a ella.

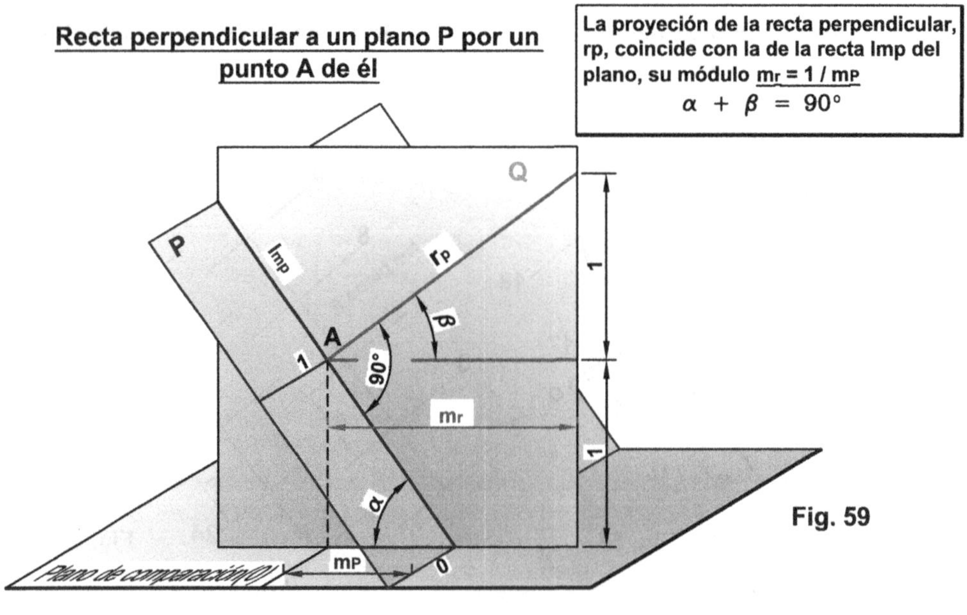

Fig. 59

Por **(A)** se traza la perpendicular a **(Imp)** obteniendo (**rp**). Bastará desabatir **Q** para obtener **rp**. En la fig. 60 se ha definido la recta **rp** mediante dos puntos **B(36)** y **D(32).**

Mediante este procedimiento puede obtenerse rápidamente la graduación de la recta perpendicular a **P** y llevar longitudes sobre dicha perpendicular.

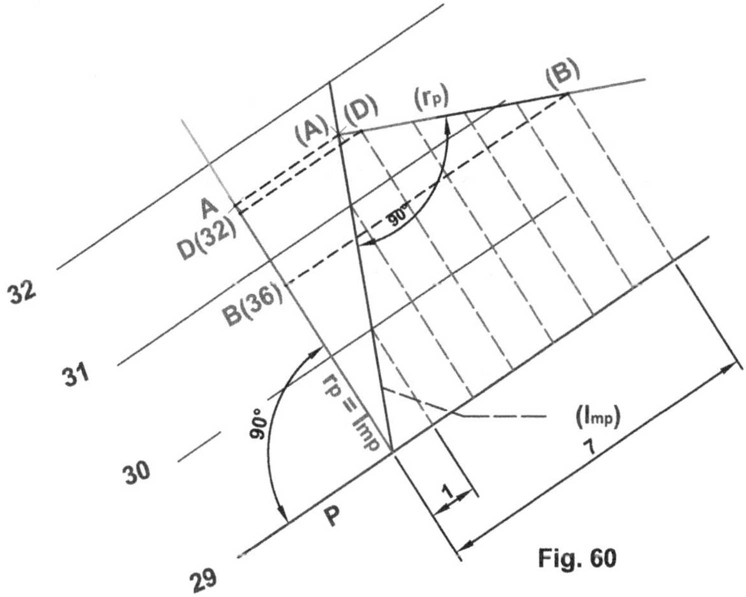

Fig. 60

Los valores del módulo del plano **P**, **mP** ≡ **m**, y del módulo de su recta **r** perpendicular, **mr** ≡ **m´,** son inversos según el teorema de la altura de un triángulo rectángulo. Esta consideración permite el trazado rápido de la recta **r** tal como se indica en la fig. 61.

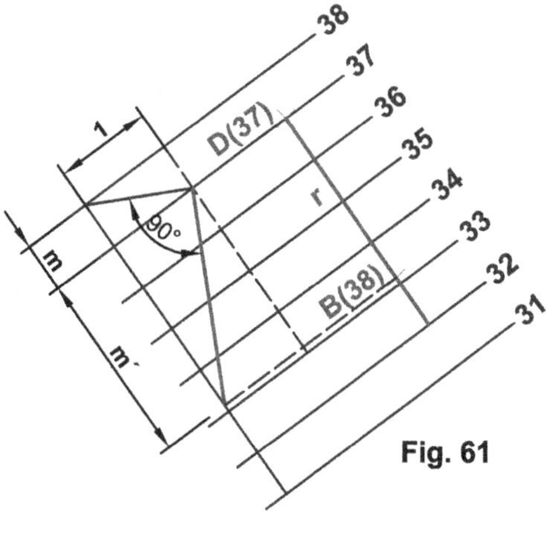

Fig. 61

15.3 Plano perpendicular a una recta

Existen infinitos planos perpendiculares a una recta, pero sólo uno que pase por un punto **A**.

El proceso a seguir será similar, pero inverso, al del § 15.3. En consecuencia, para trazar el plano **P** perpendicular a la recta **r** por su punto **A**, se trazará el plano **Q** proyectante vertical de la recta **r**, fig 60; se abatirá dicho plano y, como perteneciente a él, la recta, obteniéndose **(r)** y **(A)**. Por el punto **(A)** se trazará la perpendicular a **(r)** que será la línea de máxima pendiente abatida **(lmp)**. Graduando dicha línea se obtienen las horizontales del plano **P**.

En la fig. 62 se ha trazado el plano **P** perpendicular por el punto **A** de **r**, definida por sus puntos **B**(36) y **D**(32)

Obsérvese que, aunque en proyección la recta **r** y la línea de máxima pendiente del plano **P** son paralelas, sus sentidos de ascensión en cota son contrarios.

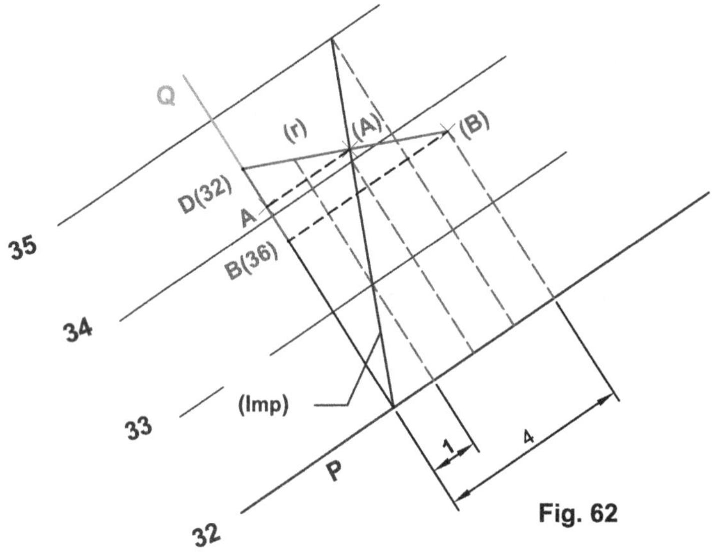

Fig. 62

15.4 Plano Q perpendicular a otro P dado

Un plano **Q** será perpendicular a otro plano **P** si contiene a una recta **r** perpendicular a **P**.

Existen infinitos planos perpendiculares a otro dado, pero sólo uno que pase por una recta **r**.

Para trazar el plano **Q**, fig 63, perpendicular a otro dado **P**, y que pase por una recta **r**, se trazará por un punto **A** de **r** una recta **s** perpendicular a **P**, **r** y **s** definen el plano **Q**.

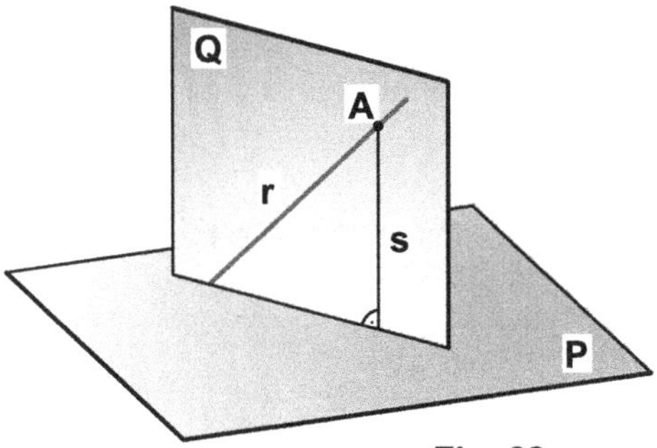

Fig. 63

15.5 Plano R perpendicular a otros dos P y Q dados

Un plano **R** será perpendicular a la recta intersección de los planos **P** y **Q**.

Existen infinitos planos perpendiculares a otros dos dados, pero sólo uno que pase por un punto **A**.

Para trazar el plano **R**, fig. 64,se obtendrá, previamente, la recta **i** de intersección de **P** y **Q**. Se trazará, después, el plano ortogonal a **i** que pase por **A**.

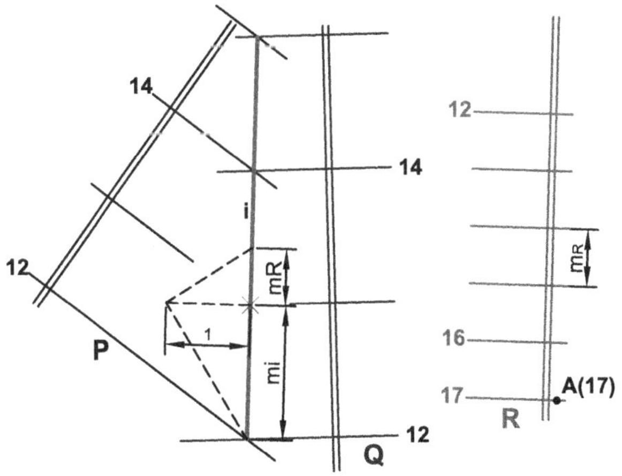

Fig. 64

15.6 Recta r que pase por un punto A apoyándose ortogonalmente sobre otra recta s

Se trazará por el punto **A** el plano **P** ortogonal a **s**, fig. 65, determinando su punto de intersección **I**.

La recta **r** queda determinada por los puntos **A** e **I**.

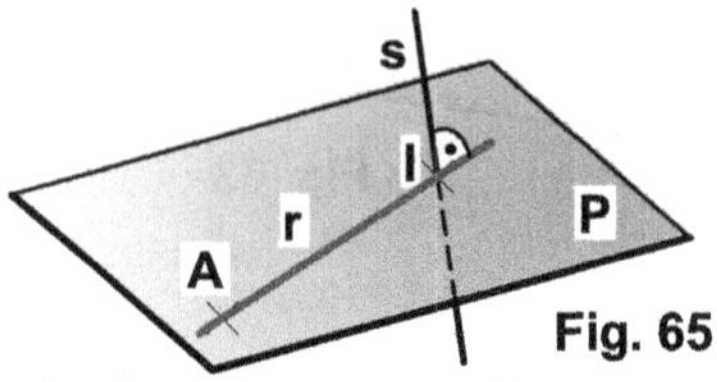

Fig. 65

15.7 Recta r que pase por un punto A, tenga una pendiente dada p y sea ortogonal a otra recta dada s

En la fig. 65, todas las rectas del plano **P** son ortogonales a la recta **s**. Deberán trazarse sobre el plano **P** las rectas que pasando por **A** tengan pendiente **p** (véase § 11.4).

Podrán resultar dos, una ó ninguna solución, dependiendo del valor de la pendiente **p**

16. DISTANCIAS

16.1 Distancia entre dos puntos A y B, fig. 66

Se trata de obtener la verdadera magnitud del segmento **AB** del espacio.

Su valor **d** es el de la hipotenusa del triángulo rectángulo **ABC** cuyo cateto horizontal **l** es la longitud de la proyección horizontal del segmento **AB**, y el vertical **AC** es la diferencia de cotas entre los puntos **A** y **B**.

El procedimiento de obtención del valor **d** se vió en el § 4

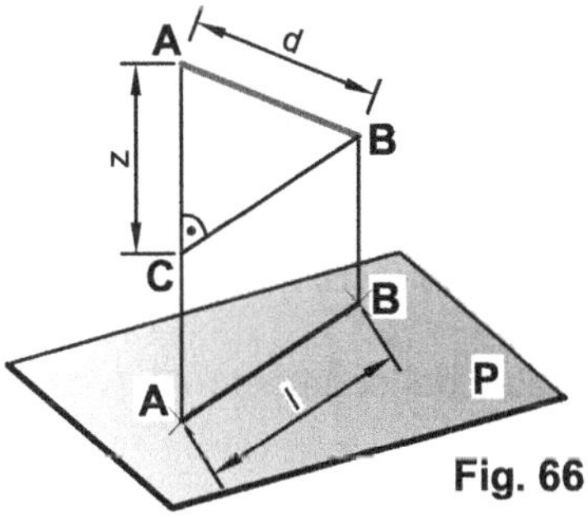

Fig. 66

16.2 Distancia de un punto A a un plano P, fig. 67

Por el punto **A** trazar la recta **r** perpendicular al plano **P**, (véase § 15.2). Se obtendrá el punto **I** de intersección de **r** con **P**, (véase § 13.1)

La distancia pedida es la longitud del segmento **AI**, (véase § 16.1)

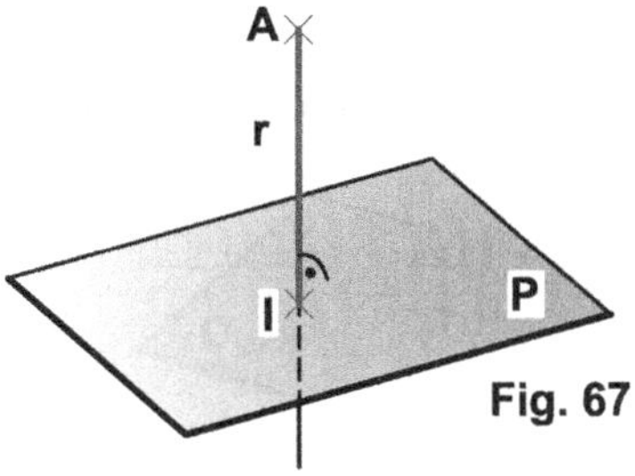

Fig. 67

16.3 Distancia de un punto A a una recta r, fig. 68

Por el punto **A** trazar el plano **P** perpendicular a la recta **r**, (véase § 15.3). Se obtendrá el punto **I** de intersección de **r** con **P**, (véase § 13.1)

La distancia pedida es la longitud del segmento **AI**, (véase § 16.1)

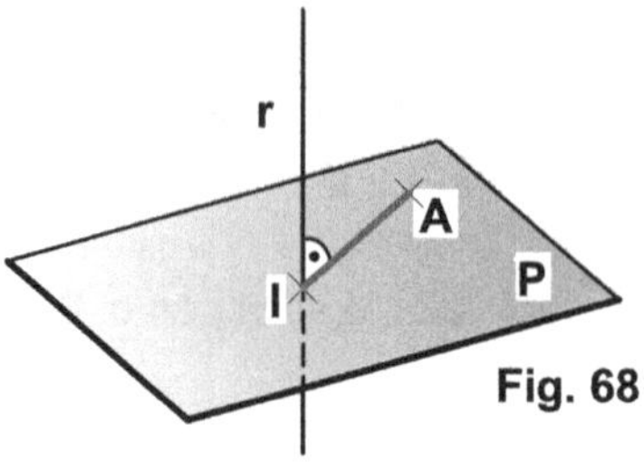

Fig. 68

16.4 Distancia entre dos rectas paralelas r y s, fig. 69

Trazar el plano **P** perpendicular a la recta **r**, (véase § 15.3). Obtener los puntos **I** y **J** de intersección de **r** y **s** con **P**, (véase § 13.1)

La distancia pedida es la longitud del segmento **AI**, (véase § 16.1)

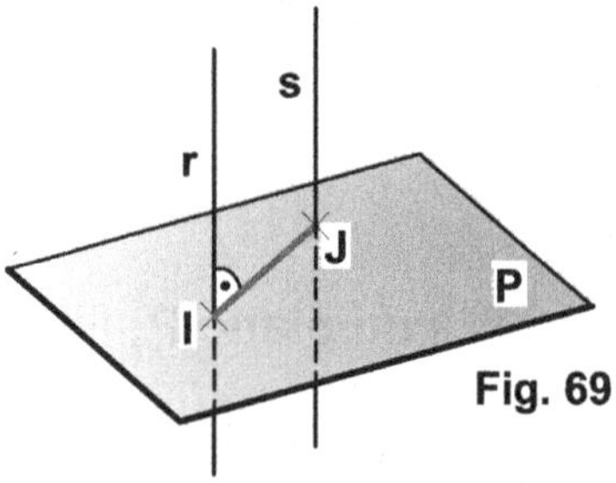

Fig. 69

16.5 Distancia entre dos planos paralelos P y Q, fig. 70

Trazar la recta **r** perpendicular al plano **P**, (véase § 15.2). Obtener los puntos **I** y **J** de intersección de **r** y **s** con **P**, (véase § 13.1)

La distancia pedida es la longitud del segmento **IJ**, (véase § 16.1)

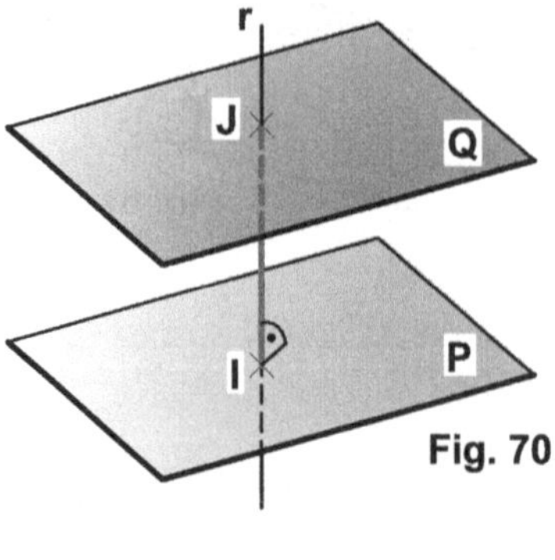

Fig. 70

16.6 Trazar un plano R paralelo a otro dado P a una distancia dada d, figs. 71 y 72

Por un punto **A** del plano **P** trazar la recta **rp** perpendicular al plano **P**, (véase § 15.2, fig. 60)

Sobre la recta **(rp)** llévese la distancia **d** obteniendo **(B)**. La recta paralela por **(B)** a la **(lmp)** del plano **P** será la **(lmp)** del plano **R**. Bastará con graduar esta última recta para determinar las líneas de nivel del plano **R**.

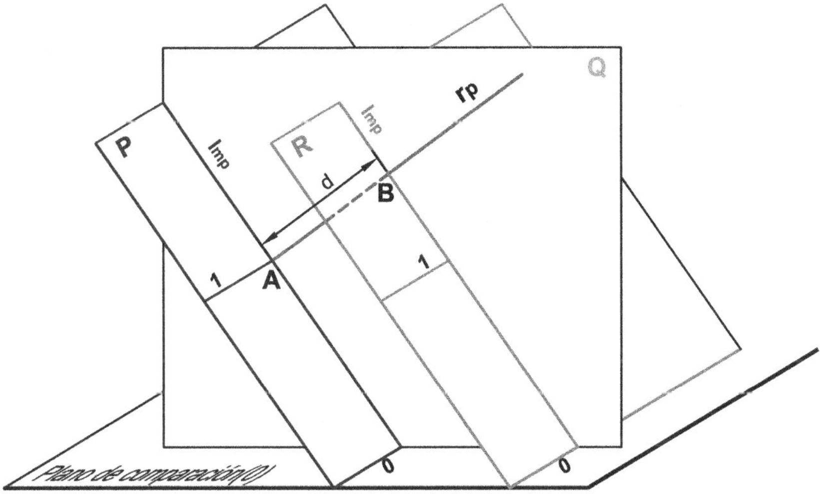

Fig. 71

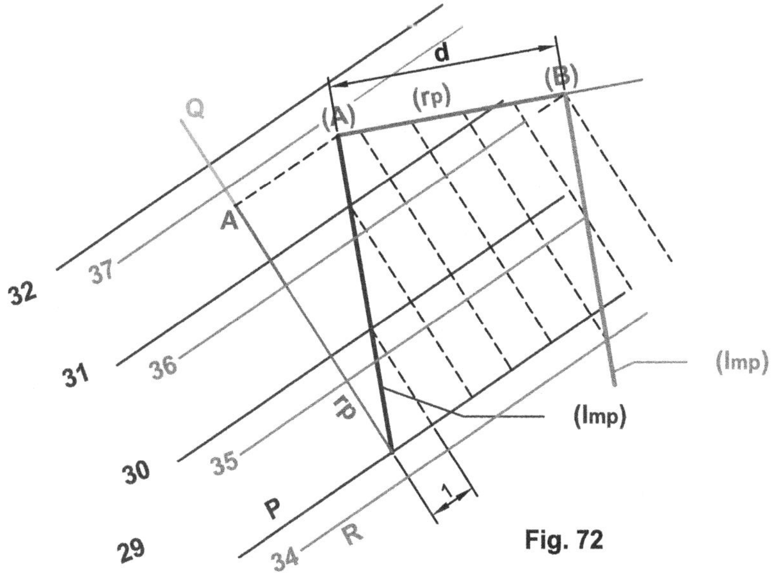

Fig. 72

16.7 Mínima distancia entre dos rectas r y s que se cruzan

Se entenderá como **mínima distancia** entre dos rectas **r** y **s** que se cruzan, a la longitud del segmento comprendido entre ellas, **d = MN**, que es ortogonal a ambas.

Se trata, por tanto, de trazar la recta **t** que se apoye en las dos rectas dadas siendo ortogonal a ambas, fig.73.

- Se trazará el plano **P** que contiene a una de las rectas dadas, p.e. la **r**, y es paralelo a la otra recta dada **s** (véase § 14.3)
- Por un punto cualquiera **B** de **s** se trazará la perpendicular al plano **P**, obteniendo su intersección **I** con el plano **P**.
- La paralela **x** a **s** por **I** dará el punto **M** sobre **r**.
- La recta **t** paralela a la perpendicular **BI** dará el punto **N** sobre **s**.
- El segmento **MN** es la distancia buscada.

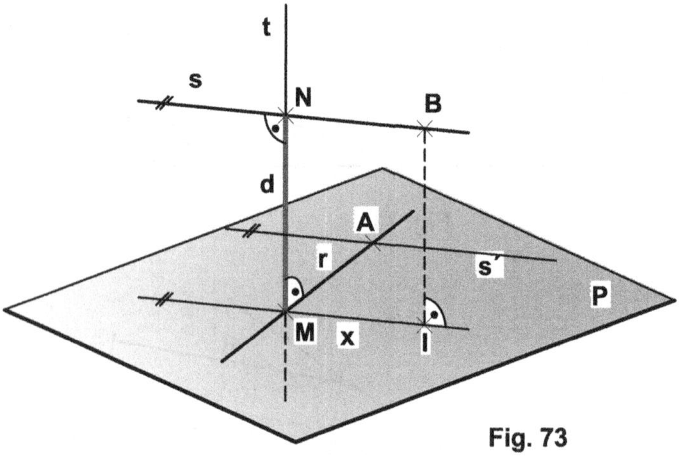

Fig. 73

17. ABATIMIENTOS

17.1 Introducción

Se entiendo por **abatir el plano P sobre otro PH**, fig. 74, al proceso de hacerlo girar alrededor de la recta intersección de ambos hasta hacerlo coincidir con el plano sobre el que se abate, **PH**, al que se denomina **plano de abatimiento.** Generalmente, el plano de abatimiento es horizontal, es decir, el de comparación u otro paralelo a él.

Mediante el abatimiento de un plano, los elementos que estén contenidos en él se verán en verdadera magnitud.

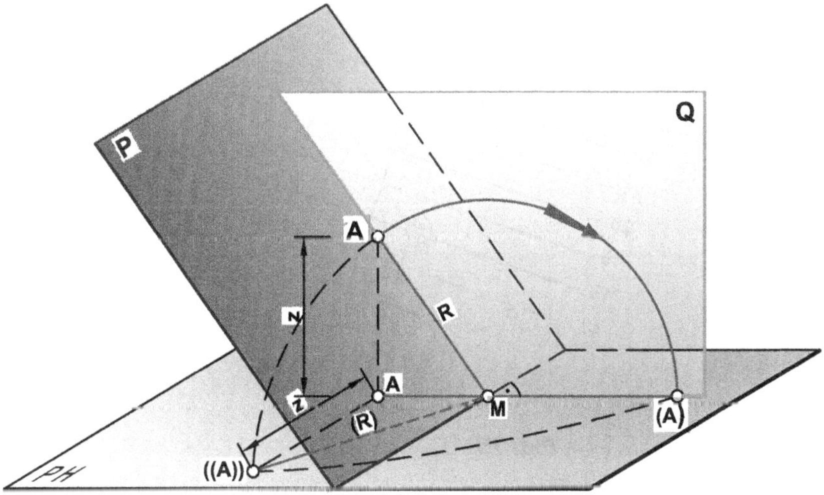

Fig. 74

17.2 Abatimiento de un punto.

En el proceso de abatimiento, fig. 74, un punto **A** cualquiera del plano **P** describirá una trayectoria circular de radio **R**, situada en el plano **Q** perpendicular al eje de giro y, por tanto, vertical. El punto abatido del **A**, **(A)**, se encontrará en la traza del plano **Q** con el plano de abatimiento.

El radio de giro, **R**, es la hipotenusa del triángulo rectángulo de catetos: uno cuyo valor es la cota **z** del punto **A** respecto al plano de abatimiento y el otro la distancia **AM** de la proyección del punto **A** al eje de giro.

En la fig. 75 se indica el proceso a seguir en acotados, donde se ha abatido el plano **P** sobre el horizontal de cota **(18)** y, en particular, el punto **A** como perteneciente al plano P:

- Por la proyección A del punto se trazan perpendicular y paralela al eje de giro,horizontal de cota (18).
- Sobre la paralela se lleva la cota z del punto A respecto al horizontal de abatimiento, obteniendo ((A))
- Con centro M y radio de giro (R) se traza el arco, obteniéndose (A)

<u>Abatimiento de un punto A perteneciente a un plano P</u>

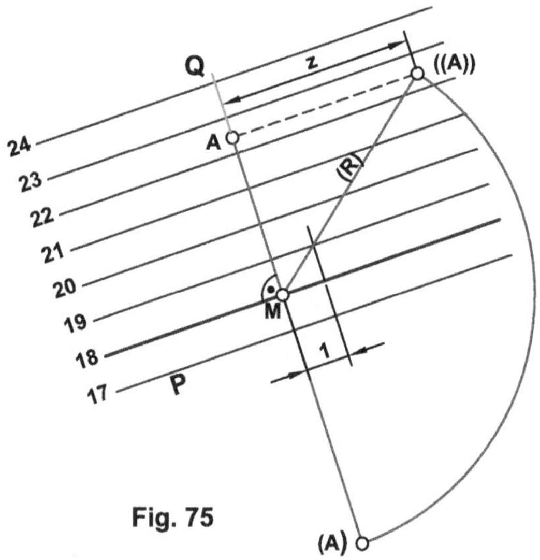

Fig. 75

17.3 Abatimiento de una recta.

Para obtener la abatida **(r)** de una recta **r** perteneciente a un plano **P**, bastará con obtener los abatidos de dos de sus puntos, fig 76.

Uno de los puntos es uno genérico, p.e. el **A**, y se sigue el procedimiento del § 17.2. El segundo punto puede ser el **B** de intersección de la recta **r** con el eje de giro que, al no sufrir desplazamiento, coincidirá con **(B)**.

En la fig. 77 se indica el proceso a seguir en acotados, donde se ha abatido el plano **P** sobre el horizontal de cota **(18)** y, en particular, el punto **A** como perteneciente al plano **P**.

En la figura abatida **(r)** pueden medirse longitudes en verdadera magnitud, p.e. la distancia entre **A** y **B**.

Fig. 76

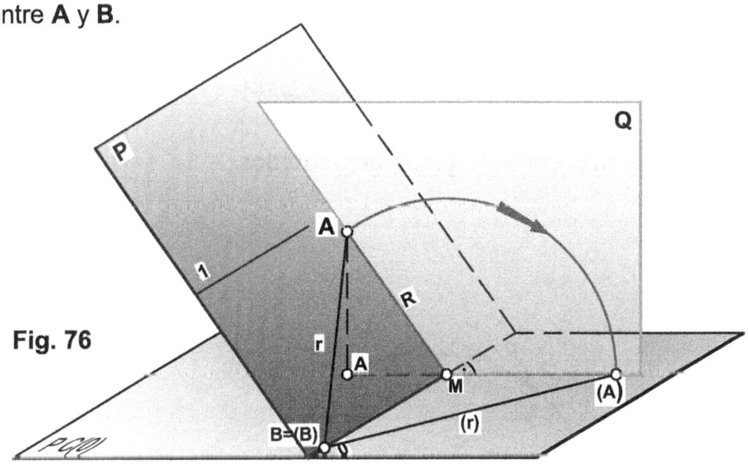

Abatimiento de una recta r perteneciente a un plano P

Fig. 77

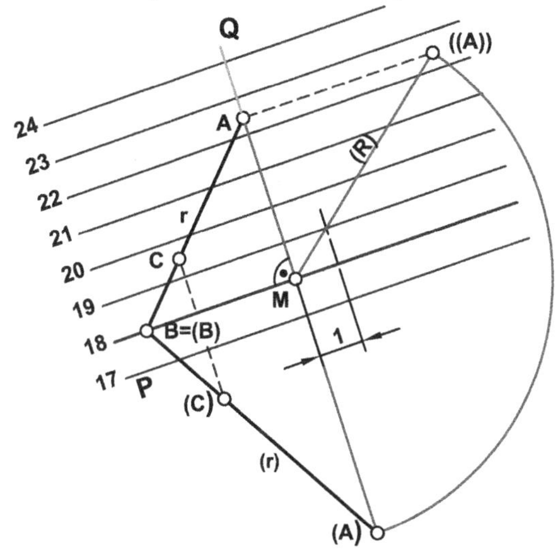

18. PROYECCIÓN DE LA CIRCUNFERENCIA

18.1 Procedimiento general

Sea una circunferencia de radio **R** situada sobre el plano **P** y centro **O**, fig. 78.

Por abatimiento del plano **P** se obtendrá **(O)** y se dibujará la circunferencia abatida.

Por desabatimiento de los diámetros conjugados **(A)(B)**, paralelo al eje de giro, y del diámetro **(C)(D)**, perpendicular, se obtienen los ejes **AB** y **CD** de la elipse proyección de la circunferencia.

Obsérvese que el eje mayor **AB** es una horizontal del plano **P**, y su longitud coincide con el diámetro de la circunferencia. El eje menor se sitúa sobre la recta de máxima pendiente del plano **P**.

Proyección de una circunferencia en acotados

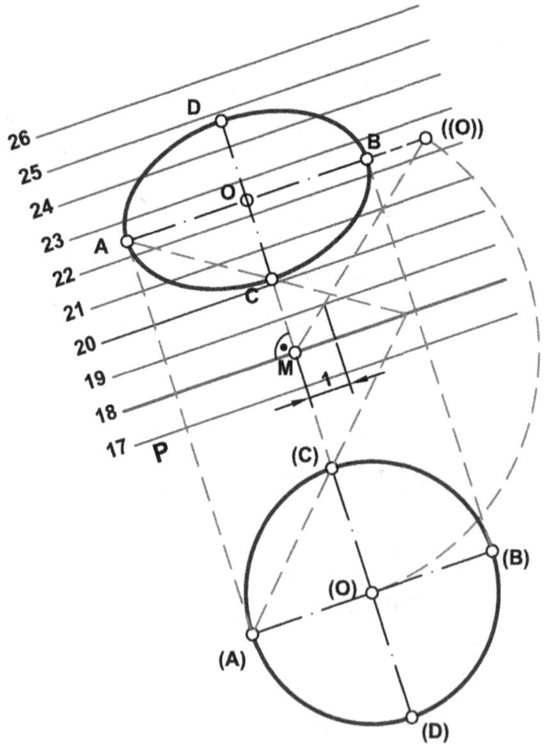

Fig. 78

Teniendo en cuenta las últimas observaciones, en la fig. 79 se ha obtenido de forma más simple y rápida la elipse proyección de la circunferencia.

El eje mayor **AB = 2R** se ha llevado directamente sobre la horizontal del plano **P** trazada por **O**.

Se ha abatido la línea de máxima pendiente del plano **P** que pasa por **O**, **(lmp)**, obteniendo sobre ella el punto **(O)**. Llevando a partir de **(O)** la longitud igual al radio se obtienen **(D)** y **(C)**.

Mediante el desabatimiento de la **(lmp)** se obtienen los extremos **C** y **D** del eje menor de la elipse.

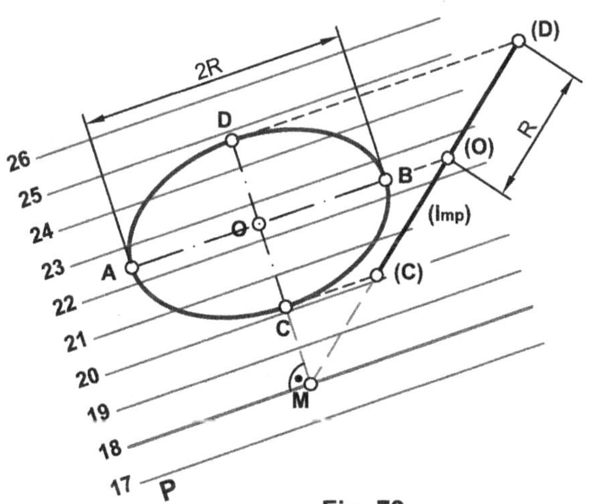

Fig. 79

19. ÁNGULOS

El tema puede considerarse bajo dos aspectos distintos: los denominados **problemas directos** en los que se trata de **medir** el ángulo que forman rectas y planos entre sí y los **problemas inversos** en los que es preciso trazar rectas y planos que formen entre sí ángulos predeterminados.

PROBLEMAS DIRECTOS

19.1 Ángulo de dos rectas que se cortan

Para medir el ángulo α que forman dos rectas **r** y **s** que se cortan en el punto **I**, fig. 80., bastará con abatir el plano **P** que definen, obtener **(r)** y **(s)** y medir el ángulo entre ambas.

Ángulo de dos rectas que se cortan

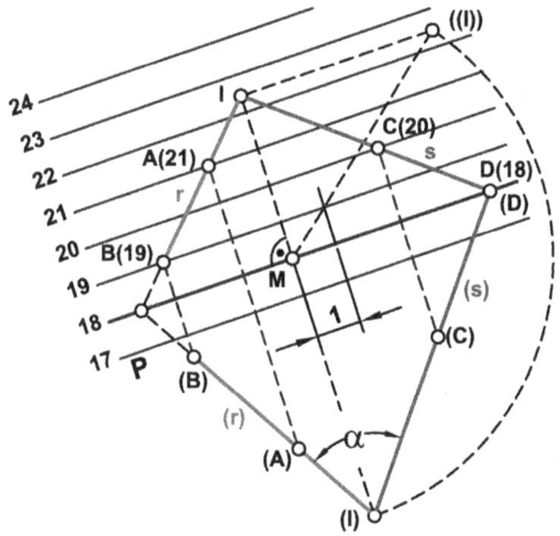

Fig. 80

19.2 Ángulo de dos rectas que se cruzan

Se entiende por ángulo α de dos rectas **r** y **s** que se cruzan, al formado por una de ellas, p.e. la **r**, y una paralela **t** a la **s** trazada por un punto **A** de la **r**.

En la fig. 81 se ha obtenido en acotados el ángulo α que forman **r** y **s**.

Ángulo de dos rectas que se cruzan

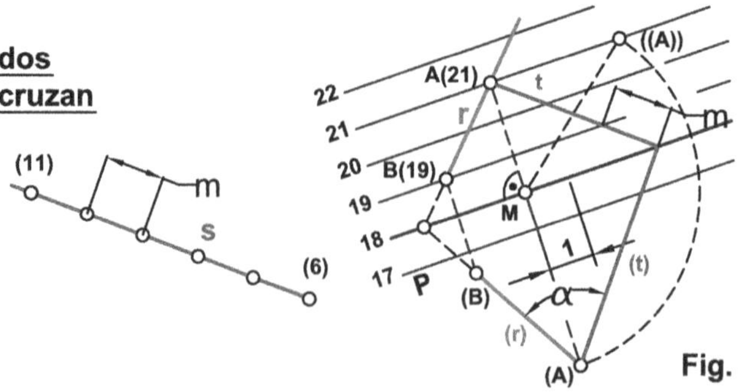

Fig. 81

19.3 Ángulo de recta y plano

Se entiende como ángulo que forma una recta **r** con un plano **P**, al ángulo α que forman las rectas **r** y su proyección ortogonal **s** sobre el plano **P**, fig. 82.

Se trazará la perpendicular al plano **P** por un punto de **r**, p.e. el **D**, obteniendo el punto **K**, la proyección **s** quedará determinada por **K** y la traza **I** de **r** con el plano **P**.

Obsérvese que el ángulo α es complementario del β y, por tanto, también es posible hallar α determinando el ángulo que forman **r** y la perpendicular **p** al plano **P**.

En la fig. 83 se ha obtenido el ángulo α que forma la recta **r**, definida por los puntos **C(0)** y **D(6)**, con el plano **P** definido por su recta de máxima pendiente, **A(1) - B(7)**. La verdadera magnitud de dicho ángulo se ha determinado por abatimiento del plano definido por **r** y **s** sobre el plano horizontal de cota **(1)**.

Angulo de recta y plano

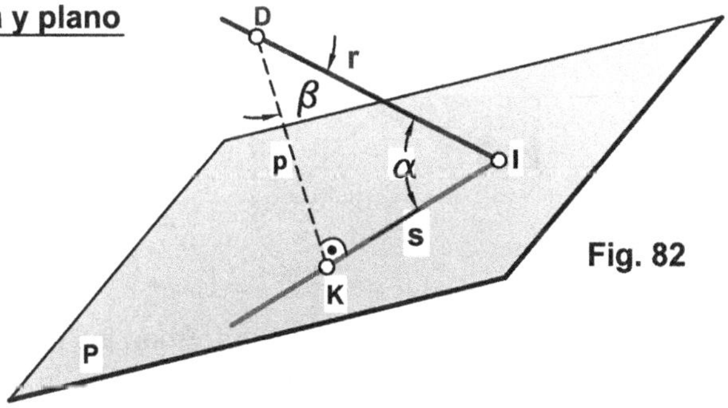

Fig. 82

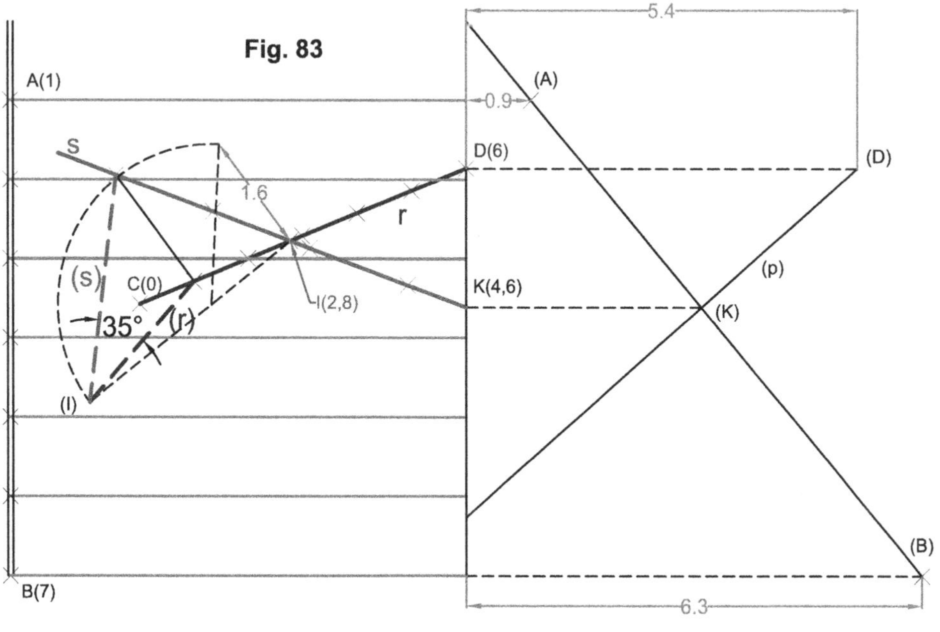

Fig. 83

19.4 Ángulo de dos planos

Se entiende como ángulo que forman dos planos **P** y **Q** al rectilíneo de su ángulo diedro α, fig. 84.

Para obtener su medida, se trazará por un punto **A** cualquiera, un tercer plano **R** perpendicular a la recta **i** intersección de **P** y **Q**. Dicho plano **R** determinará sobre **P** y **Q** las rectas **r** y **s**, respectivamente. El ángulo α formado por **r** y **s** es el ángulo pedido.

Obsérvese que el ángulo α es complementario del β y, por tanto, también es posible hallar α determinando el ángulo que forman las dos rectas **t** y **u** perpendiculares, respectivamente, a los plano **P** y **Q**, trazadas desde el punto **A**.

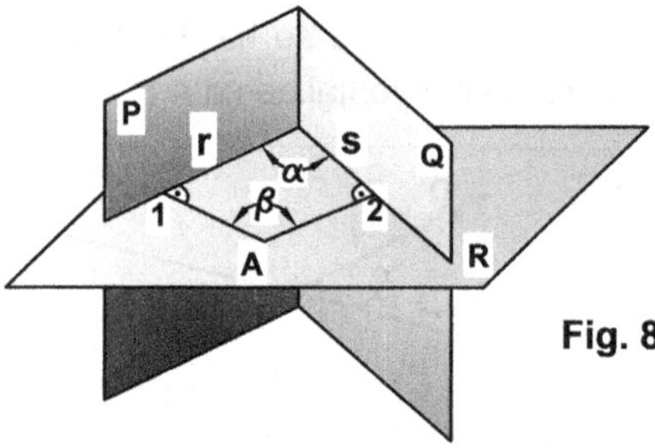

Fig. 84

En la fig. 85 se ha obtenido el ángulo α que forman los planos **P** y **Q** definidos por sus líneas de nivel. La verdadera magnitud de dicho ángulo se ha determinado por abatimiento del plano **R**, definido por **r** y **s**, sobre el plano de cota **(19)**.

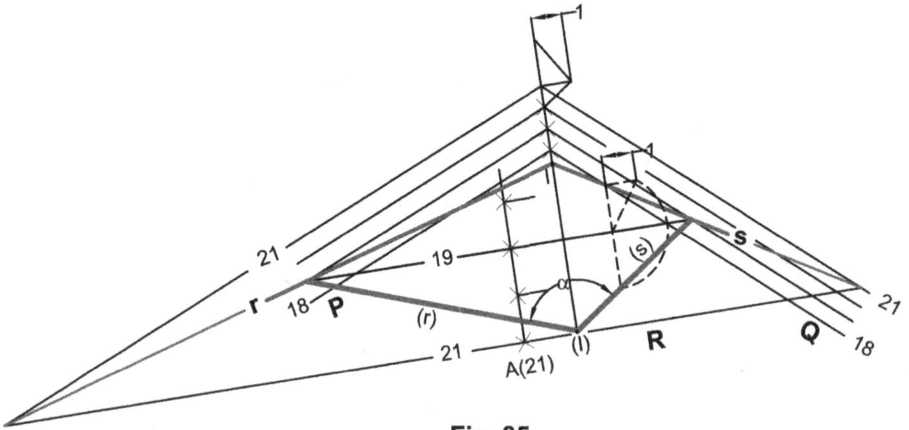

Fig. 85

PROBLEMAS INVERSOS.

19.5 Trazado de rectas r que, pasando por un punto A de una recta dada e, formen un ángulo α con ella

El lugar geométrico formado por las rectas **r** es la superficie cónica de eje la recta dada **e**, vértice el punto **A** y semiángulo cónico α, fig. 86.

Lugar geométrico de las restas r que forman un ángulo α con otra e

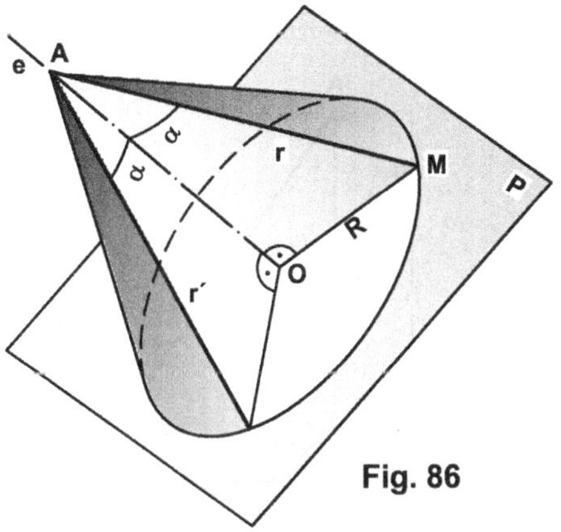

Fig. 86

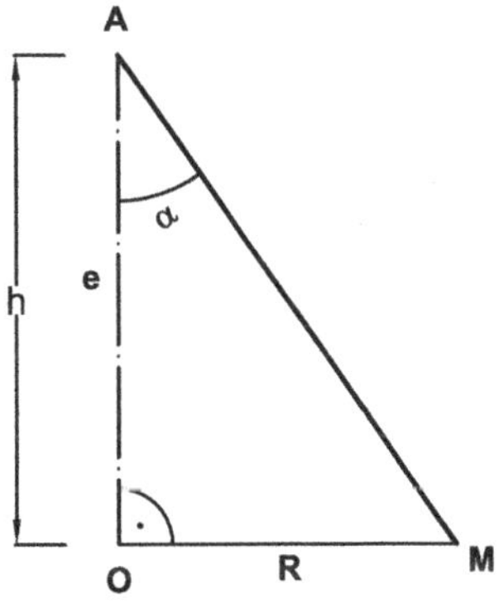

Fig. 87

Para definir dicha superficie bastará con hallar una sección plana de ella, p.e.una sección circular cualquiera.

Se trazará un plano cualquiera **P** perpendicular a la recta dada **e**, obteniéndose su punto **O** de intersección con **e**.

El valor del radio **R** de la sección circular es función de la distancia **h = AO**, que debe calcularse, y del ángulo α dado.

Con esos dos valores se dibujará la sección meridiana de la superficie cónica de la fig. 87, obteniendo en ella el valor del radio **R** de la sección que se dibujará por abatimiento del plano P (véase § 18.1, figs. 78 y 79).

Uniendo el punto **A** con cualquiera de los puntos de la circunferencia se obtendrá una solución de r. Naturalmente será preciso fijar otra nueva condición para determinar una solución concreta.

19.6 Trazado de rectas r que, pasando por un punto A, formen un ángulo β con un plano dado, P

El ejercicio es similar al caso anterior (§ 19.5).

El lugar geométrico formado por las distintas rectas solución: **r, r',...** es la superficie cónica de eje la recta **e**, perpendicular al plano **P** por el punto **A,** vértice el punto **A** y semiángulo cónico α, complementario del β, fig. 88.

Lugar geométrico de las restas r que forman un ángulo β con un plano dado P

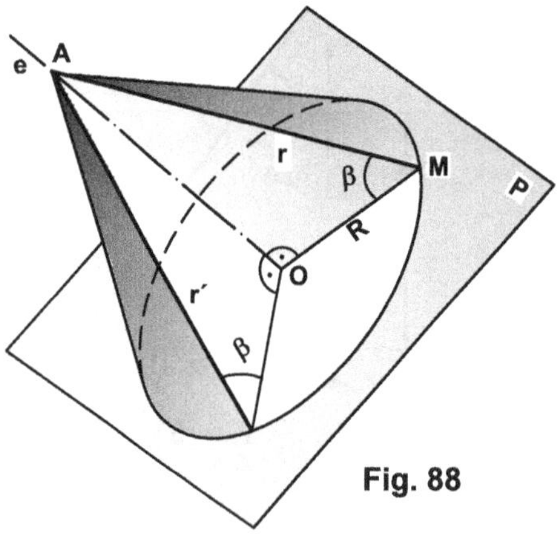

Fig. 88

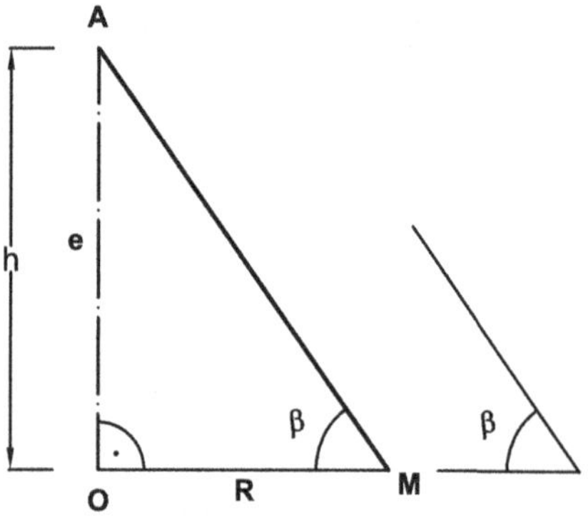

Fig. 89

Para definir dicha superficie bastará con hallar una sección plana de ella, p.e.una sección circular cualquiera.

Se trazará por **A** una perpendicular al plano dado **P**, obteniéndose su punto **O** de intersección con el.

El valor del radio **R** de la sección circular es función de la distancia **h = AO** ,que debe calcularse, y del ángulo β dado.

Con esos dos valores se dibujará la sección meridiana de la superficie cónica de la fig. 89, obteniendo en ella el valor del radio **R** de la sección que se dibujará por abatimiento del plano P (véase § 18.1, figs. 78 y 79).

Uniendo el punto **A** con cualquiera de los puntos de la circunferencia se obtendrá una solución de r. Naturalmente será preciso fijar otra nueva condición para determinar una solución concreta.

19.7 Trazado de planos Q que, pasando por un punto A de una recta dada e, formen un ángulo α con ella

El ejercicio es similar al caso anterior (§ 19.5).

La superficie envolvente de los infinitos planos solución: **P, P'...** es la superficie cónica de eje la recta dada **e**, vértice el punto **A** y semiángulo cónico α, fig. 90.

Lugar geométrico de los planos Q que forman un ángulo α con una recta e

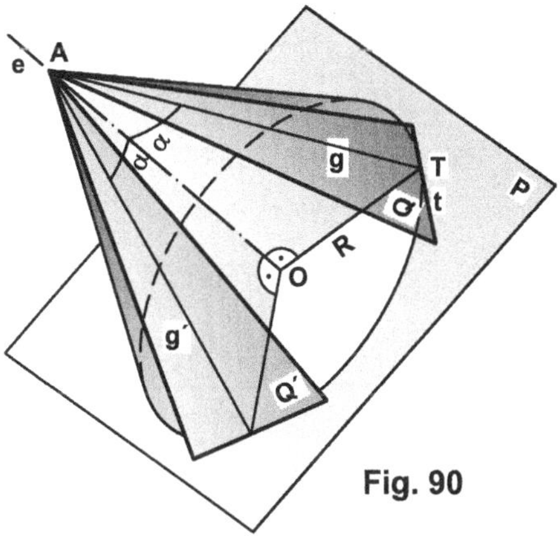

Fig. 90

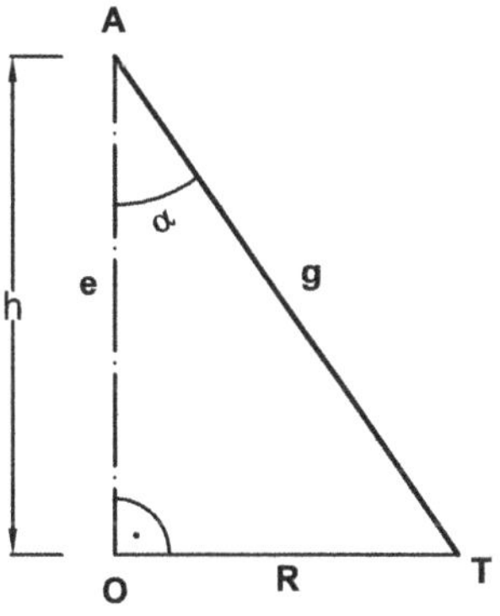

Fig. 91

Obtenida la sección circular como en § 19.5, los distintos planos solución **Q, Q' ...** quedarán definidos por una tangente **t** a la circunferencia sección y el punto **A** dado.

Las generatrices **g, g' ...** de tangencia de los distintos planos solución con la superficie cónica envolvente quedan definidas con los puntos **T** correspondientes y el punto **A**. Naturalmente será preciso fijar otra nueva condición para determinar una solución concreta.

19.8 Trazado de planos Q que, pasando por un punto A, formen un ángulo β con un plano dado, P

El ejercicio es similar al caso anterior (§ 19.7).

La superficie envolvente de los infinitos planos solución: **P, P'...** es la superficie cónica de eje la recta perpendicular al plano dado por **A**, vértice el punto **A** y semiángulo cónico α, complementario del β.

Se deja al lector la realización de las figuras correspondientes.

19.9 Trazado de planos Q que, pasando por una recta dada r, formen un ángulo β con un plano dado, P

El ejercicio es similar al caso tratado en el § 11.5 con la única diferencia que en aquél el plano **P** era horizontal y ahora puede ser un plano oblicuo. Dada su similitud, se deja a la iniciativa del lector su resolución.

Naturalmente existen dos soluciones, siendo preciso fijar una nueva condición para que la solución sea única.

20. ACUERDO ENTRE PLANOS

20.1 Introducción

La trayectoria a seguir para ir desde un punto **A** de un plano **P** hasta otro punto **B** de otro plano **Q** contiguo al **P**, sin salir de los planos, necesariamente ha de realizarse a través de algún punto **C** de la recta **i** de intersección de ambos planos. La recta **i**, denominada **arista**, supone una discontinuidad brusca en la trayectoria.

En múltiples ocasiones es necesario eliminar la arista resultante de la intersección de dos planos y, sin embargo, es preciso dar continuidad a las superficies que ambos planos representan.

Para lograrlo se dispone entre ellos una tercera superficie Σ de transición que los acuerde a lo largo de una línea, σ, de acuerdo. A la superficie Σ, denominada **superficie de acuerdo**, se le exigirá que sea tangente simultáneamente a los dos planos que acuerda, es decir, los propios planos a acordar deben ser tangentes a la superficie Σ en todos los puntos de la línea de acuerdo σ debiendo ser, por tanto, una superficie **reglada desarrollable**.

Por su sencillez se utiliza como superficie de acuerdo Σ la superficie cónica y como extensión de ella la superficie cilíndrica.

En la figs. 92 y 93 puede apreciarse el acuerdo entre los planos de los taludes de los desmontes y terraplenes.

Fig. 92

Fig. 93

20.2 Acuerdo cónico

Se trata, fig. 94, de acordar los planos **P** y **Q** mediante una superficie cónica que ha de cumplir las siguientes condiciones:

- Para que sea tangente a los dos planos su vértice, **V**, ha de pertenecer, necesariamente, a la recta **i** de su intersección.
- Sus directrices horizontales a distintas cotas (líneas de nivel) serán **siempre** circunferencias que, necesariamente, serán tangentes a las parejas de líneas de nivel correspondientes de ambos planos. Sus centros **O**, **O´**, etc. se situarán sobre las bisectrices **w** de las líneas de nivel de igual cota de los planos **P** y **Q**.

Acuerdo cónico de planos

El centro O de la base está en la bisectriz w de líneas de igual cota. El vértice V está en la recta i de intersección de los planos.

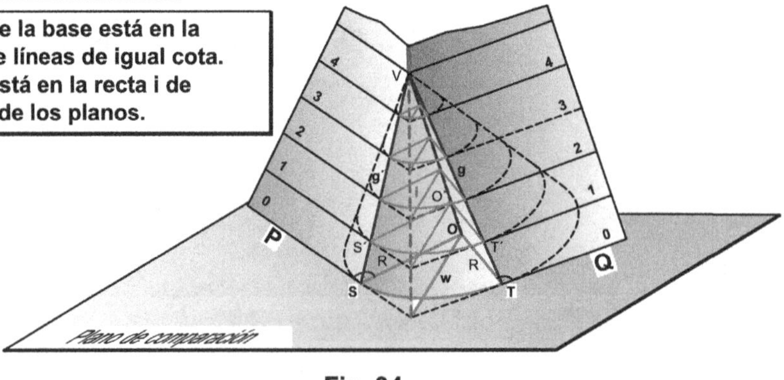

Fig. 94

En la fig. 95 se ha realizado un ejemplo práctico en acotados, donde se ha partido de los siguientes datos:

- Los planos **P** y **Q**, de pendientes diferentes, a acordar definidos por sus líneas de nivel.
- El valor **R** del radio de la directriz circular del cono de acuerdo a la cota **(25)**
- La **cota** del vértice **V** de la superficie cónica de acuerdo **(31)**

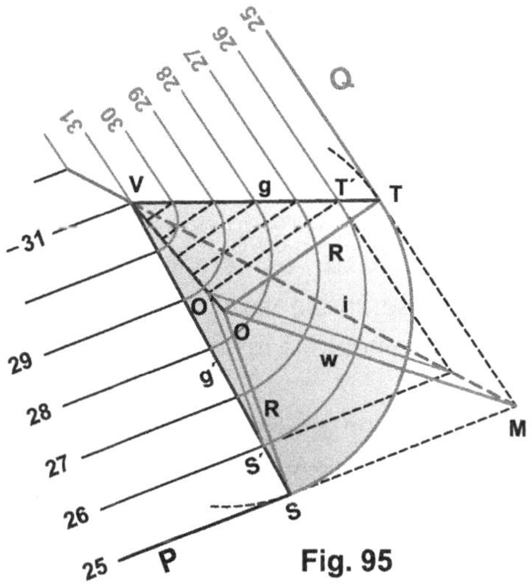

Fig. 95

El proceso a seguir es el siguiente:

Se traza la circunferencia de radio dado **R** tangente a las líneas de nivel de cota **(25)** de ambos planos -solución ya conocida- obteniéndose su centro **O** y los puntos de tangencia **T** y **S**.

Se dibuja la recta **i** de intersección de ambos planos y se situa sobre ella, en sus punto de cota **(31)**, el vértice de la superficie cónica de acuerdo, **V(31)**

Las rectas **VT** y **VS** son las generatrices **g** y **g´** de tangencia de la superficie del acuerdo con cada uno de los planos. Sobre estas rectas se encuentran, respectivamente, las sucesivas parejas de puntos **T´S´**, **T´´S´´** etc. de tangencia de las horizontales de igual cota de ambos planos con las circunferencias de la superficie cónica del acuerdo que constituyen sus líneas de nivel.

La recta **VO** es la línea de los centros de las distintas circunferencias de la superficie cónica que constituyen sus líneas de nivel. Así, la circunferencia de cota **(26)** tendrá su centro en **O´**.

Los centros **O´**, **O´´**etc. también pueden obtenerse trazando, respectivamente, las perpendiculares por los puntos **T´**, **S´** ; **T´´**, **S´´**, etc.

Naturalmente, pueden proporcionarse otros datos distintos a los dados en este ejercicio, p.e. dando la generatriz **g**.

En este caso **V es la intersección de g con i**, los puntos **S** y **T** se obtienen teniendo en cuenta que los segmentos **MT** y **MS** son iguales (potencia de un punto respecto a una circunferencia). El centro O se obtiene trazando las perpendiculares por **T** y **S**, respectivamente, a las líneas de cota (25) de cada plano, etc.

20.3 Caso particular

Se trata, fig. 96, de acordar los planos **P** y **Q**, ambos con la **misma pendiente** (igual módulo **m**).

Una opción, en este caso, es tomar la línea de centros vertical, así las generatrices de tangencia serán las rectas de máxima pendiente de los planos **P** y **Q** correspondientes, respectivamente, a los puntos **T** y **S**.

La superficie cónica del enlace será de revolución y sus líneas de nivel serán circunferencias concéntricas de centro **O,** e incrementos de radio iguales al módulo **m** de ambos planos.

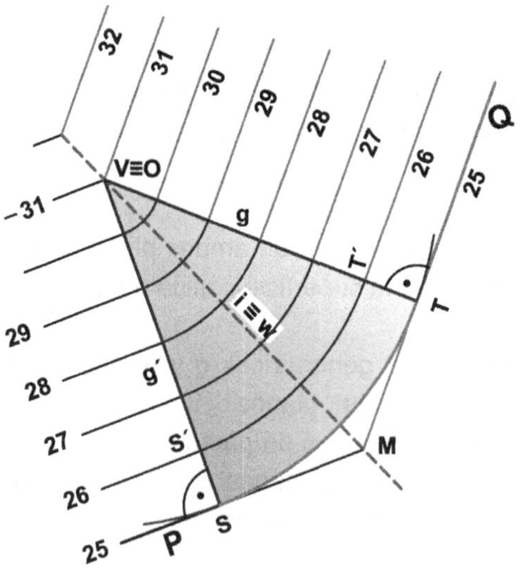

Fig. 96

20.4 Acuerdo cilíndrico

La superficie cilíndrica es una variante de la superficie cónica en la que el vértice es el punto impropio de las generatrices.

Bajo esta consideración el acuerdo cilíndrico es un caso particular del acuerdo cónico, presentando las particularidades correspondientes, fig. 97:

- El vértice es el punto impropio de la recta **i** de intersección de los planos **P** y **Q**.
- Las generatrices de tangencia **g** y **g´**, así como la línea de centros **VO ≡ e**, son paralelas a la recta **i**.

En la fig.98, queda resuelto el acuerdo cilíndrico entre los planos **P** y **Q**.

Fig.97

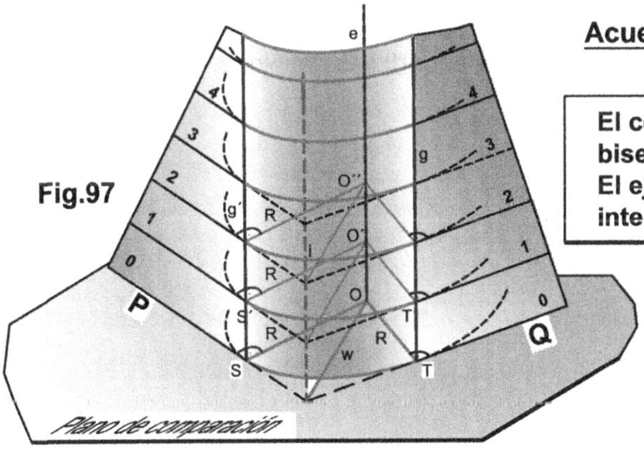

Acuerdo cilíndrico de planos

El centro O de la base está en la bisectriz w de líneas de igual cota. El eje "e" es paralelo a la recta i de intersección de los planos.

Fig. 98

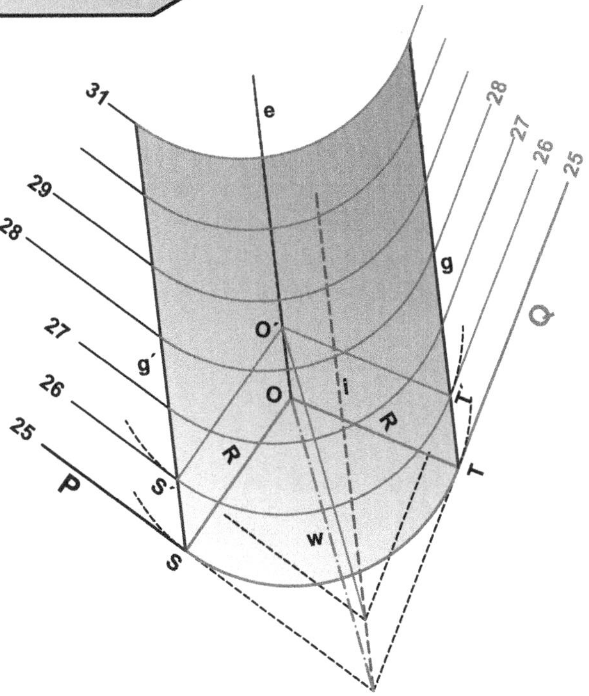

EA - 09 EJEMPLO DE APLICACIÓN

Los puntos **V(6,10,0)** y **W(26,10,0)** son centros de dos circunferencias horizontales de **radio 5 m**, bases de dos conos de revolución de **alturas 10** y **15**, respectivamente.

Al primero se le trazan los planos tangentes cuyas horizontales forman **30º** con OX en sentido antihorario, y al segundo aquellos cuyas horizontales forman **45º** con OX en sentido horario.

Entre los planos cuyas horizontales quedan más cerca de OX,se realiza un **acuerdo cilíndrico** de **directriz horizontal circular de 5 m de radio**, y entre los dos restantes un **acuerdo cónico**, tangente al plano de la izquierda a lo largo de su línea de máxima pendiente que pasa por el punto de **cota 10** de la generatriz de tangencia del cilindro con el plano de la izquierda.

SE PIDE, en acotados, a escala 1/150:

Obtener las intersecciones de todas las superficies definidas.

W(15)
V(10)

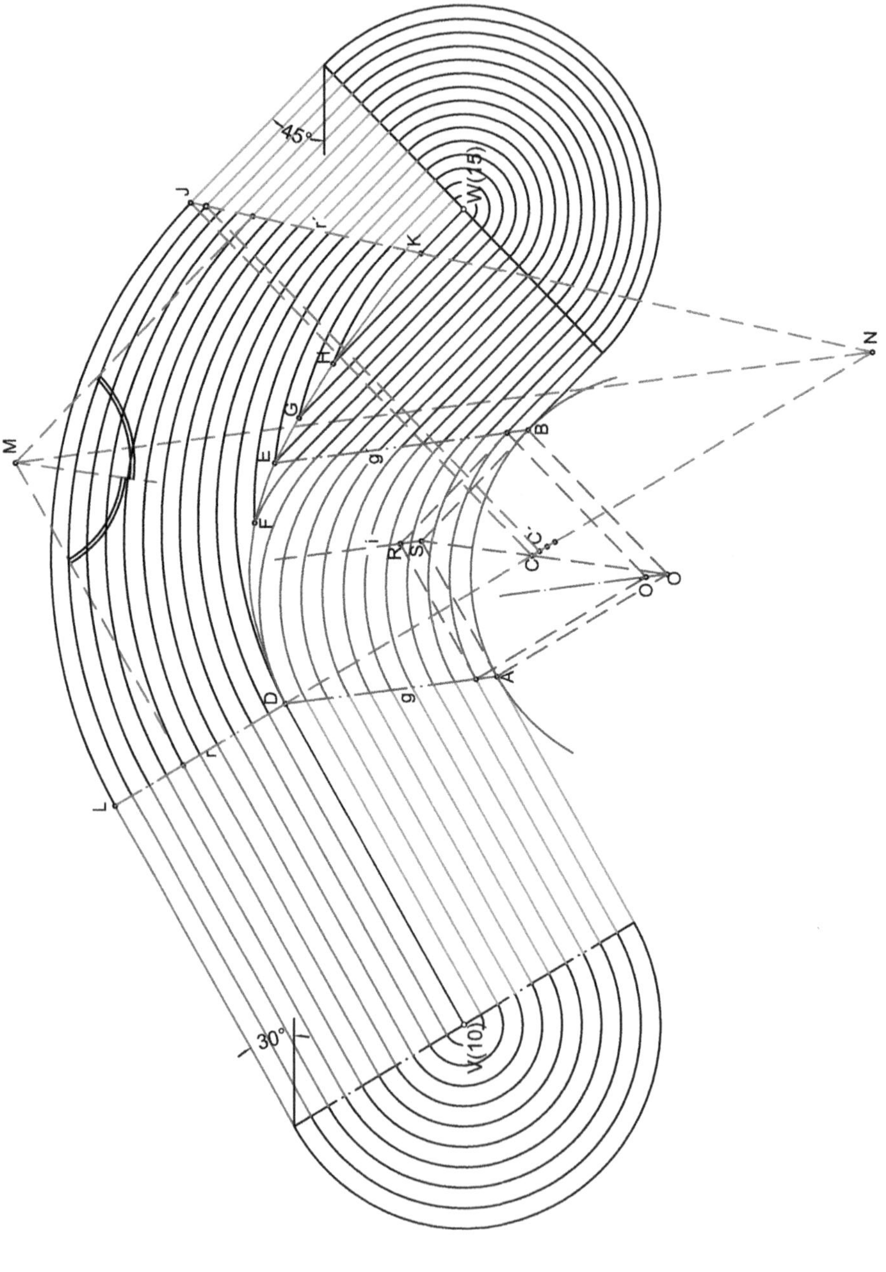
45°
W(15)
J
K
N
M
H
G
E
F
B
g
R
S
C
O
D
A
L
30°
V(10)

21. TRIEDROS

21.1 Definiciones

Triedro Es el ángulo sólido de tres aristas.

Ángulo sólido o ángulo poliedro: Es la figura formada por tres o más semirrectas concurrentes en un punto, llamado vértice, de tal manera que, consideradas en un cierto orden, no haya tres consecutivas coplanarias.

Arista: Es una de las semirrectas que determinan el ángulo sólido y que, naturalmente, pasa por el vértice.

Cara: Es la parte de plano situado entre dos aristas. El valor de una cara se mide por el ángulo que forman las dos aristas que la limitan.

Diedro. Es el ángulo que forman dos caras del triedro.

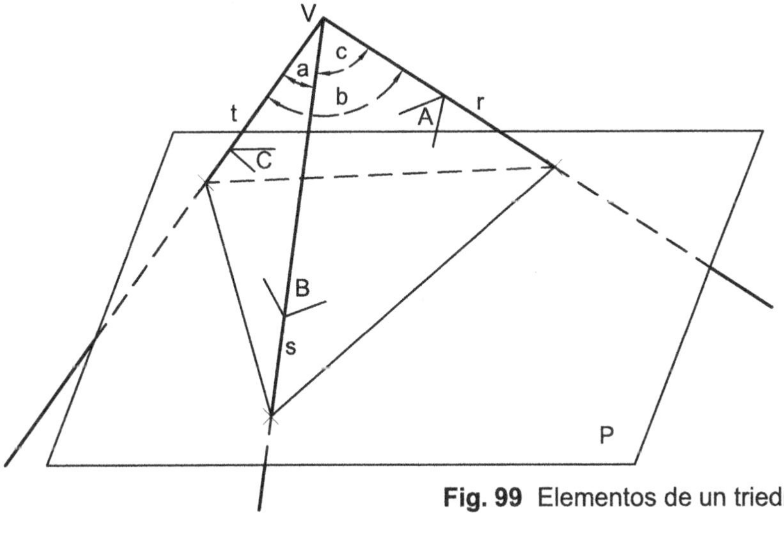

Fig. 99 Elementos de un triedro

21.1 Triedros trirrectángulos

Constituye un caso particular de gran interés. Se llaman triedros trirrectángulos a aquellos cuyas tres caras y tres diedros miden 90º.

Los problemas a que da lugar la representación de un triedro trirrectángulo no pueden ser la determinación de sus elementos, ya que son bien conocidos, sino exclusivamente su representación gráfica para que su situación en el espacio satisfaga a determinadas condiciones.

Resulta muy conveniente recordar el siguiente teorema de geometría métrica, ya estudiado en el primer curso: "La proyección ortogonal del vértice de un triedro trirrectángulo sobre un plano cualquiera es el ortocentro del triángulo de trazas del triedro con dicho plano".

En la fig. 100, **V** es el vértice de un triedro trirrectángulo que se proyecta ortogonalmente sobre el plano **P** en el punto **H** que será, de acuerdo con el teorema citado, el ortocentro del triángulo de trazas **ABC**.

El abatimiento de una cara, VAB del triedro, sobre **P**, alrededor de **AB**, da lugar a un triángulo rectángulo, en el que el punto **(V)**, abatido de **V**, está alineado con la altura de **ABC** tomada desde el vértice **C**.

De aquí se deduce la forma práctica de abatir una cara, por ejemplo la **VAB**, de un triedro trirrectángulo sobre un plano **P**: basta trazar la semicircunferencia de diámetro **AB** y hallar su intersección con la altura **CM** de **ABC**. El punto resultante es el abatido de **V** y las rectas **(V)A** y **(V)B** son las abatidas de las aristas **VA** y **VB.**

Si se requiere la cota de **V** respecto al plano **P** o cualquier otro dato del triedro, se determina dibujando en verdadera magnitud la figura intersección del triedro con el plano Q proyectante perpendicular a **P**: la cota de V será **VH**.

En el sistema de planos acotados, el plano **P** suele ser el de cota 0 o uno paralelo, con lo que las construcciones se simplifican.

La fig. 100 muestra lo explicado más arriba, la fig. 101 muestra el plano **Q** y todo lo que contiene y la fig. 102 la construcción en planos acotados con el plano **P** coincidente con el plano de comparación .

Fig. 100 Triedros trirrectángulos

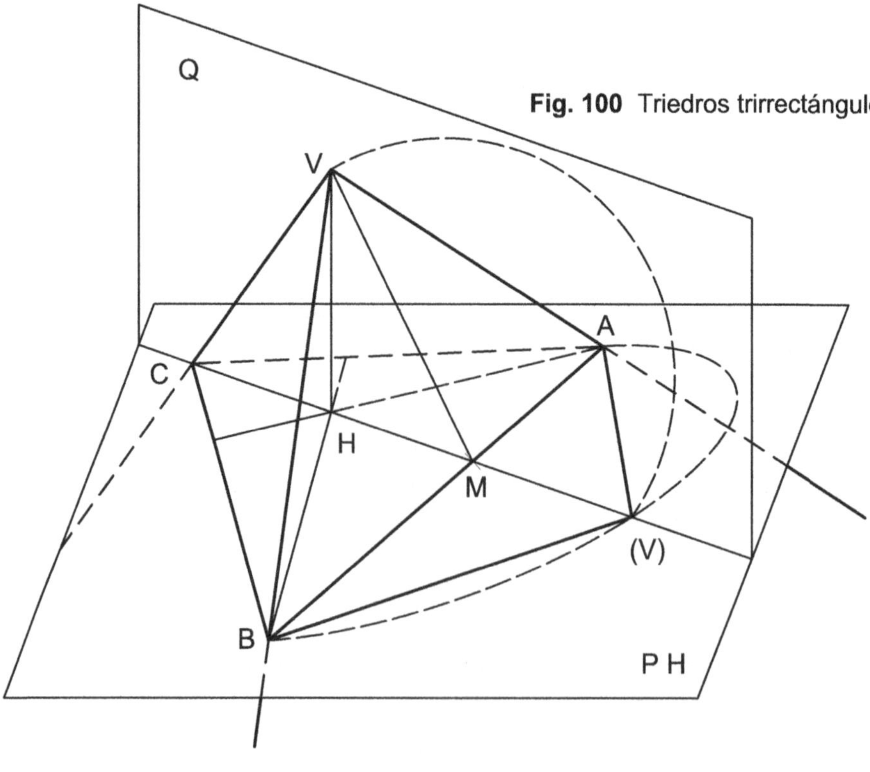

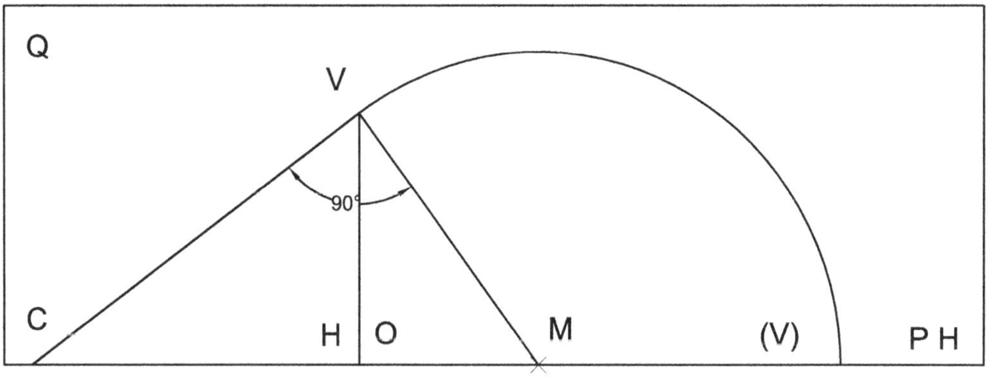

Fig. 101 Plano proyectante Q

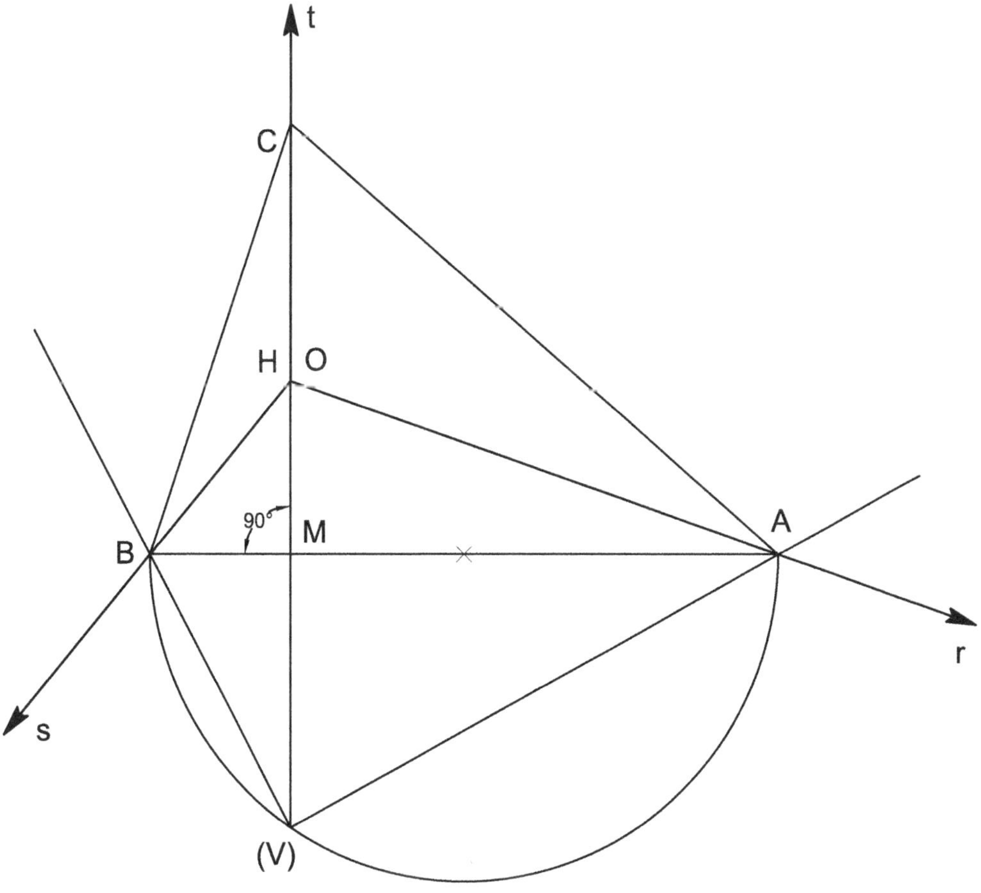

Fig. 102 Triedros trirrectángulos en planos acotados

EA - 10 EJEMPLO DE APLICACIÓN

La poligonal **ABCDE** representa la línea de aleros a cota **9 m** de un edificio, que dispone de un patio de luces de forma triangular cuya línea de aleros está a cota **10 m**.

Se proyecta la cubierta del edificio bajo las siguientes condiciones:

- Todos los faldones planos asciendan hacia el interior del edificio.
- Los faldones que nacen de los aleros **CD** y **AE** tienen pendiente del **100%**.
- La **limatesa** correspondiente al vértice **B** deberá formar en el espacio un ángulo de **50°** con la línea **AB** y debe pasar por el punto **G**.
- El alero circular **DE** corresponde a la circunferencia máxima de una cúpula semiesférica.
- Las **limahoyas** que nacen en los vértices del triángulo del patio son **ortogonales** entre sí dos a dos.

Indique en el lugar reservado para ello la **escala numérica** del plano.

Con las condiciones señaladas se pide resolver la cubierta, obteniendo todas sus aristas y dibujando las líneas de nivel de metro en metro, indicando, expresamente, la cota de **G**.

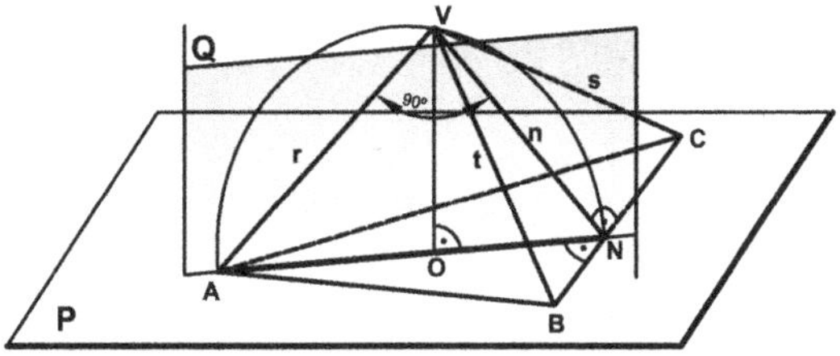

El vértice V del triedro trirectángulo se proyecta ortogonalmente sobre el plano P en el **ortocentro O** del triángulo ABC de trazas.

Las proyecciones de las aristas **r**, **s** y **t** coinciden con las alturas del triángulo de trazas.

Si el plano **P** es horizontal, la recta **VN** es de máxima pendiente del plano de cara **VBC** del triedro.

Mediante el abatimiento del plano vertical **Q (AVN)** se determina la altura del vértice **V** (VO) respecto al plano **P**.

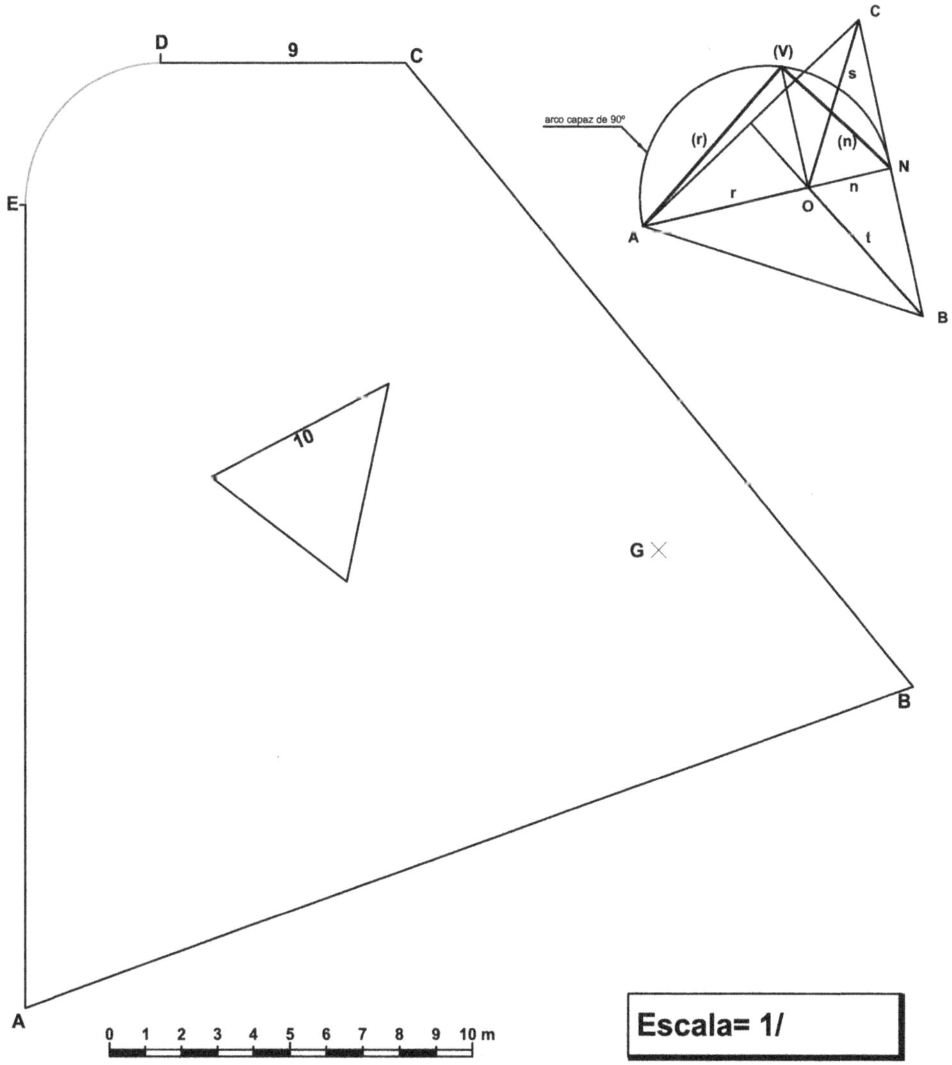

Escala= 1/

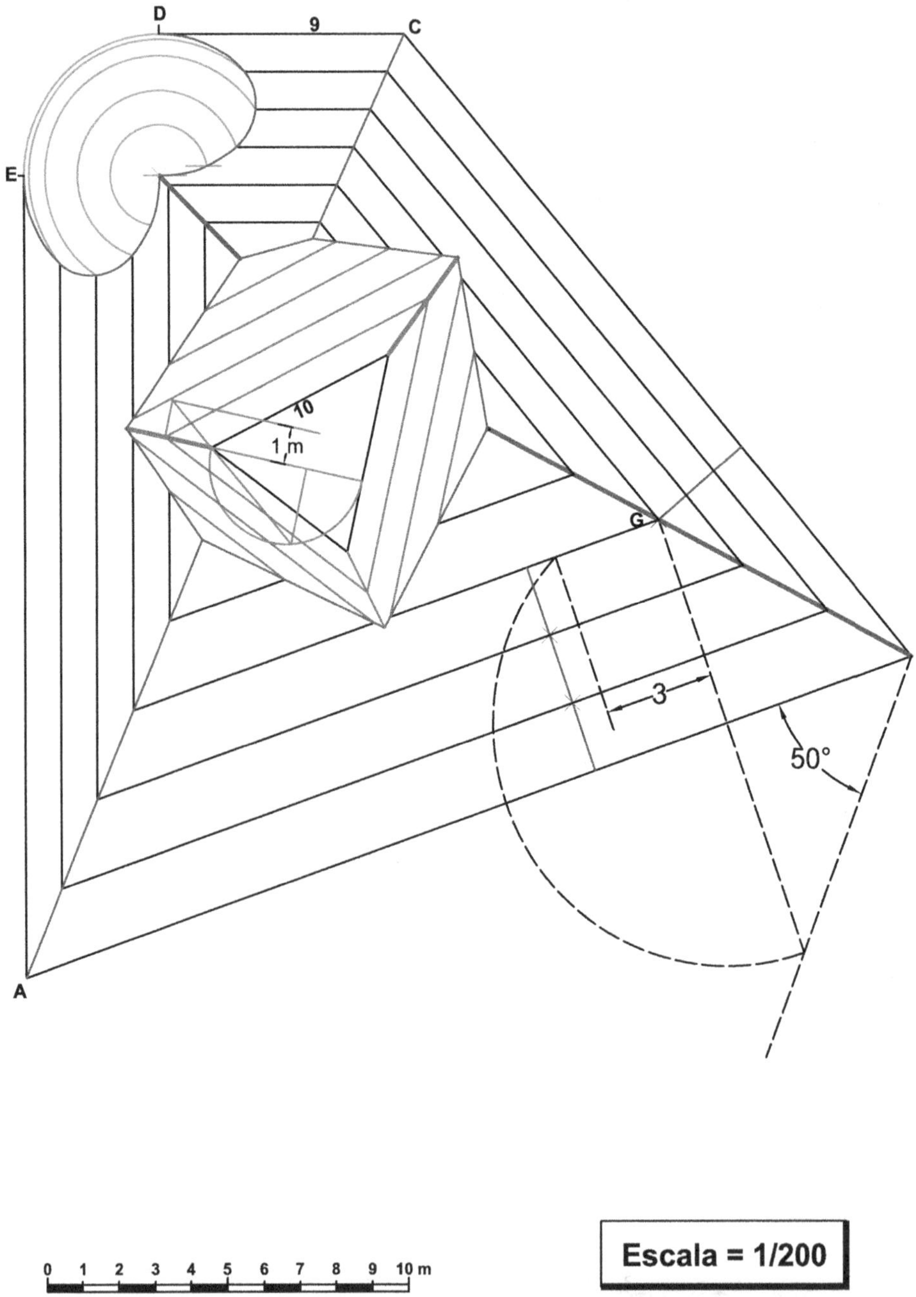

Escala = 1/200

CAPÍTULO II

CUBIERTAS

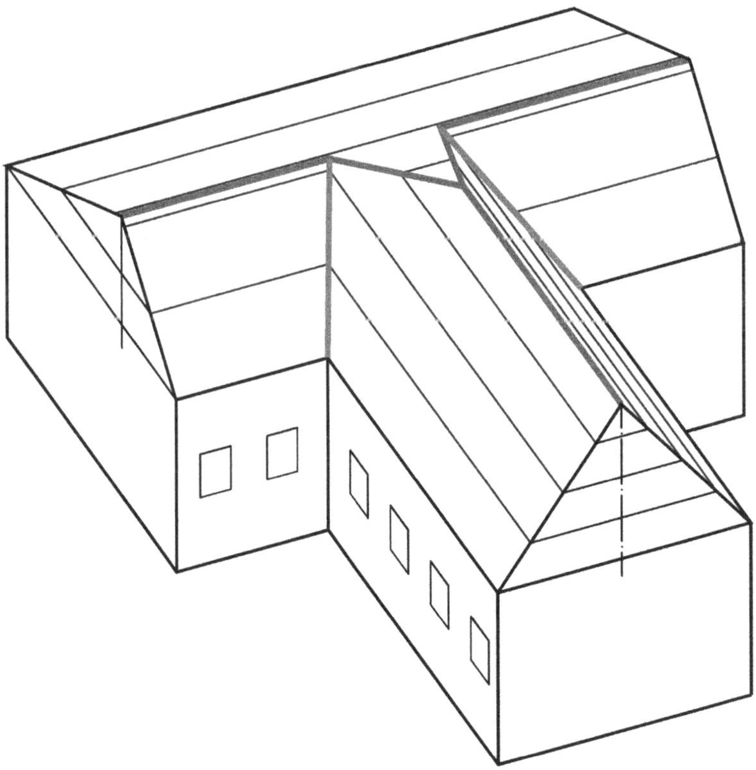

22. CUBIERTAS

22.1 Introducción

Denominaremos cubierta o tejado de un edificio la techumbre que lo cierra en su parte superior.

La cubierta está constituida por una serie de superficies, planas o no, que denominaremos **faldones**, fig. 103. Las aristas de intersección de los distintos faldones de denominan **limas** y los puntos de intersección de las distintas limas se denominan **vértices**.

En particular, se conoce como:

- **Limahoyas**: son las limas que recogen agua, constituyen las zonas cóncavas de la cubierta.
- **Limatesas**: son las limas que parten aguas y en ellas la cubierta tiene forma convexa.
- **Caballetes**: las limatesas horizontales. Al caballete más alto se le denomina **Cumbrera**.
- **Alero**: parte inferior de la cubierta, que sale fuera de la pared y sirve para desviar de ella las aguas de lluvia. Por extensión, se entenderá como **línea de aleros** aquélla que, recorriendo el perímetro del edificio, cierra los distintos faldones en su parte inferior.

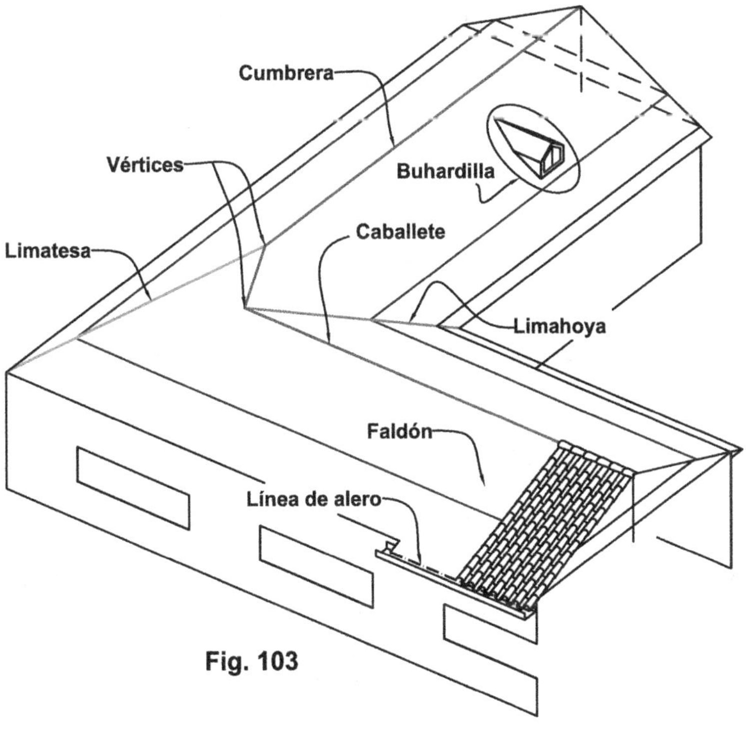

Fig. 103

Ocasionalmente, se dispone a lo largo de la línea de aleros **canalones** que reconducen el agua hacia puntos de recogida denominados **sumideros**. A partir de los sumideros el agua se reconduce mediante tuberías verticales, **bajantes**, o se lanzan al vacío mediante **gárgolas**.

- **Lucernario o claraboya**: orificio realizado en una cubierta y cerrado con material traslúcido. Su objetivo es, entre otros, permitir iluminar el interior del edificio con luz cenital, fig. 104.

Fig. 104 Lucernario

- **Buhardilla**: Ventana que sobresale verticalmente en la cubierta de un edifico, para dar luz o salir a la cubierta, fig. 105.

Fig. 105 Buhardilla

Se entiende por resolver una cubierta el proceso a seguir para determinar todas sus limas y obtener sus vértices con indicación de sus cotas correspondientes. Ha de tenerse en cuenta que en cada vértice concurrirán **al menos tres faldones** y en cada lima dos, y que los distintos faldones han de cerrar la totalidad de la cubierta.

22.2 Tipología

Los faldones de una cubierta pueden ser planos, estar constituidos por superficies curvas o bien, combinaciones de ambos. Atendiendo a esta consideración, las cubiertas se pueden clasificar en **planas** o **curvas**.

Las cubiertas planas, atendiendo a la disposición de sus faldones, reciben nombres específicos; en las figs. 107 y 107' se recogen algunos de ellos.

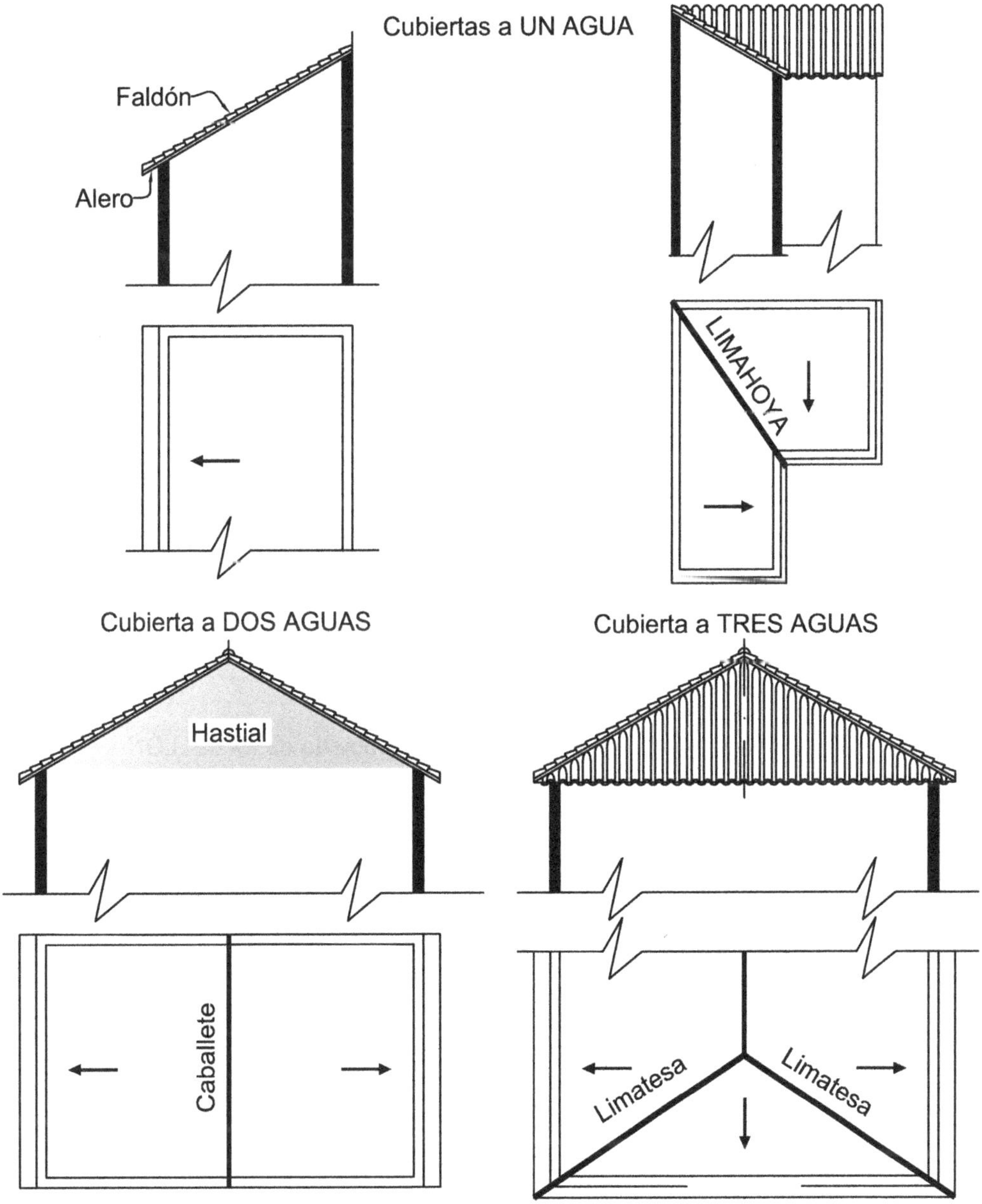

Fig. 106

Cubierta a CUATRO AGUAS

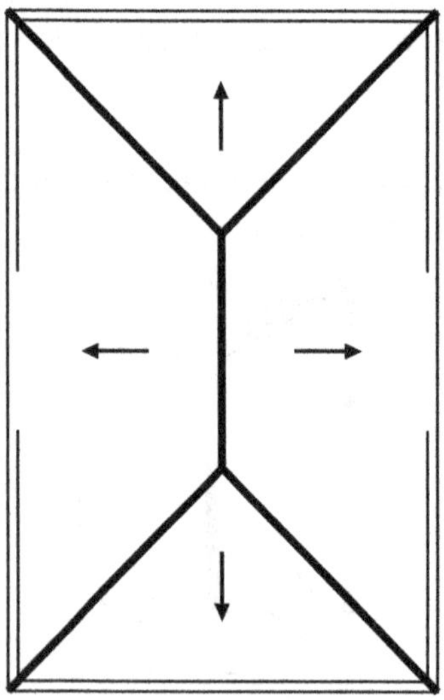

Cubierta de PABELLÓN

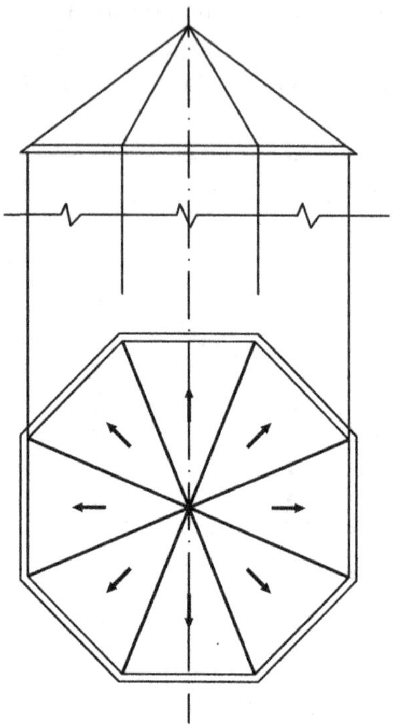

Cubierta a CUATRO AGUAS

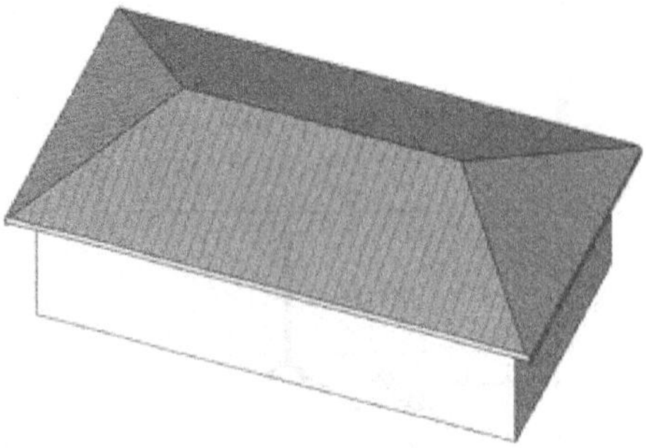

Cubierta de PABELLÓN

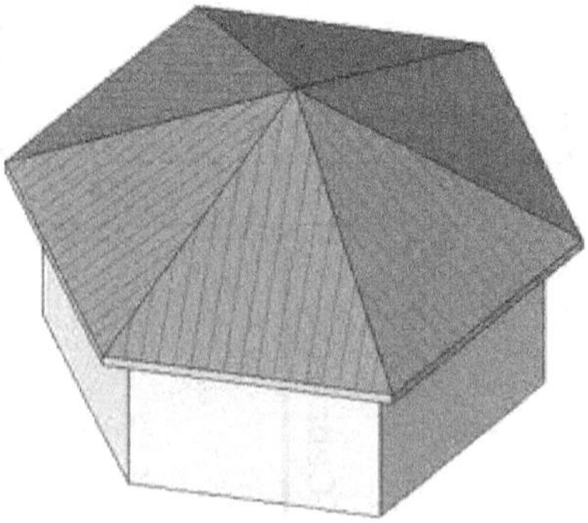

Fig. 107

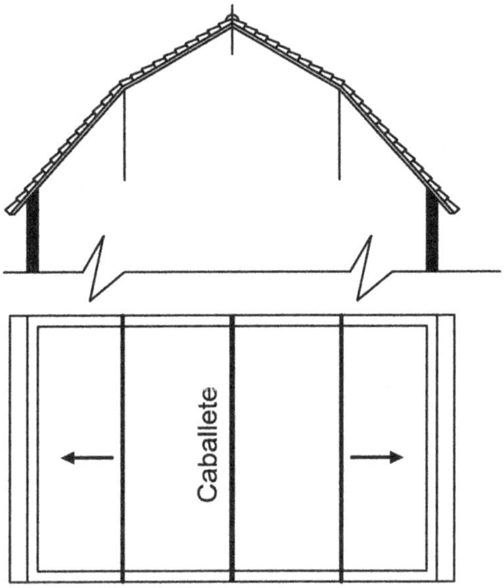

Cubierta MANSARDA

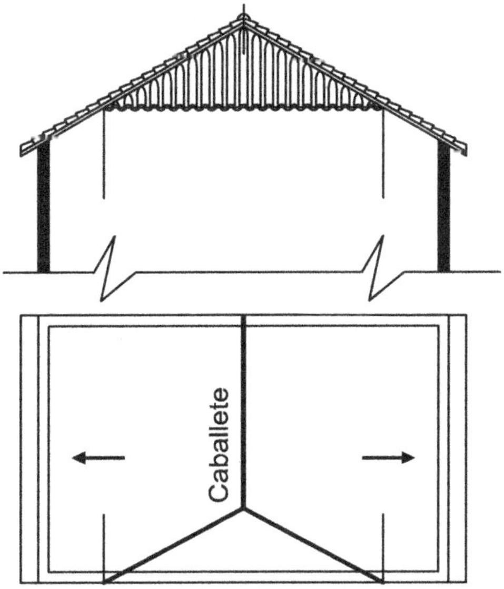

Cubierta a DOS AGUAS QUEBRANTADA

Fig. 107´

22.3 Ejemplos de resolución de cubiertas

En las figs. 109 y 110 se representa en acotados la resolución de la cubierta correspondiente al edificio de la fig. 108 en dos supuestos distintos.

En la fig. 109 se ha supuesto que los cuatro faldones planos, los que nacen de los aleros **1**, **2**, **3** y **4**, tiene el mismo talud (misma pendiente).

Se comenzará dibujando las limas de los faldones que nacen de los vértices **A** y **B** de las líneas de alero. Así, la limatesa **AC** y la limahoya **BD** serán las intersecciones, respectivamente, de los aleros **1 - 2** y **3 - 4** y, en este caso, véase § 12.2, se proyectarán, respectivamente, sobre las bisectrices de las líneas de alero **1 - 2** y **3 - 4**.

A continuación se dibujará la limatesa **DC**, que será la intersección de los faldones **2** y **3** y estará comprendida entre la limatesa **AC** y la limahoya **BD**.

Se seguirá con los caballetes: el **CE** estará sobre la intersección de los faldones **1** y **3** que, en este caso, es paralela su media y con el caballete **DF** que estará sobre la intersección de los faldones **2** y **4** que, en este caso también, es su paralela media.

En la fig. 110 se ha supuesto que los cuatro faldones tienen pendientes distintas.

El proceso seguido es idéntico al caso anterior, si bien en este caso se ha tenido en cuenta lo dicho en el § 12.3 sobre intersección de planos. También podría haberse considerado que el caballete **CE**, siendo paralelo al alero **1**, pasa por el punto **C**, previamente obtenido, ya que **C** pertenece a la intersección de los faldones **1 - 3**. Obsérvese que el vértice **C es la intersección de los tres planos 1-3-4**.

Las cotas **h** y **h´** de los distintos vértices se obtienen en las secciones abatidas, tal como se indica en la fig. 110.

En la fig. 112 se representa en acotados la resolución de la cubierta correspondiente al edificio con planta en forma de T de la fig. 111, con faldones de distinta pendiente.

Su interpretación se deja a la comprensión del lector.

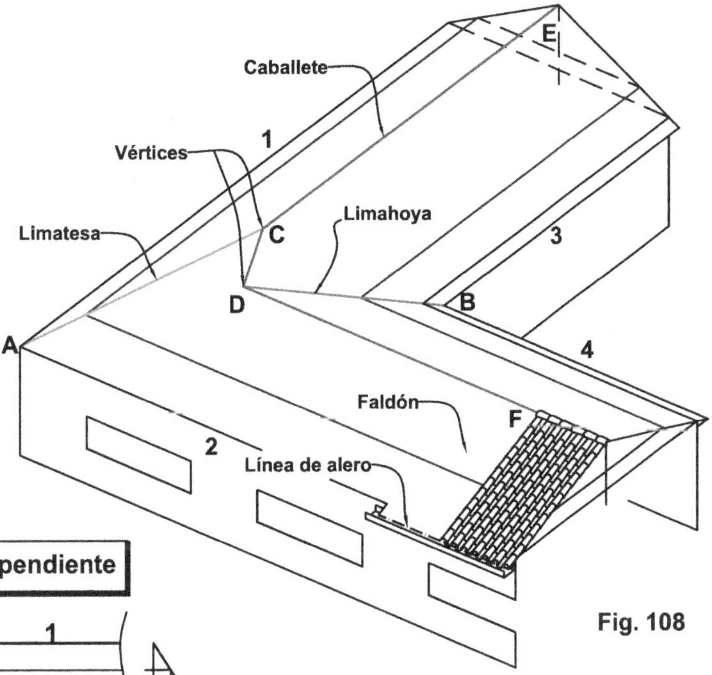

Fig. 108

Faldones con igual pendiente

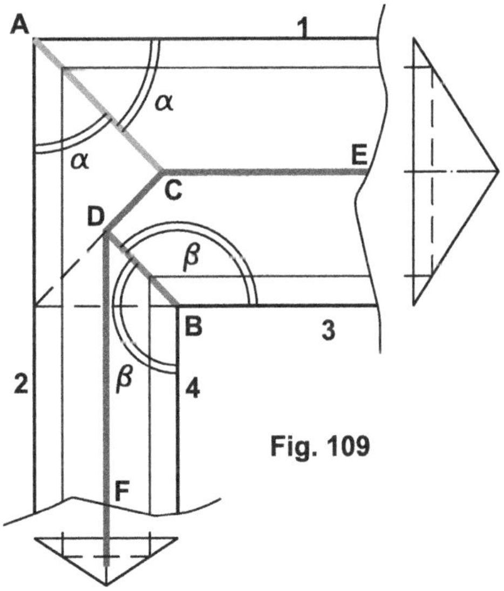

Fig. 109

Faldones con distinta pendiente

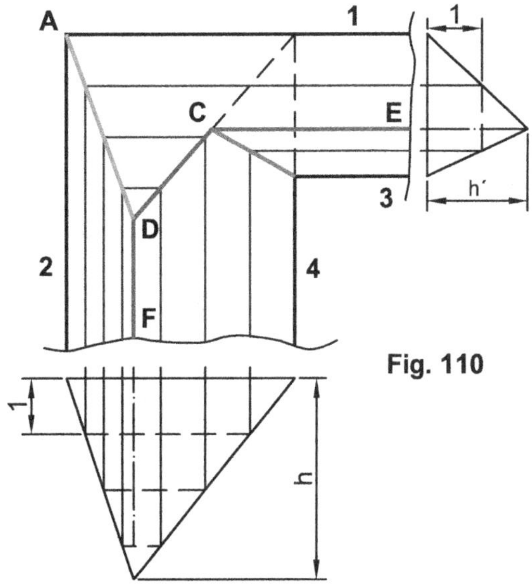

Fig. 110

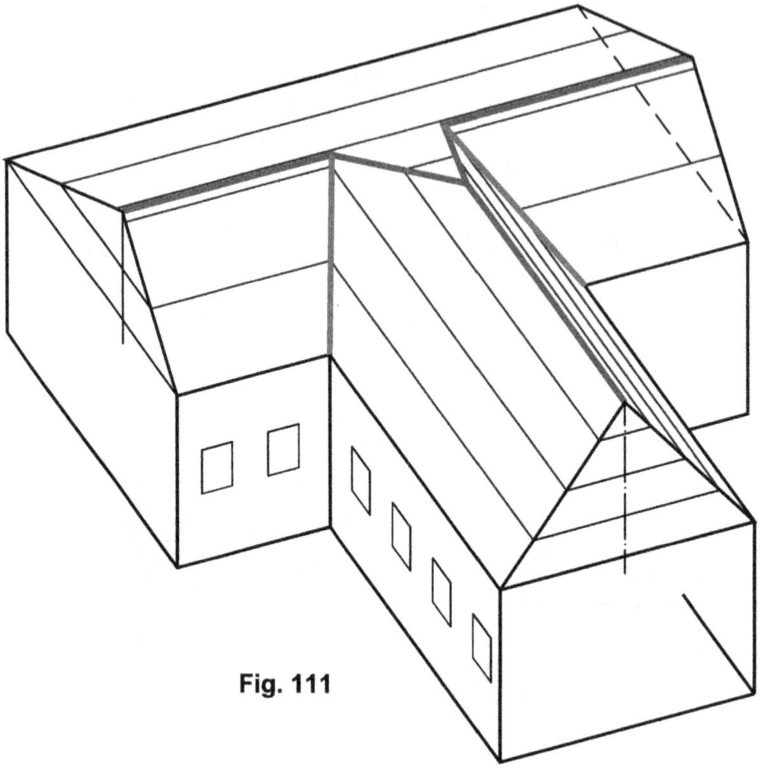

Fig. 111

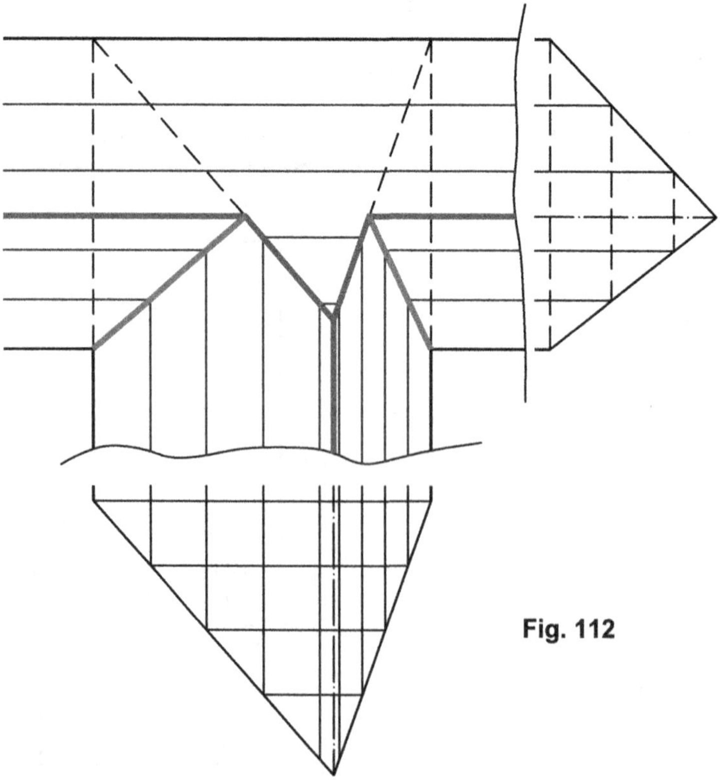

Fig. 112

EA - 11 EJEMPLO DE APLICACIÓN

La fig. 113 representa en acotados la línea de aleros **AB...H** de un edificio. **IJ...Q** es la línea de aleros de un patio de luces del edificio. Ambas líneas de aleros son horizontales y tienen la misma cota.

Los segmentos indicados en cada línea son, respectivamente, la medida de los módulos de los faldones que nacen de cada una de ellas, p.e. la del faldón **EF**.

Se le pide al lector que resuelva la cubierta mediante faldones planos.

En la página siguiente, figs. 114 y 115, está la solución de la cubierta. En la fig. 114 se ha resuelto la primera fase: obtención de las limas que parten de los vértices de la línea de aleros. En la fig. 115 se han obtenido los caballetes de cierre de la cubierta.

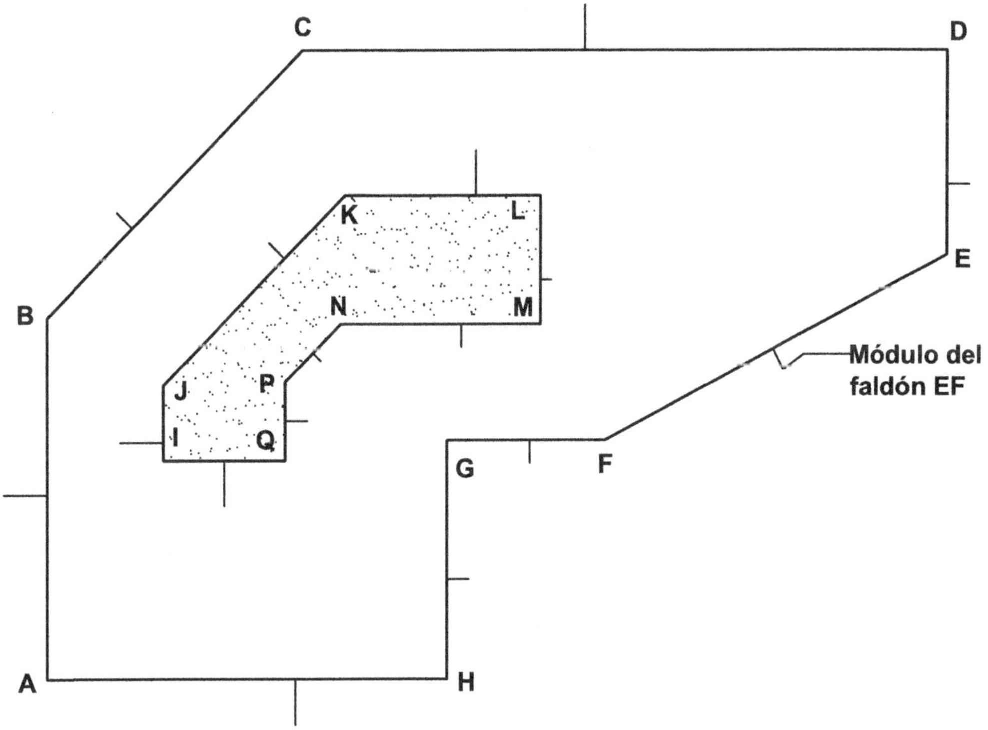

Fig. 113

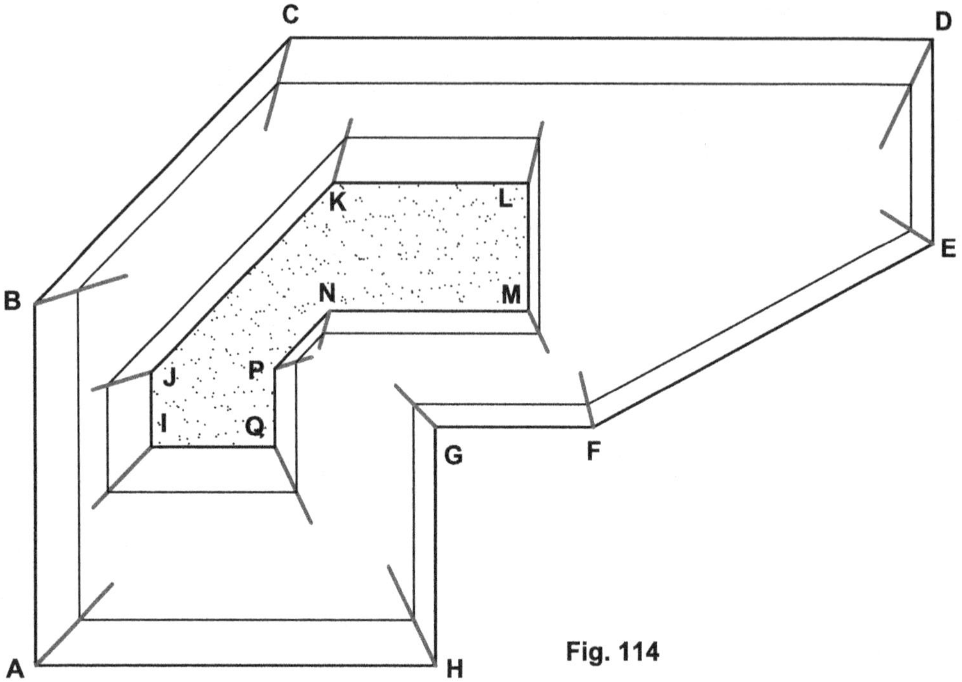

Fig. 114

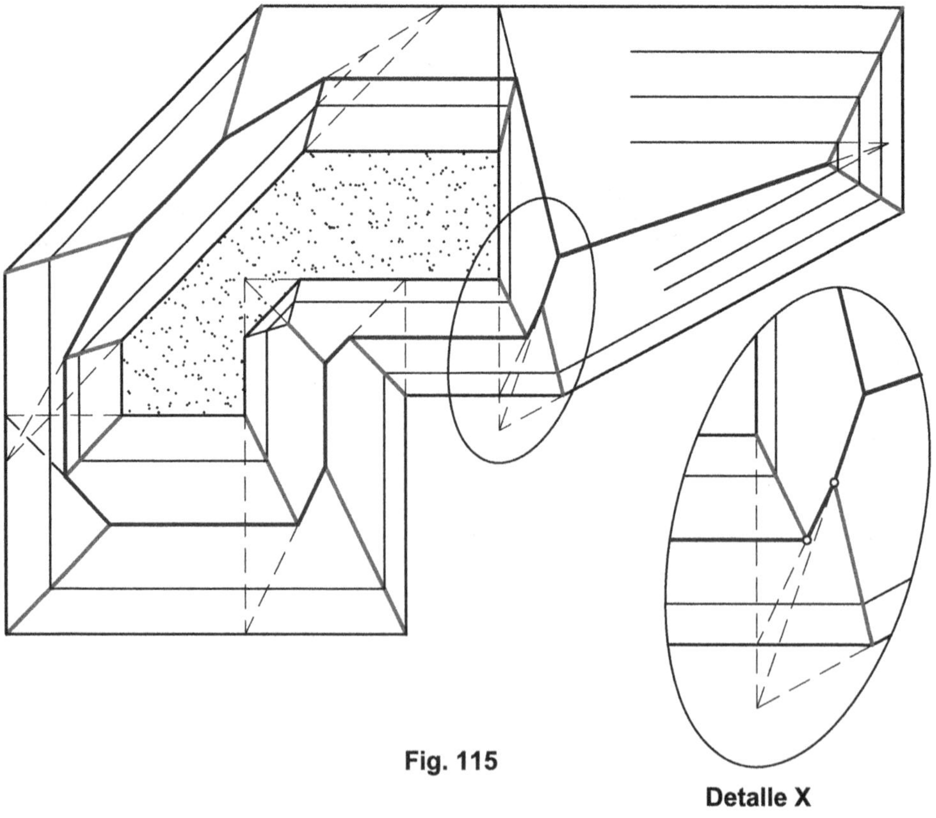

Fig. 115

Detalle X

EA - 12 EJEMPLO DE APLICACIÓN

Cubierta poligonal

Escala 1/1.250

Con los módulos y pendientes que se indican para cada faldón. Resuélvase la cubierta siguiente cuya línea de aleros está a cota 5 m, representando sus líneas de nivel múltiplos de 5.

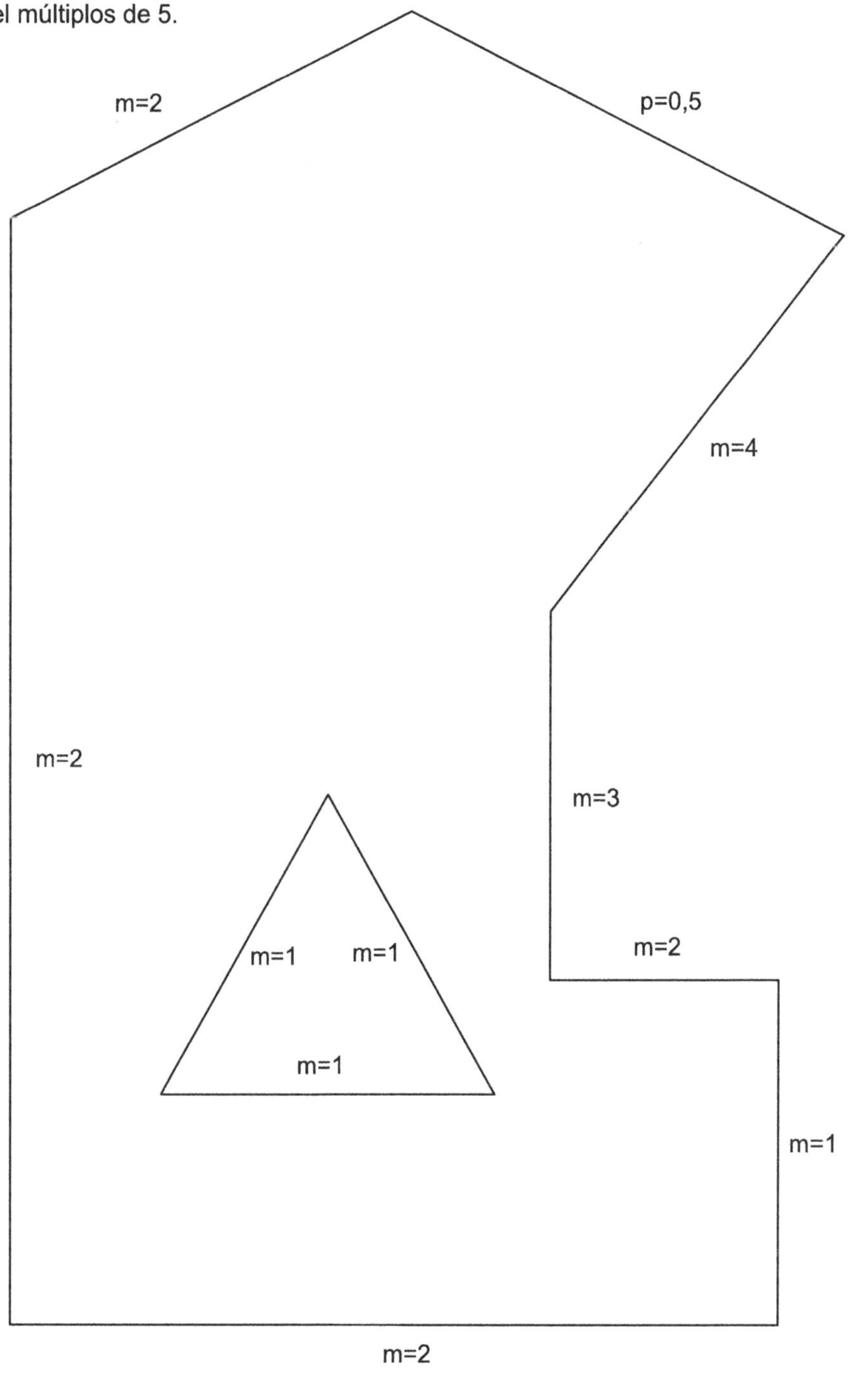

Escala 1/1.250

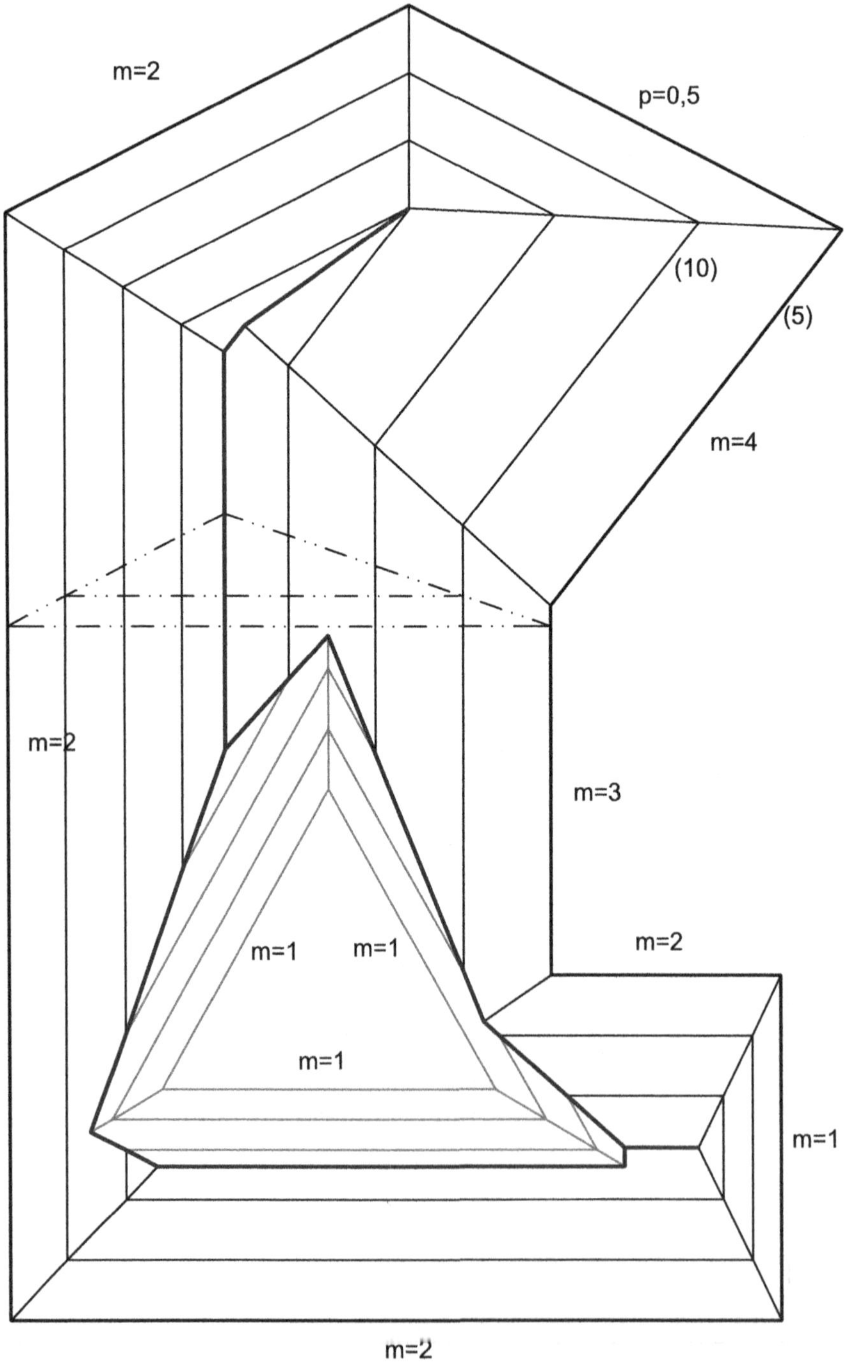

EA - 13 EJEMPLO DE APLICACIÓN

La planta de la cubierta de una nave es un pentágono regular **ABCDE** de **8,00 m** de lado situado en el plano horizontal de cota + **4,00 m**. Los puntos medios de los lados definen otro pentágono, cuyos puntos medios, a su vez, definen un tercer pentágono.

Por los lados del pentágono exterior pasan planos que forman **30°** con el plano horizontal y concurren en un punto, cuya proyección coincide con la del centro del pentágono. Por los lados del pentágono intermedio pasan planos que forman **45°** con el plano horizontal y también concurren en otro punto, cuya proyección coincide con la del centro del pentágono. Del mismo modo, por los lados del pentágono interior pasan planos que forman **60°** con el horizontal y también concurren en otro punto, cuya proyección coincide con la del centro del pentágono.

Todos los planos de la cubierta suben hacia el centro y se limitan por las aristas de los pentágonos y por sus primeras intersecciones. La nave está cerrada, entre la cota **m** y la cota + **4,00 m**, por paramentos verticales.

SE PIDE, en acotados a escala 1:125:

1º.- Dibujar la cubierta con **0,50 m** de equidistancia.

2º.- Dibujar un perfil transversal que pase por el centro del pentágono y uno de sus vértices, definiendo, con cota y distancia al centro del pentágono, sus puntos característicos.

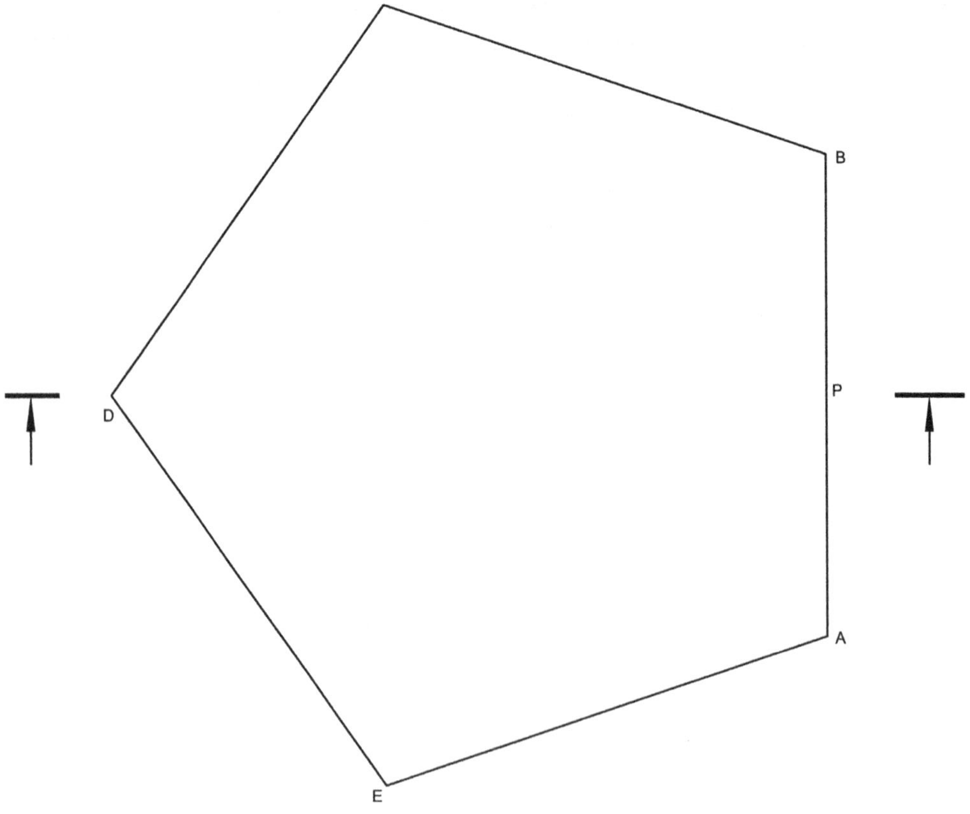

Escala: 1 / 125

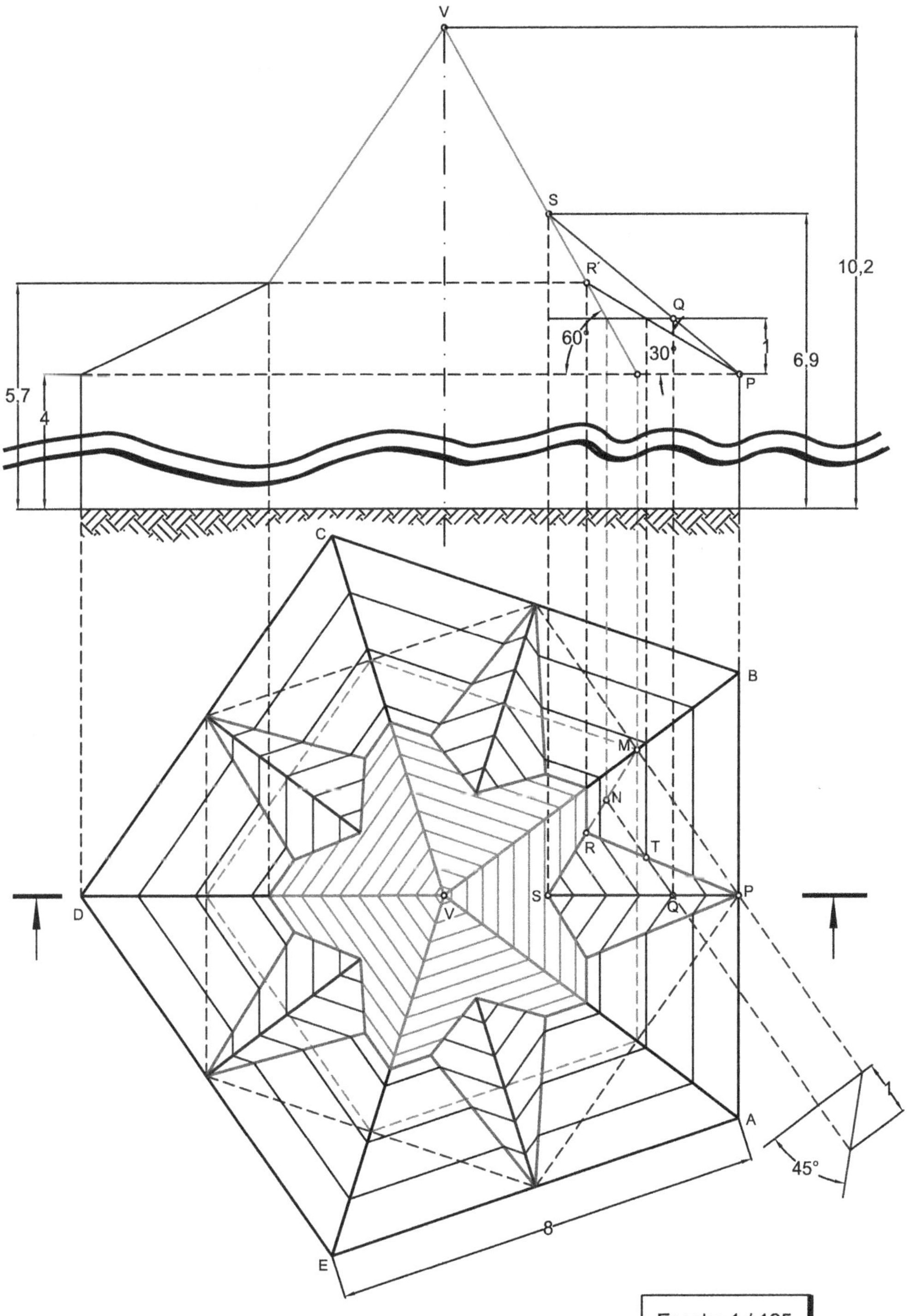
V
S
R´
Q
60
30
P
10,2
6,9
5,7
4
1
C
B
M
N
R
T
D
V
S
Q
P
A
E
8
45°
Escala: 1 / 125

22.4 CUBIERTAS CON LÍNEAS DE ALERO INCLINADAS

Sea la cubierta de la fig. 116 cuya línea de aleros **AB...E** tiene sus vértices a distinta cota y módulos distintos para cada faldón, dichos valores se indican en la figura.

- En primer lugar se graduarán convenientemente todas y cada una de las líneas de alero, tal como indica la figura.

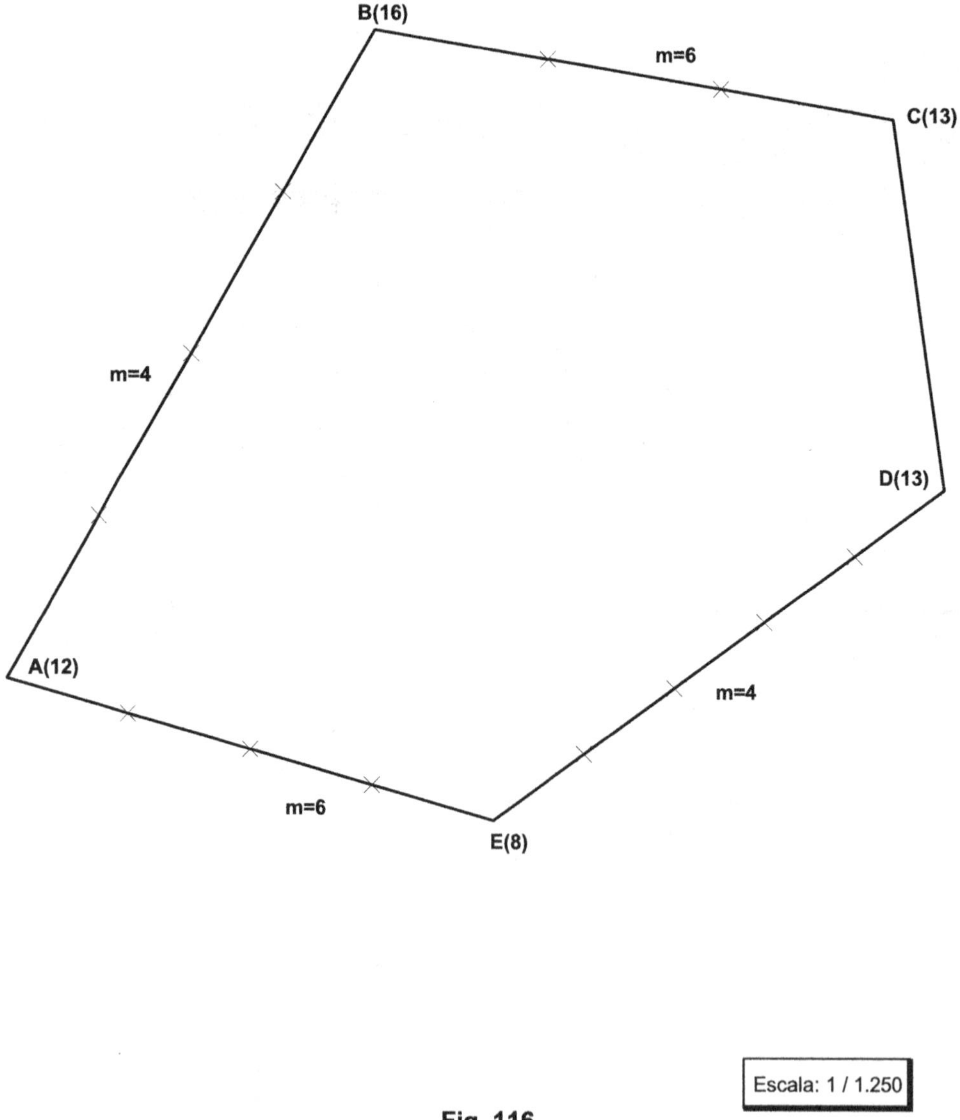

Fig. 116

- A continuación, fig. 117, deberá trazarse por cada línea de alero el plano que la contiene con su talud correspondiente, véase § 11.5. De las dos posibles soluciones ha de tomarse aquélla que ascienda en cota hacia la zona a cubrir.

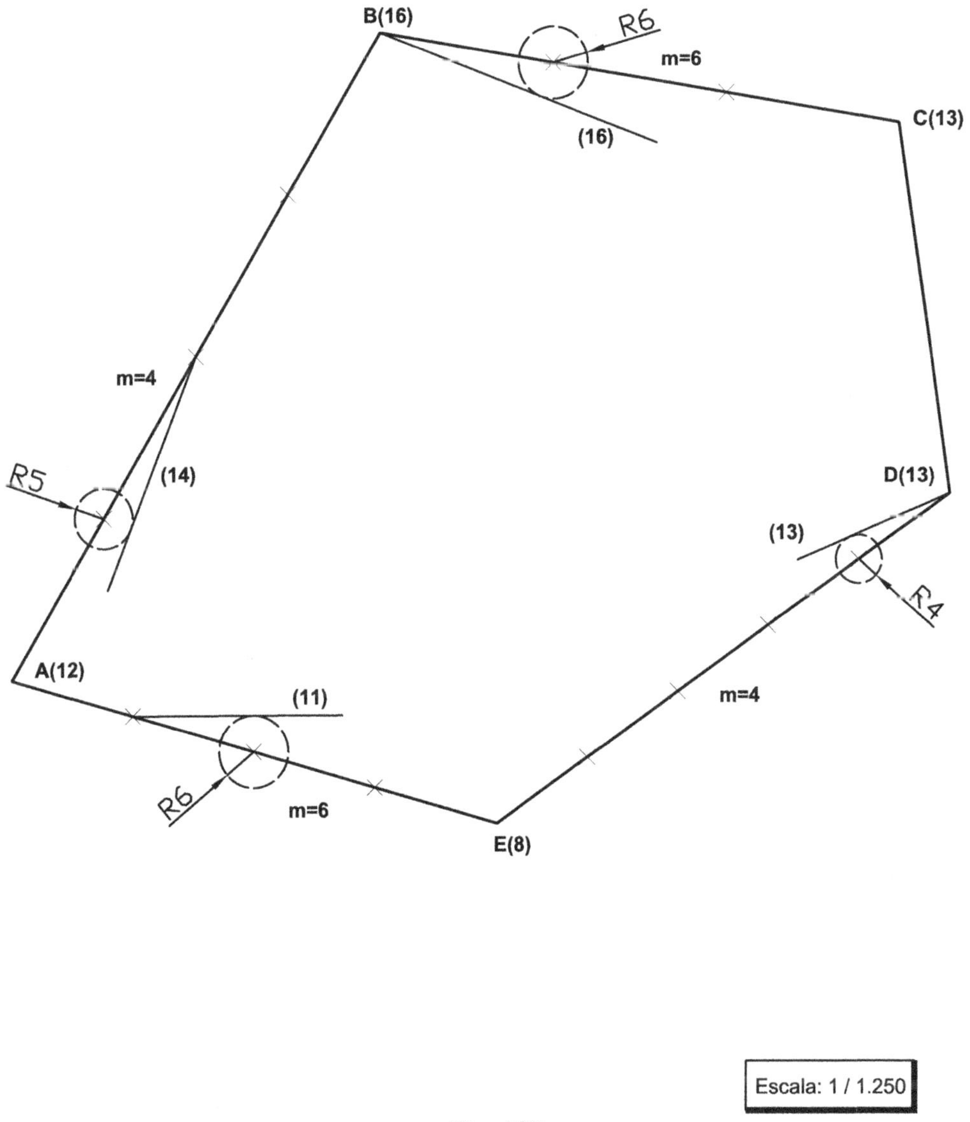

Fig. 117

- Una vez definidos los planos de los faldones, fig. 118, se obtendrán las limas correspondientes a los vértices de la línea de aleros.

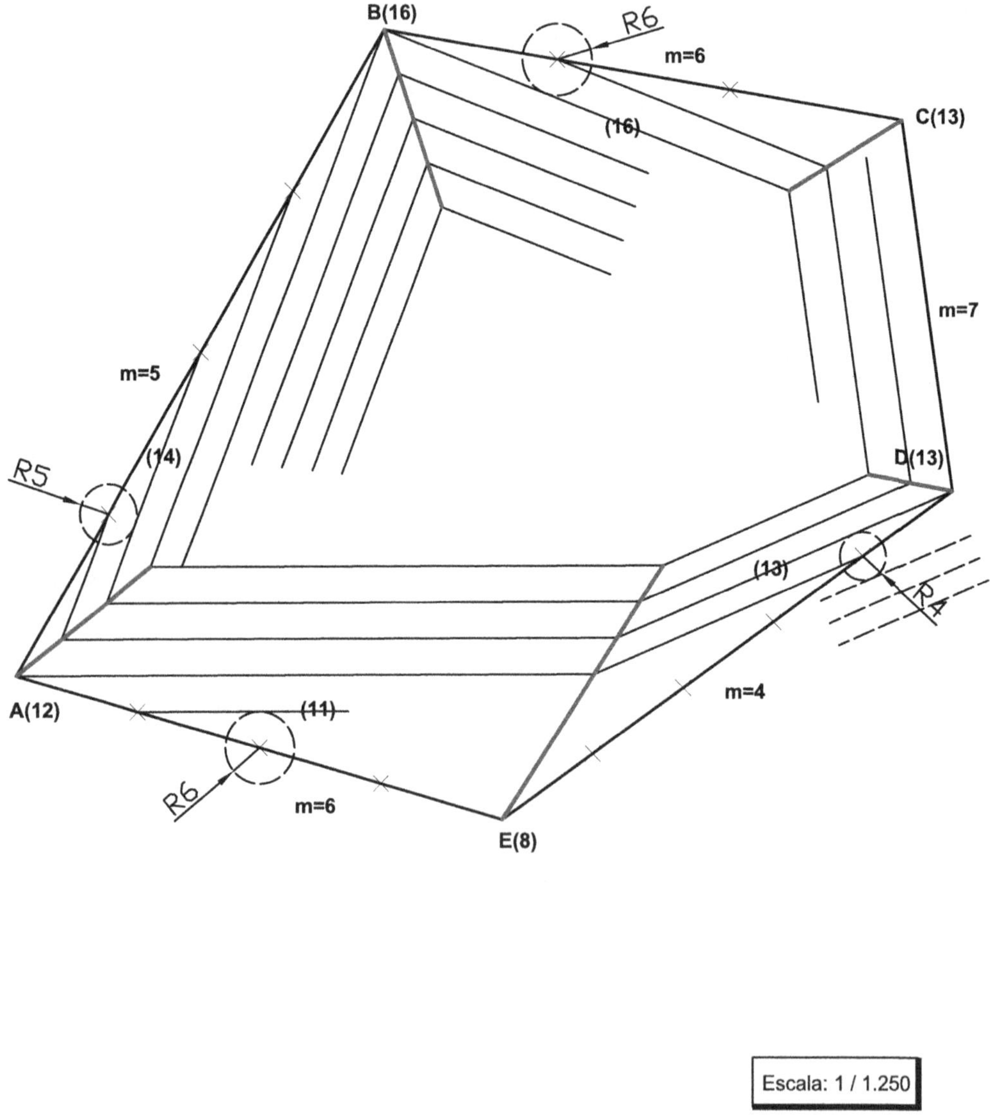

Fig. 118

- Se cerrará a continuación la cubierta mediante los caballetes correspondientes, fig. 119.

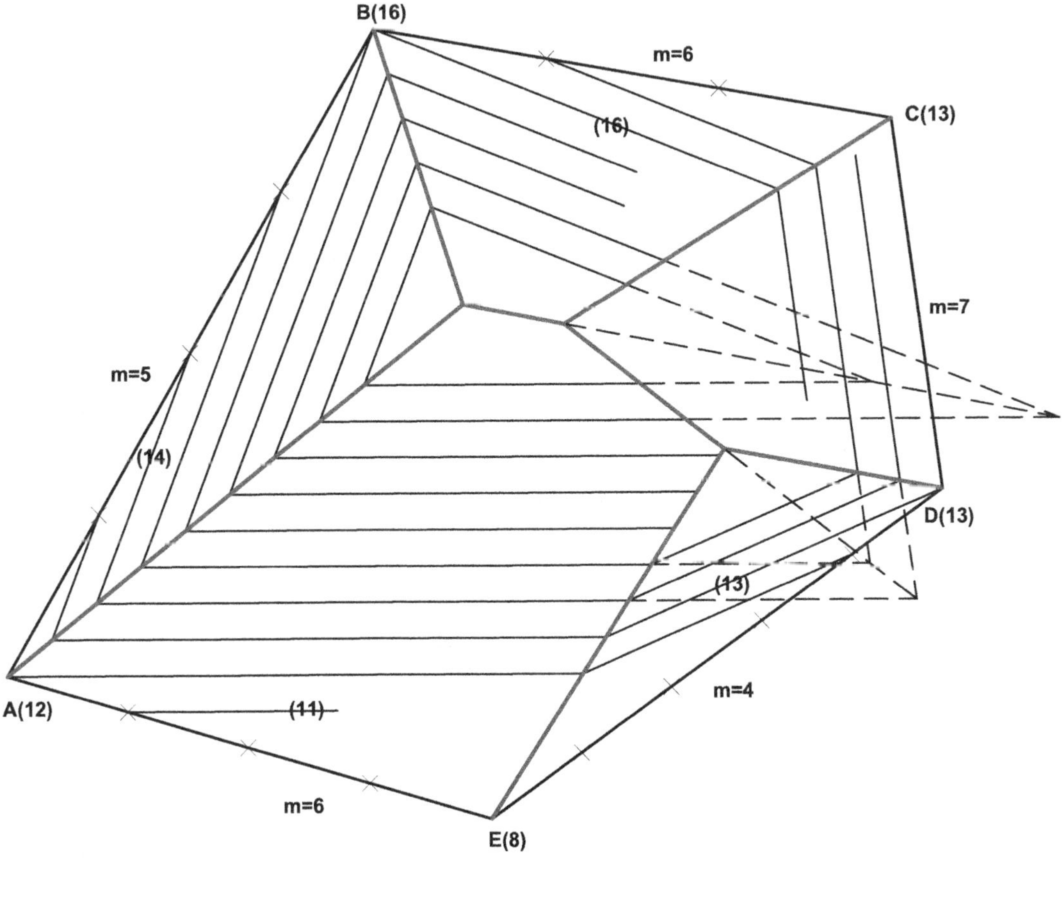

Fig. 119

- Finalmente, se dibujarán las líneas de nivel de cada faldón. En la fig. 120 se han dibujado las correspondientes a las cotas enteras.

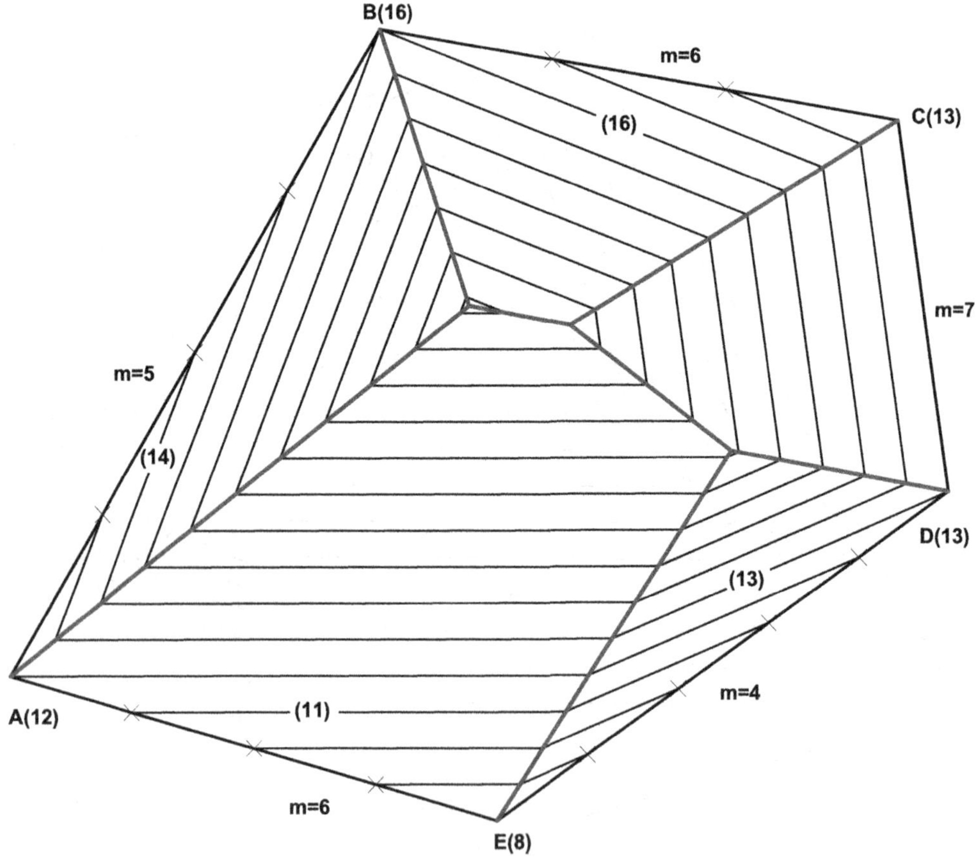

Fig. 120

EA - 14 EJEMPLO DE APLICACIÓN

El polígono **ABCDEF**, cuyos vértices tienen las cotas que se indican, es el contorno de la solera de una nave industrial, a escala **1/600**.

Los puntos **M(-0,40)**, **N(-0,70)**, son dos sumideros unidos entre sí por una tubería de desagüe, que drena la solera hacia el colector **RS**. La tubería que une el sumidero **N** con el colector tiene una pendiente del **2%**.

SE PIDE:

1º.- Definir con líneas de nivel cada **10 cm** una solución de solera compuesta por planos.

2º.- Obtener el punto de unión de la tubería que parte del sumidero **N** con el colector.

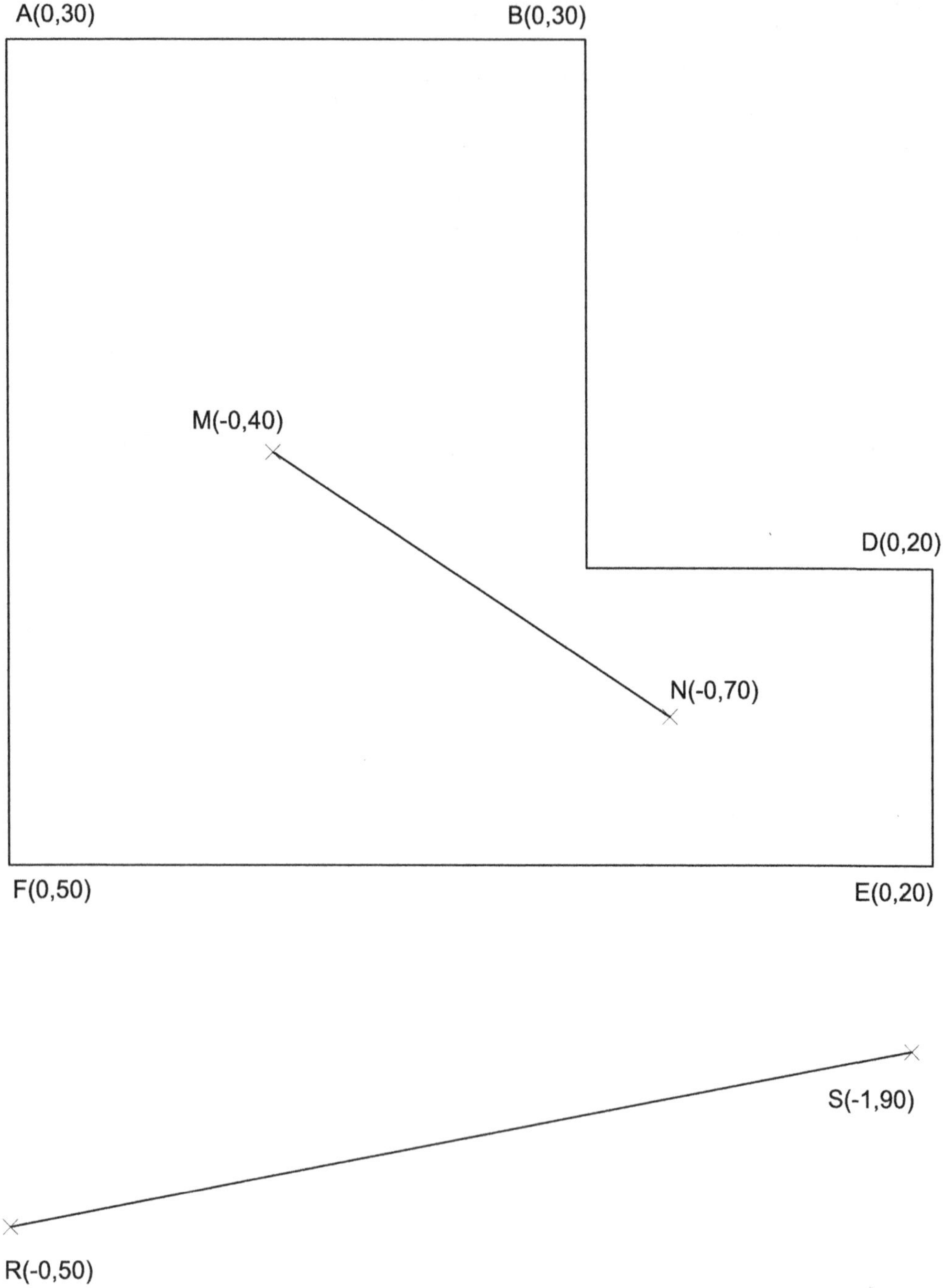

ESCALA: 1/600

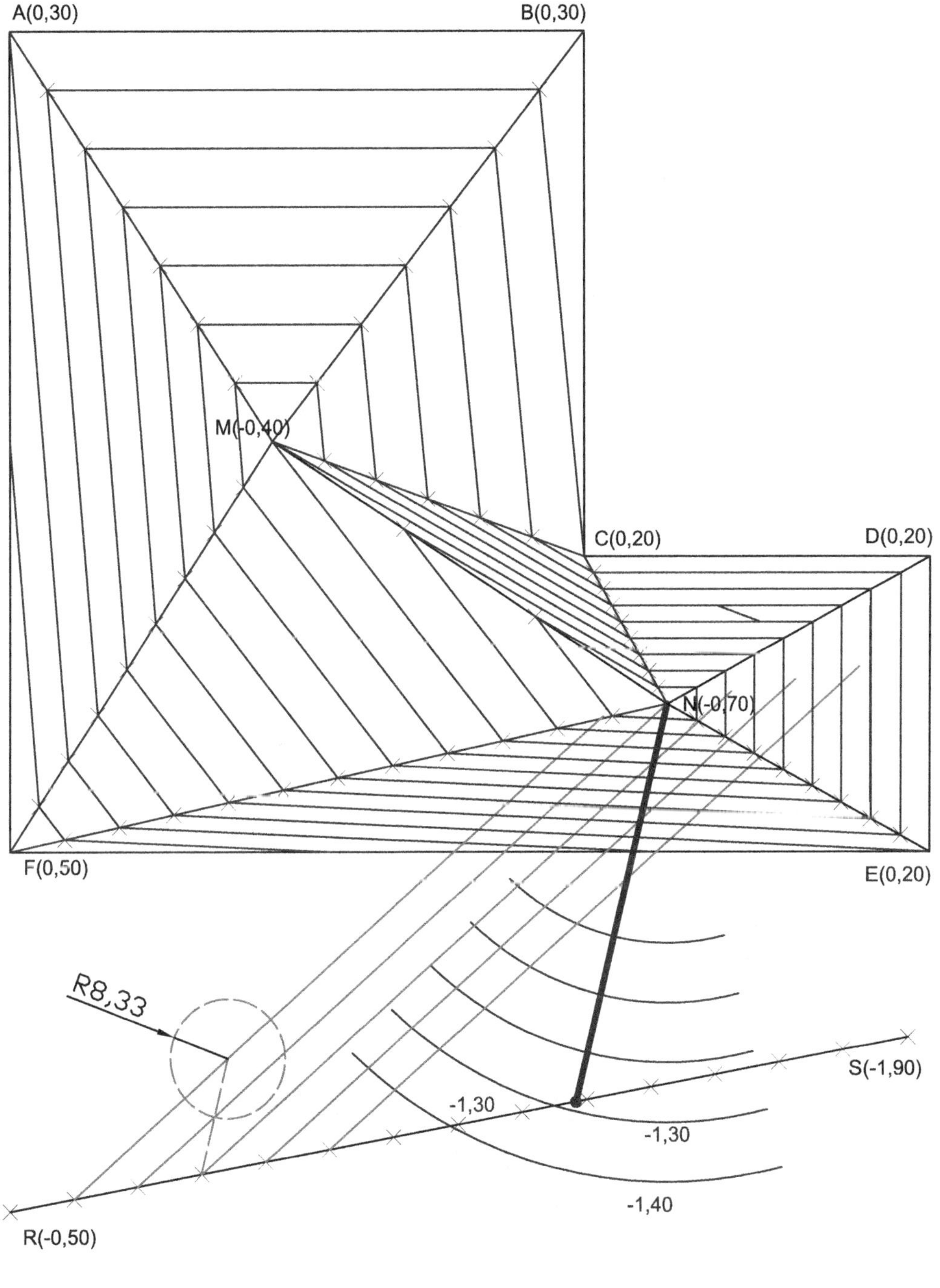
A(0,30)
B(0,30)
M(-0,40)
C(0,20)
D(0,20)
N(-0,70)
F(0,50)
E(0,20)
R8,33
-1,30
S(-1,90)
-1,30
-1,40
R(-0,50)

ESCALA: 1/600

22.5 MEDIANERÍAS

Se denomina **medianería** a la pared común a dos casas u otras construcciones contiguas. También se conoce como **pared medianera.**

La figura siguiente representa dos edificios con una pared medianera.

Como norma general, se ha de procurar que los faldones de las cubiertas de los edificios que comparten una medianería no arrojen agua sobre ella.

Esto se puede conseguir cuando las aristas de entrega de los faldones contra la medianería son las más altas de las cubierta, p.e. la arista **MN** del faldón que nace del alero **1.** También si dichas aristas son de máxima pendiente de los faldones correspondientes, p.e. las aristas **LM** y **NK**. En consecuencia, las líneas del perímetro de un edifico que corresponden a medianerías **no deben corresponder a líneas de aleros**.

En general, las medianerías pueden presentar problemas derivados de humedades, siendo conveniente realizar tratamientos específicos, sobre todo en las zonas en que no se consiguen alcanzar los requisitos indicados anteriormente.

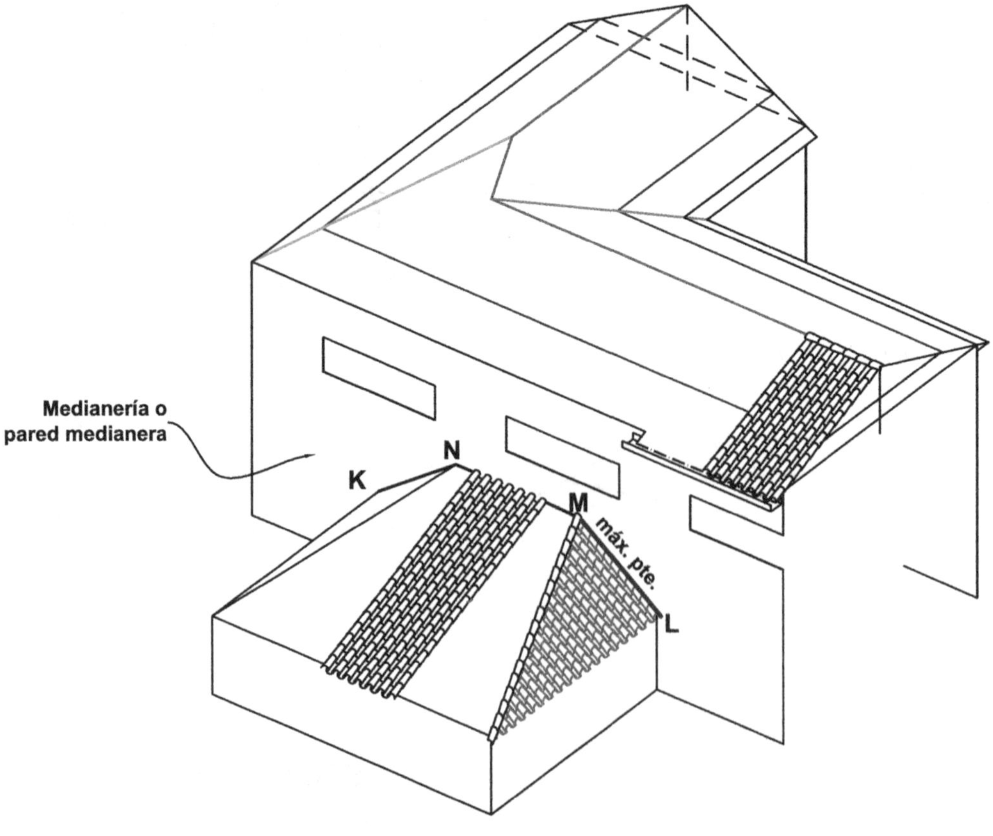

EA - 15 EJEMPLO DE APLICACIÓN.

Cubierta mansarda con medianería

Un edificio, cuya planta se adjunta, tiene un patio interior cuya línea de aleros está **3,00 m** más alta que la exterior.

Suponiendo a cota **0,00 m** los aleros exteriores no medianeros y a cota **3,00 m** el interior, toda la cubierta se resolverá con mansardas, de forma que por debajo de la cota **3 m** la pendiente de la cubierta sea del **100%**, mientras que por encima será ½.

Las líneas del contorno exterior sombreadas son medianeras y hacia ellas es aconsejable no evacuar aguas de lluvia pero, si fuera inevitable, se dispondrán sistemas de impermeabilización en las zonas en que pueda humedecerse la medianería.

El alumno dibujará la cubierta, con líneas de nivel metro a metro, sombreando ligeramente la zona de mansarda y dando la cota de todos los puntos singulares de la cubierta, así como la del más alto. Se indicarán las zonas en las que habrá que disponer sistemas de impermeabilización de la medianería.

Se indicará la escala numérica del plano.

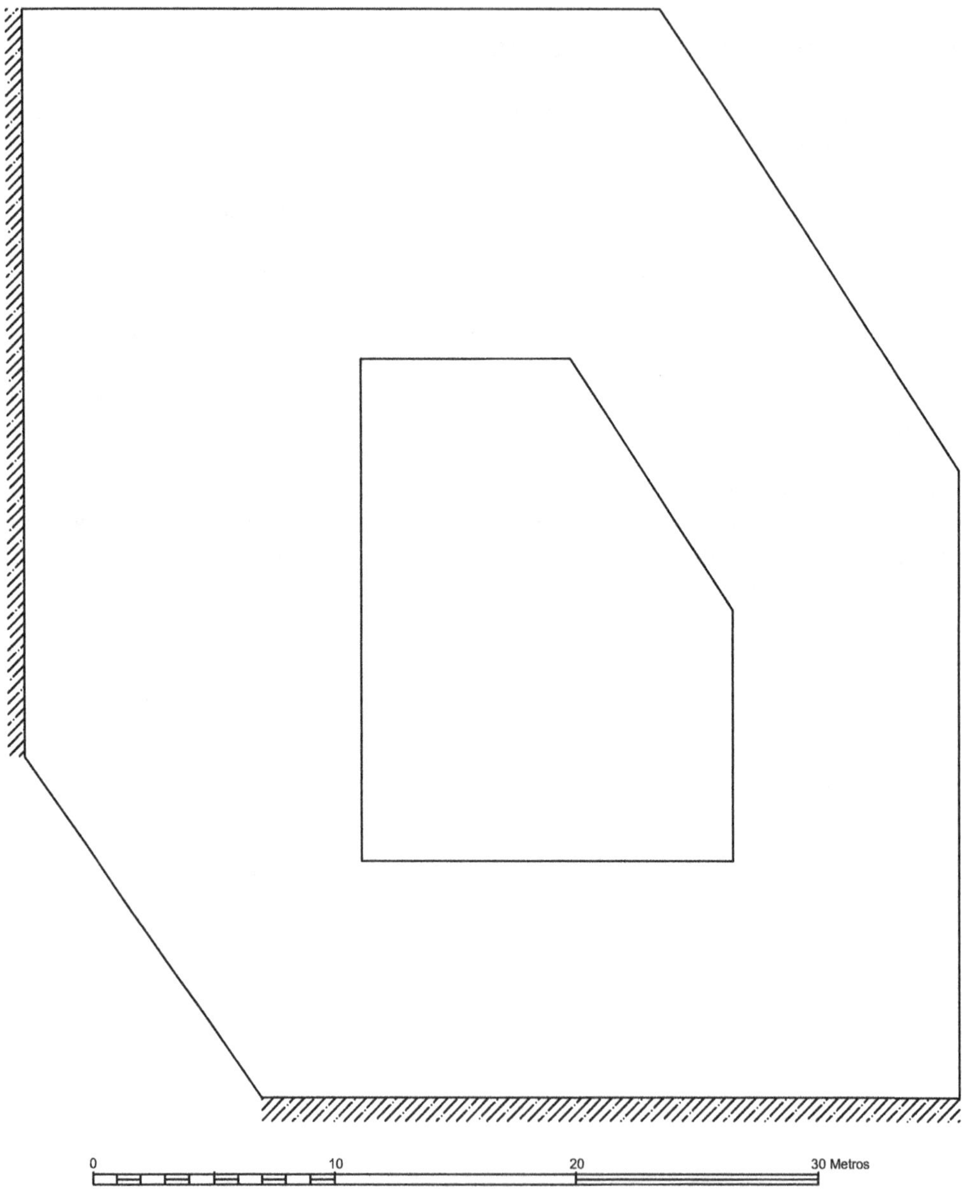
0
10
20
30 Metros

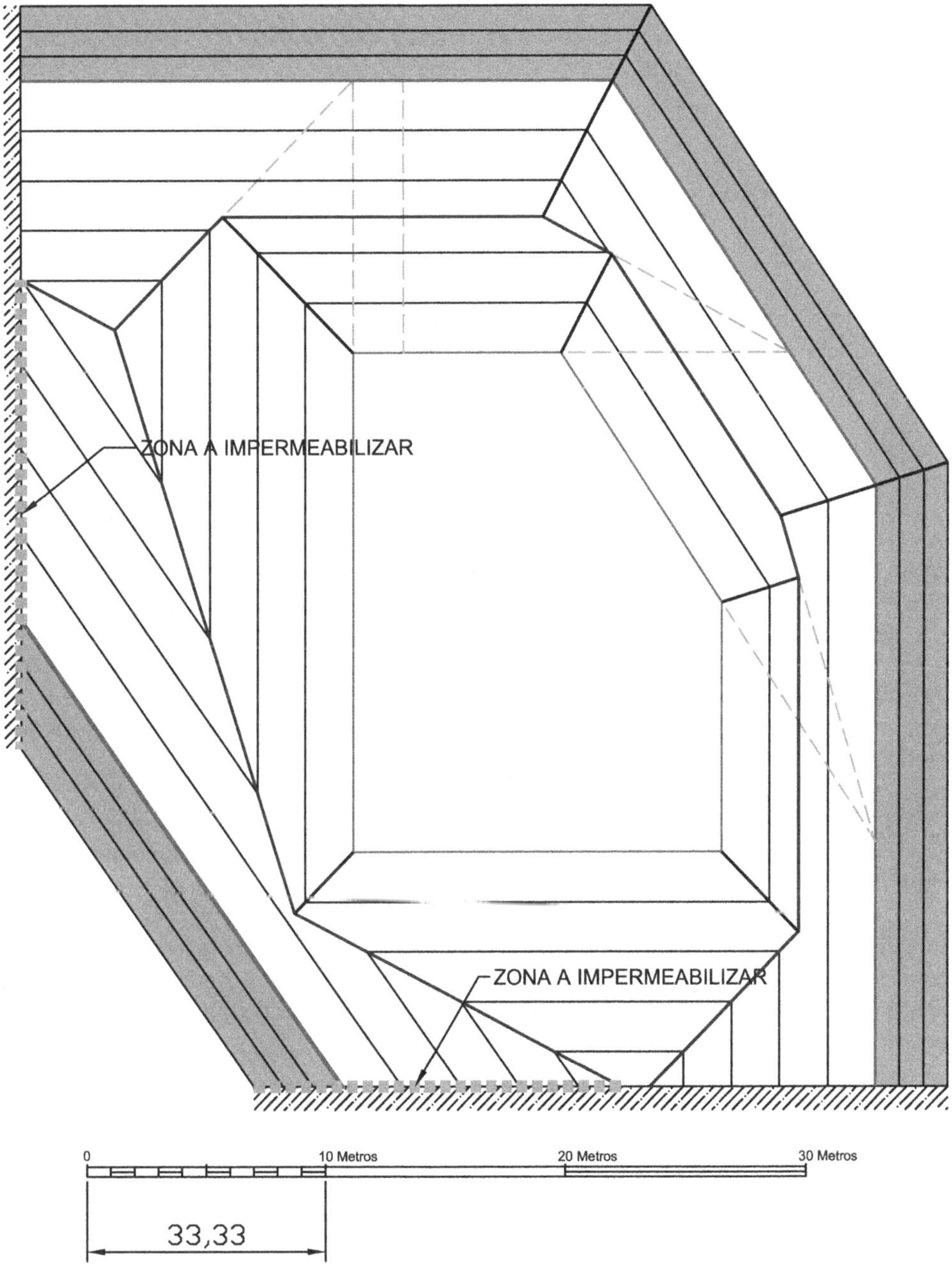
ZONA A IMPERMEABILIZAR
ZONA A IMPERMEABILIZAR
0
10 Metros
20 Metros
30 Metros
33,33

ESCALA: 1/300

22.6 Cubiertas con superficies curvas

En el diseño de cubiertas es frecuente utilizar, aisladamente o combinadas con las de faldones planos, otro tipo de superficies, entre las que destacaremos las esféricas, las cónicas y las cilíndricas.

22.6.1 Cubiertas con superficies esféricas

A estas cubiertas se les denomina **cúpulas** o **bóvedas esféricas**.

Generalmente se utiliza la superficie semiesférica apoyada sobre sobre la circunferencia de su ecuador. Las líneas de nivel serán circunferencias que se corresponden con los paralelos de la superficie.

Veamos la forma de obtener los radios de dichas curvas de nivel.

Sea la semiesfera de la fig. 121, de centro **O** y radio **r = ON**, apoyada sobre el plano horizontal **P** en su circunferencia ecuatorial ***c***. Un plano meridiano **Q** cortará a la esfera según la semicircunferencia φ. Los sucesivos planos **P**, **P´**, **P´´**..., paralelos entre sí y equidistantes una unidad de altura, producirán sobre la superficie esférica las circunferencias **c**, **c´**, **c´´**, ..., de centros **O**, **O´**, **O´´**, que constituyen las líneas de nivel de la superficie esférica. Los diámetros de dichas circunferencias serán, respectivamente, las longitudes de las cuerdas **1-2**, **3-4**, **5-6**,... que los planos **P**, **P´**, **P´´**..., producen sobre la sección φ . Para obtener estas medidas bastará con abatir el plano **Q** y se tendrán en verdadera magnitud.

La fig. 122 recoge el proceso anterior en acotados, habiéndose dibujado en ella las líneas de nivel de la esfera a partir de la cota (25), cota a la que se supone situada la circunferencia ecuatorial ***c***.

Obsérvese que, aunque las líneas de nivel son circunferencias concéntricas, no son equidistantes, ya que la superficie esférica no es una superficie de pendiente constante. En los puntos del ecuador la pendiente es infinita, llegando a ser nula en su polo, punto **N**.

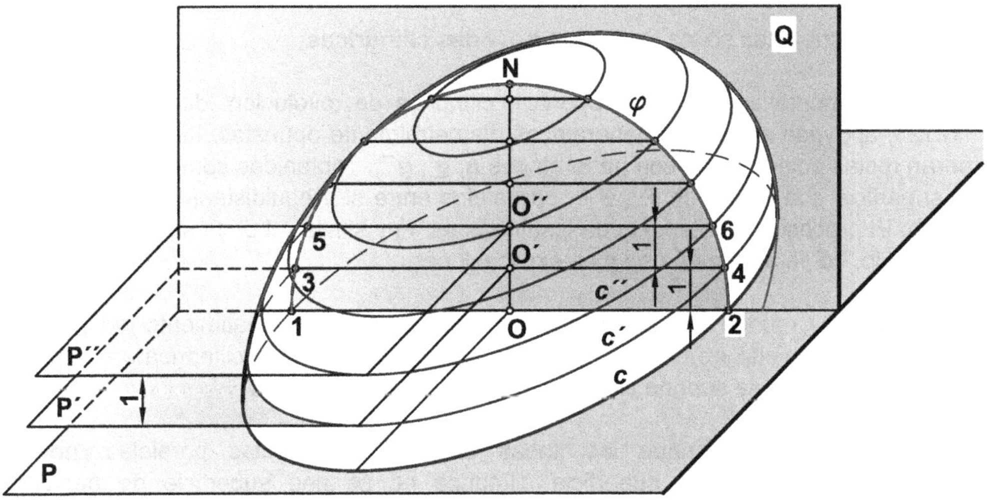

Fig. 121

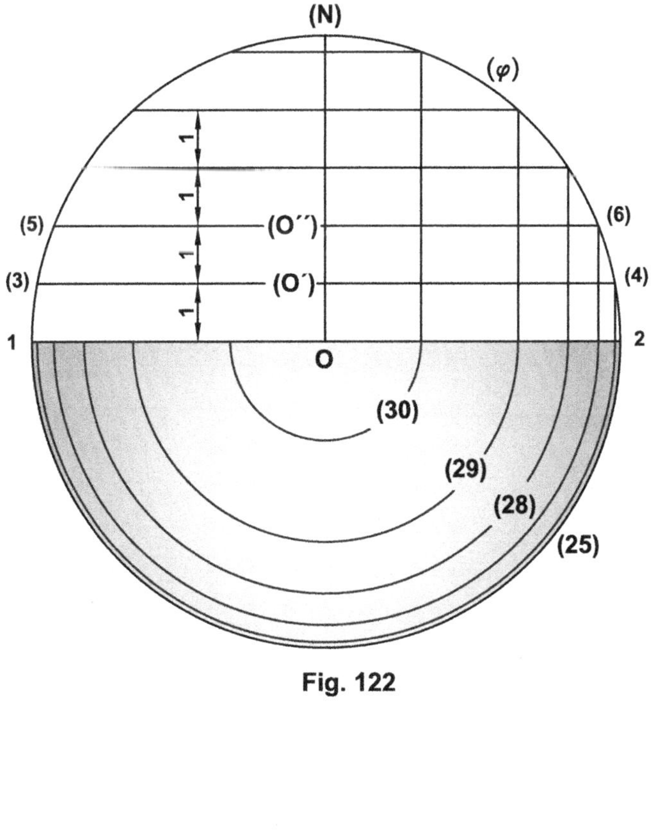

Fig. 122

22.6.2 Cubiertas con superficies cilíndricas

A estas cubiertas se les denomina **bóvedas cilíndricas**.

Generalmente se utiliza la superficie cilíndrica de revolución, directriz φ circular, fig.123, apoyada sobre dos generatrices diametralmente opuestas. Las líneas de nivel serán rectas coincidentes con generatrices **g**, **g´**, **g´´**..., obtenidas como intersección de la superficie con planos **P**, **P´**, **P´´**..., paralelos entre sí y equidistantes una unidad de altura. El proceso de obtención de las líneas es muy similar al de la superficie esférica y, por ello, no se abundará con más explicaciones.

La fig. 124 recoge el método en acotados, mediante el abatimiento del plano **Q**, habiéndose dibujado en ella las líneas de nivel de la superficie cilíndrica a partir de la cota (25), a la que se supone situadas las generatrices de apoyo.

Obsérvese que, aunque las líneas de nivel son rectas paralelas, no son equidistantes, ya que la superficie cilíndrica no es una superficie de pendiente constante. En los puntos de las generatrices de apoyo la pendiente es infinita, llegando a ser nula en los puntos de la línea de clave.

La directriz φ no tiene que ser necesariamente circular, así la fig. 125, corresponde a una **bóveda elíptica peraltada**. La directriz φ puede ser muy variada. Recuerde el lector las bóvedas ojivales propias de las construcciones góticas. Si la directriz φ es semicircular aparece la **bóveda de medio cañón**, propia de las construcciones románicas.

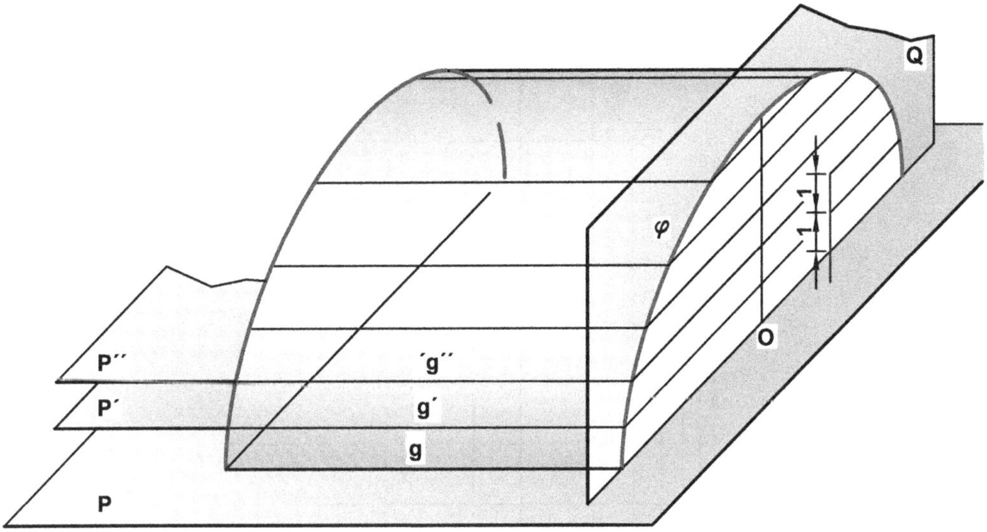

Fig. 123

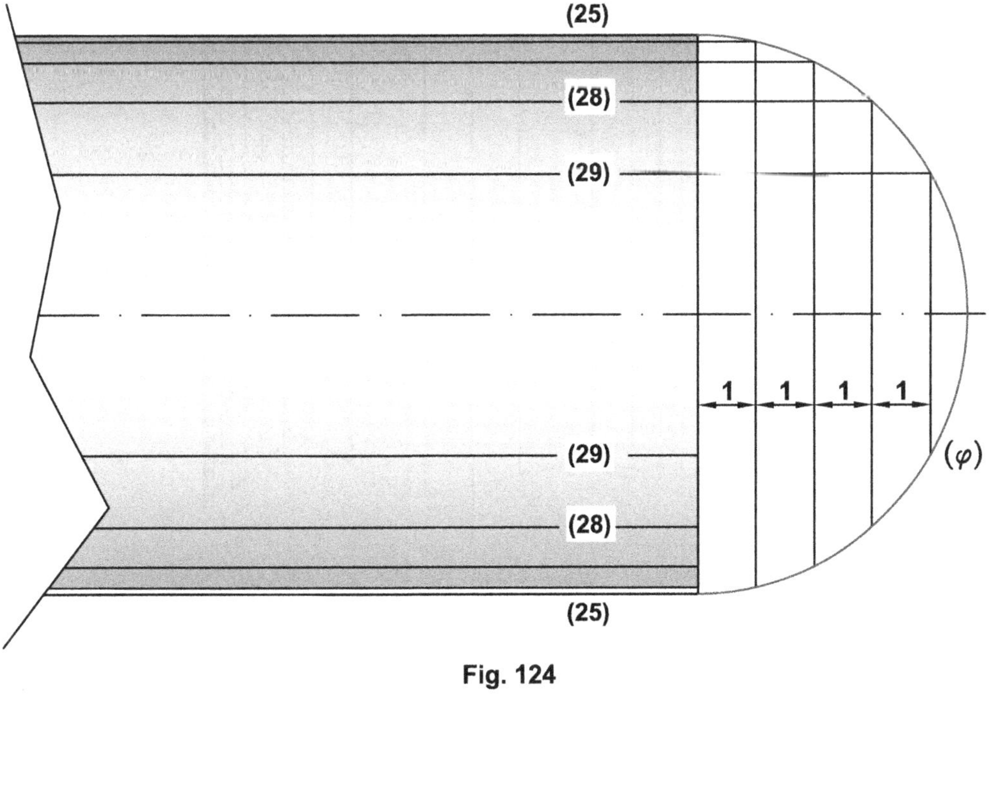

Fig. 124

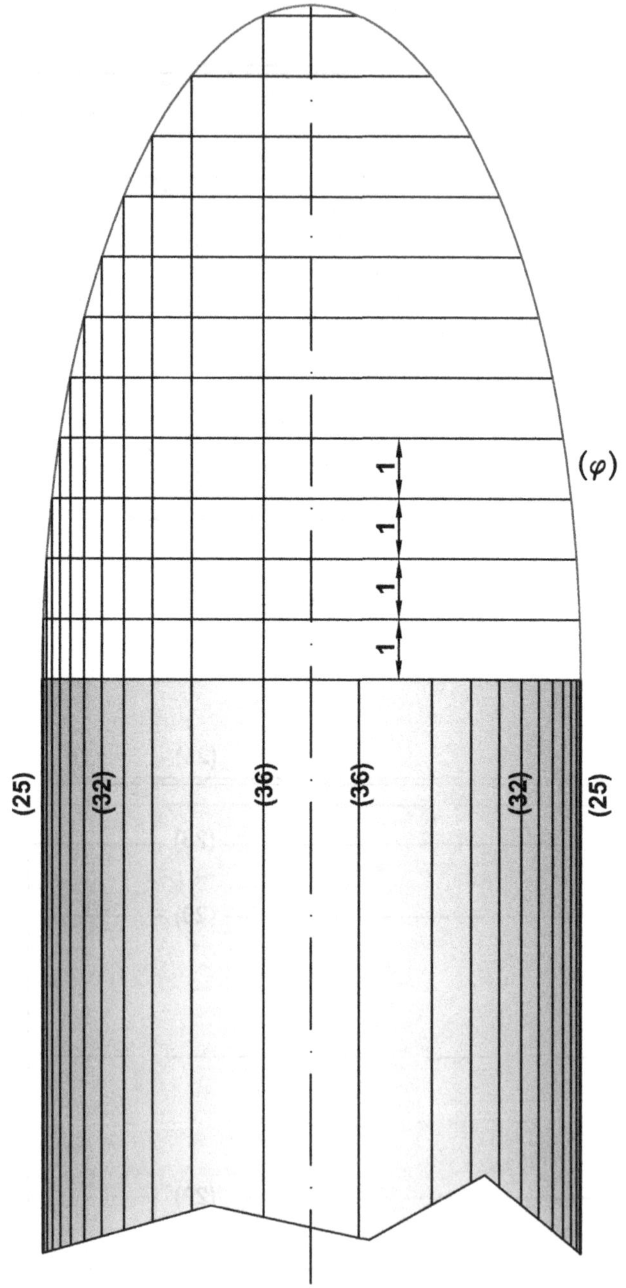

Fig. 125

EA - 16 EJEMPLO DE APLICACIÓN.

Cubierta con torreones circulares

El gráfico adjunto representa la línea de aleros de un edificio que tiene un patio de luces rectangular y dos torreones circulares a cota 17.

El torreón de la izquierda está rematado por una cúpula semiesférica, mientras que el de la derecha lo cubre una superficie de igual pendiente, de módulo **1,5**.

Los aleros restantes están definidos por las cotas de los vértices. En el centro de cada uno figura el módulo del talud correspondiente.

SE PIDE, en acotados a escala 1/300:

Dibujar la cubierta con sus intersecciones y líneas de nivel con equidistancia **1 m**.

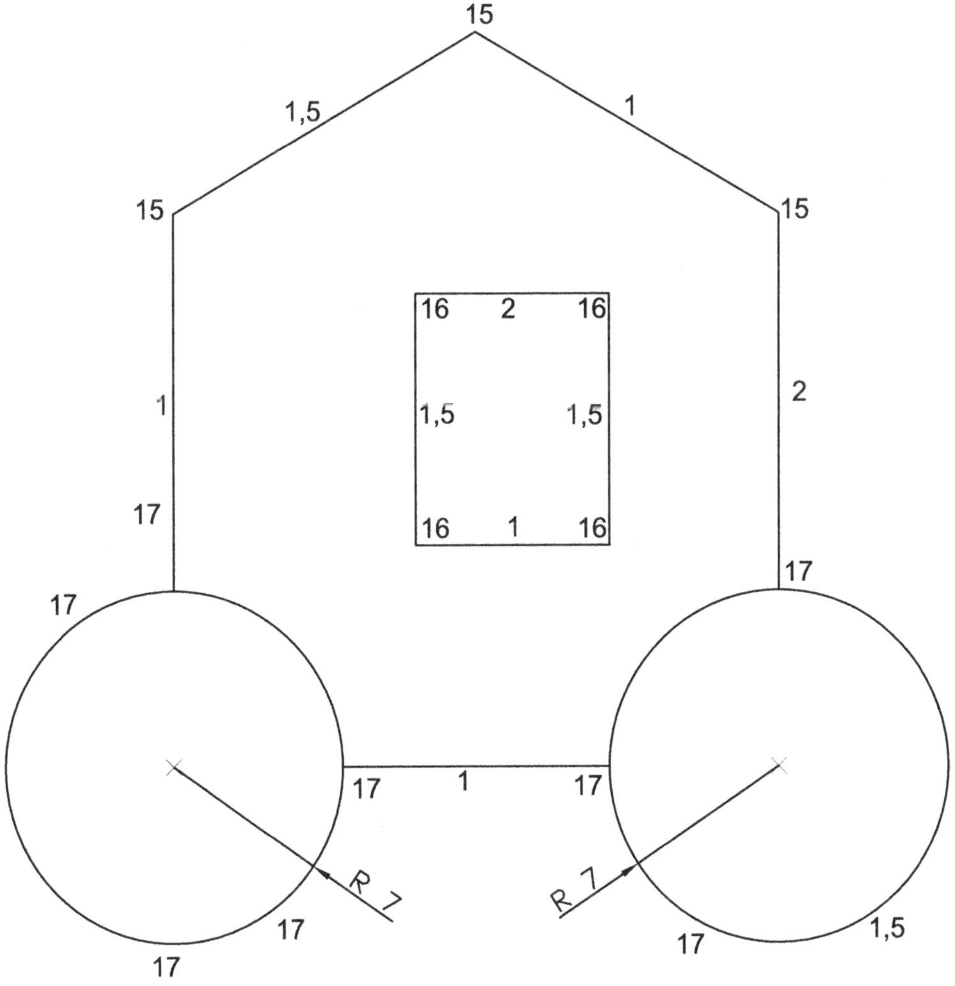

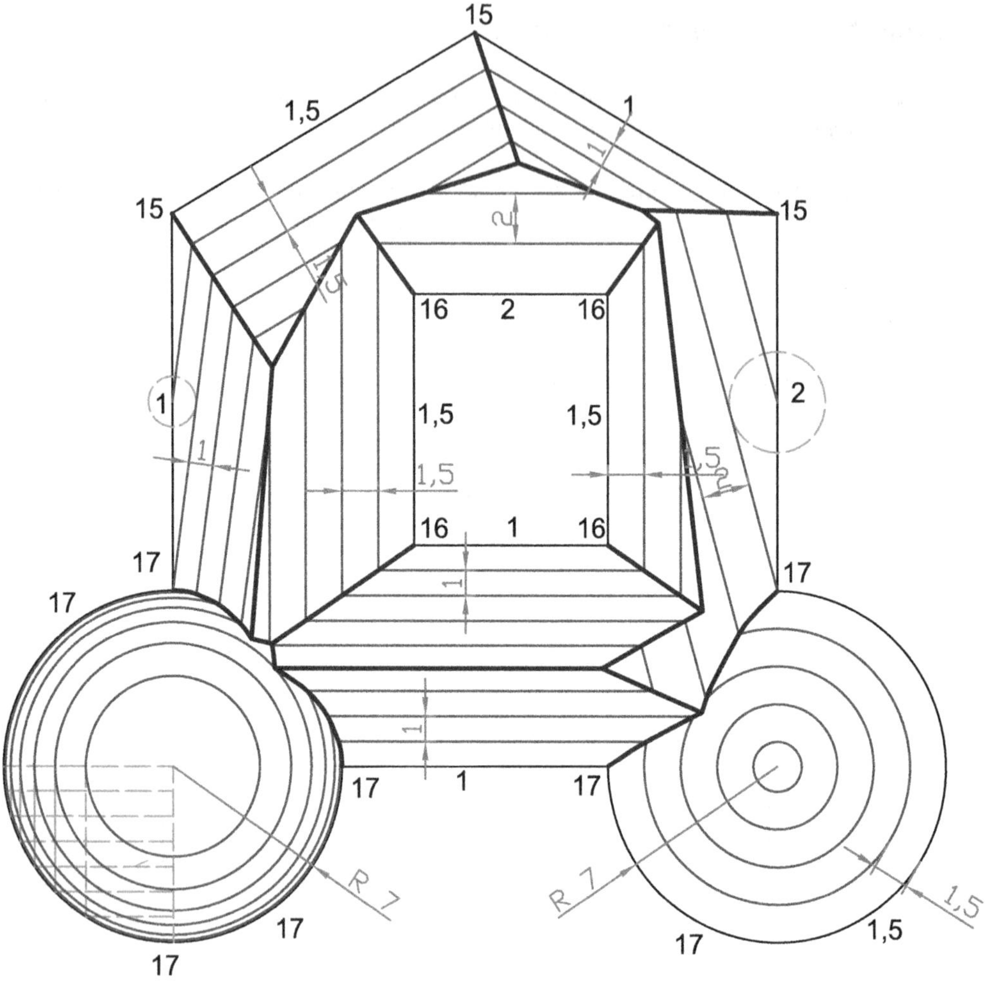

Cúpula semiesférica **Cubierta cónica**

Escala 1/300

22.7 Procedimiento casi general para resolver cubiertas

Se supone conocida la línea de aleros.

1. Numerar en cualquier orden todos los aleros, incluso la de los patios interiores si los hay.

2. Determinar las aristas intersecciones de los faldones contiguos entre sí y seleccionar dos faldones opuestos de los que sea sencillo y seguro determinar su arista intersección.

3. Nombrar dichas aristas con los dos números de los aleros de donde parten los faldones que se intersectan. Por ejemplo, la intersección de los faldones 4 y 5 se nombrará 4-5.

4. Determinar el punto de intersección, del que estemos seguro, de una arista que se intersecte con la opuesta, ya hallada. Por ejemplo, el de intersección de las aristas 4-5 y 5-9.

5. Por el punto anterior pasará la arista cuyo número sea el formado por los no repetidos de las que se intersectan. En el ejemplo será la arista 4-9, esto es, se ha eliminado el número repetido, el 5.

6. La arista anterior, la 4-9, se cortará con la primera que encuentre. En esta caso con la 4-3, dando lugar a un nuevo vértice, del que saldrá la arista 4-8 que, a su vez encontrará a la 3-4 dando lugar a un nuevo vértice que dará origen a la 3-8...

7. Se repite el proceso hasta obtener todas las aristas de la cubierta.

8. Sólo queda dibujar las líneas de nivel.

Resulta muy útil comprobar que en todos los vértices se reúnen 3 aristas y que todas las líneas de nivel son continuas y cerradas. Si no es así, o hay una causa que lo justifique (que debe encontrarse) o hay un error (que debe corregirse).

El ejercicio siguiente aclara el procedimiento.

EA - 17 EJEMPLO DE APLICACIÓN

Dada la línea de aleros A(40,50) - B(55,105) - C(100,120) - D(150,95) - E(185,0) - F(50,0) y H(90,55) - I(115,75) - J(105,30), todos a la cota 8,00 m.

SE PIDE, en acotados a la escala del dibujo, cubrir este edificio con faldones de módulo 7. Datos en dm.

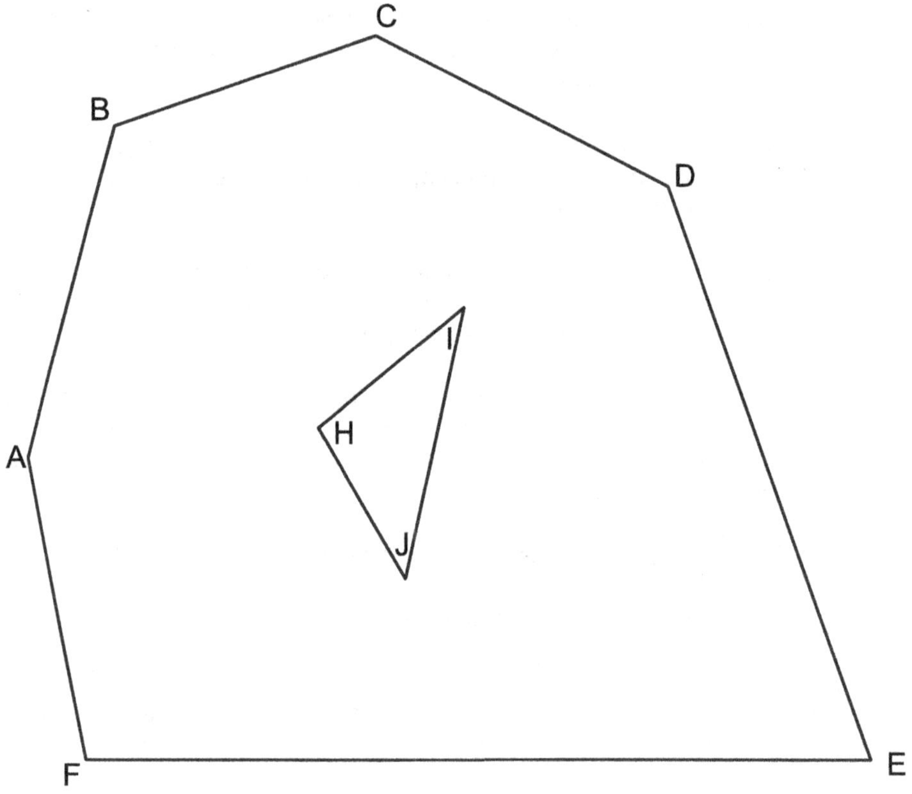

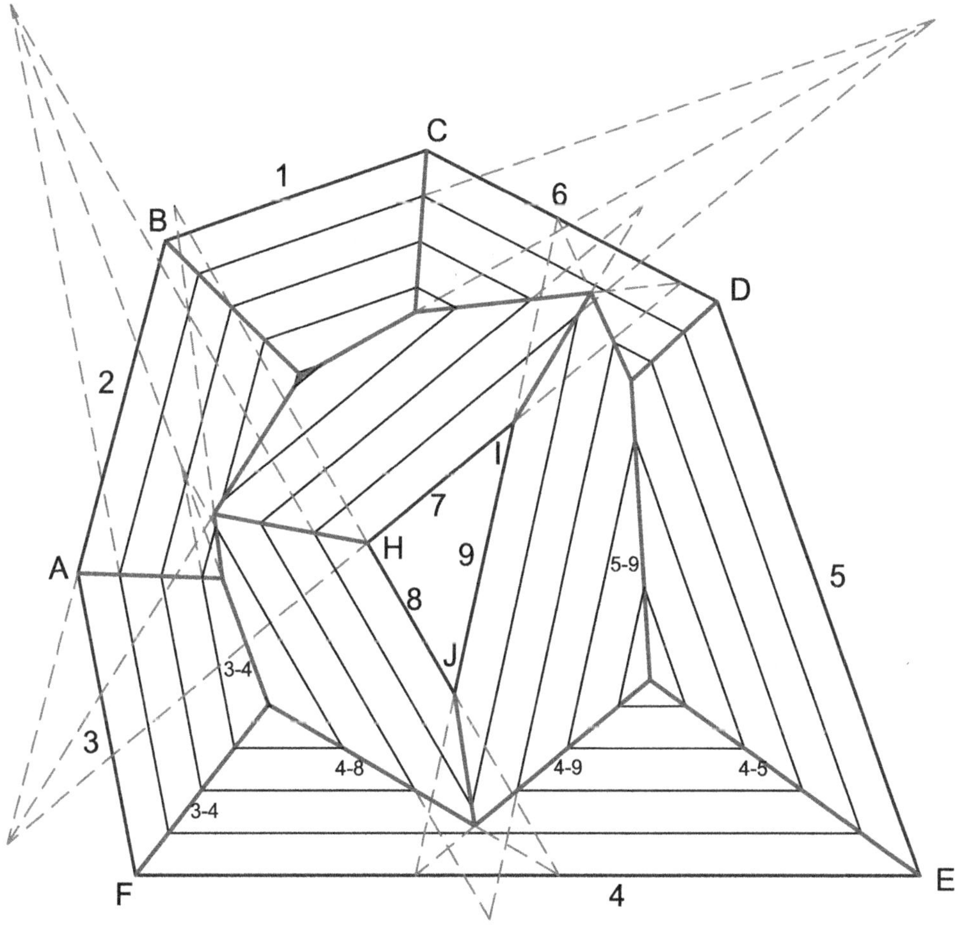
C
1
6
B
D
2
I
7
A
H
9
5
5-9
8
J
3-4
3
4-8
4-9
4-5
3-4
F
4
E

CAPÍTULO III

REPRESENTACIÓN DEL TERRENO

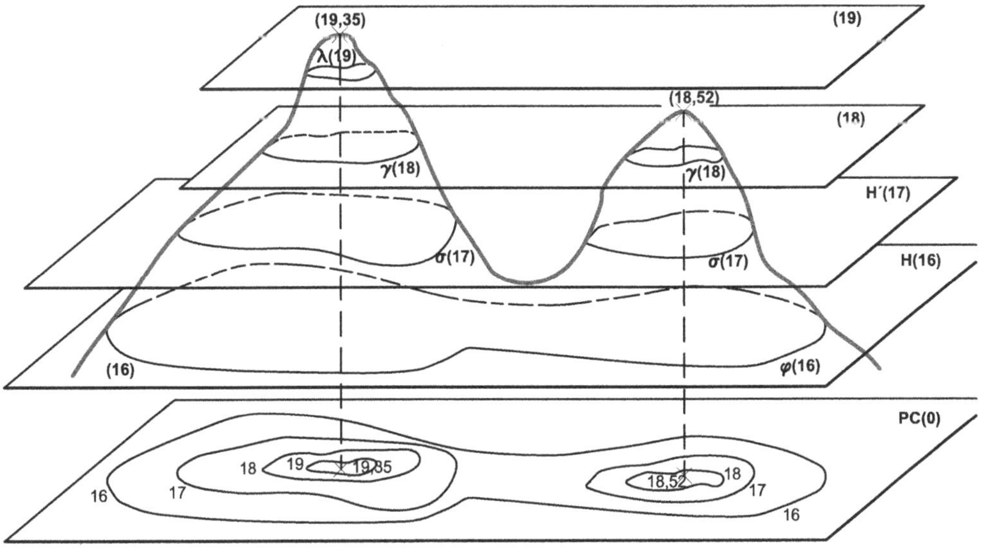

23. REPRESENTACIÓN DEL TERRENO

23..1 Generalidades

El conseguir representar el terreno de la forma más exacta posible, es decir, obtener la cartografía más fidedigna, ha constituido históricamente una inquietud muy relevante. Se trata de lograr una información fundamental para definir, entre otros muchos objetivos, las vías óptimas de comunicación.

Corresponde a la topografía fijar los procedimientos más idóneos para, en cada caso: escala, tipo de estudio, etc., determinar las coordenadas (x, y, z) de cada punto del terreno.

La representación del terreno ha evolucionado a lo largo de la historia, aunque en todos los casos se ha realizado aprovechando la potencialidad del sistema de Planos Acotados.

23.2 Curvas de nivel

La representación del terreno mediante el procedimiento de **curvas de nivel**, consiste en realizar cortes imaginarios a la superficie del terreno por planos horizontales y equidistantes entre sí. En la fig. 126 se ha cortado por los planos H(16), H´(17), H´´(18), H´´´(19) ..., obteniendo sobre el terreno las curvas de cotas f (16), s (17), g(18), l(19) ... Estas curvas se denominan **curvas de nivel**, teniendo todos los puntos de una misma curva de nivel la misma cota.

La proyección ortogonal de esas curvas sobre el plano de comparación constituye la representación **altimétrica** del terreno. Las curvas de nivel serán siempre curvas cerradas.

En España se toma como plano de comparación, es decir de cota cero, el tangente al geoide de la superficie terrestre en un punto de la escalera del Ayuntamiento de Alicante, que se supone a nivel del mar.

Las curvas de nivel de terrenos por debajo de este nivel, fondos marinos, tendrán cotas negativas, recibiendo en este caso el nombre de **curvas batimétricas.**

Se denomina **equidistancia** a la distancia vertical entre los planos horizontales de dos líneas de nivel consecutivas. Así se dirá: líneas de nivel con equidistancia cada metro, cada 5 m, etc. En la fig. 126 se han dibujado líneas de nivel cada metro y en la fig. 127 se representa en acotados las proyecciones de las líneas de nivel, donde aparecen, igualmente, las cotas de los puntos más altos del terreno (19,35) y (18,52).

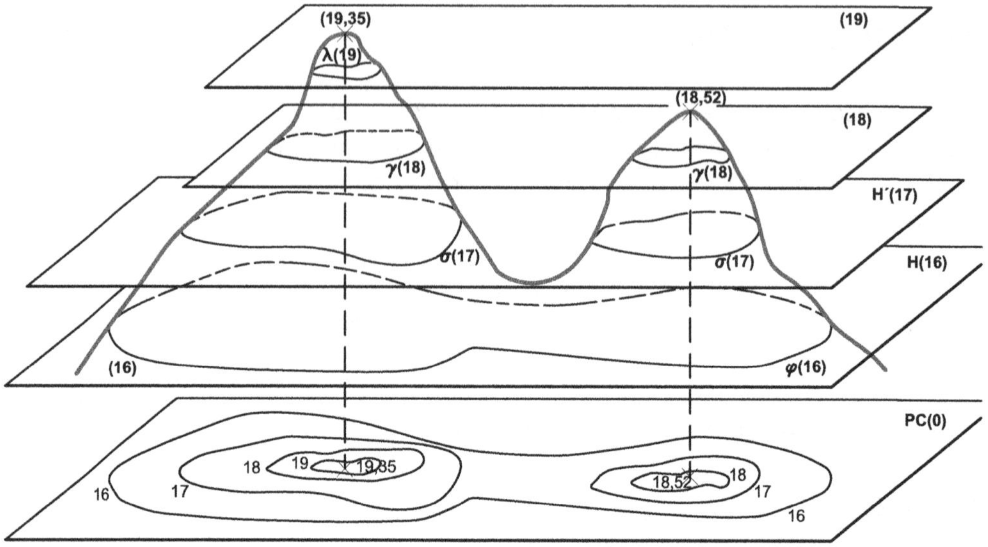

Fig. 126

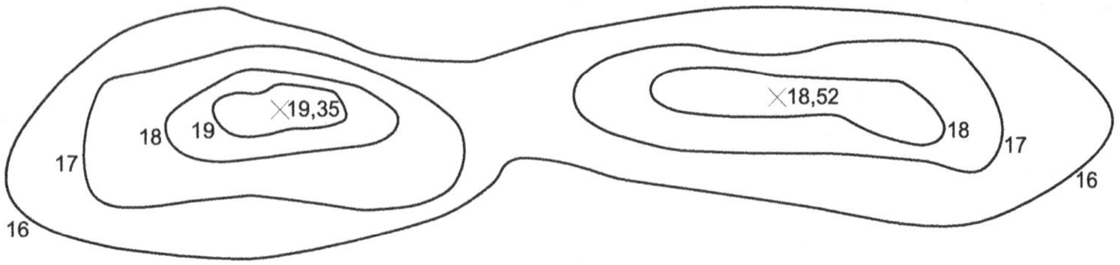

Fig. 127

23.3 Formas topográficas

Las líneas de nivel determinan en ocasiones formas geométricas que reciben nombres especiales.

Tal es el caso de la **loma** o **montículo,** caracterizada por curvas de nivel cerradas de forma que cada una envuelve a otras de mayor cota, fig. 128.

Cuando las líneas de nivel sean también cerradas pero de forma que cada una envuelve a otras de menor cota hablaremos de una **hoya** u **hondonada,** fig 129.

LOMA

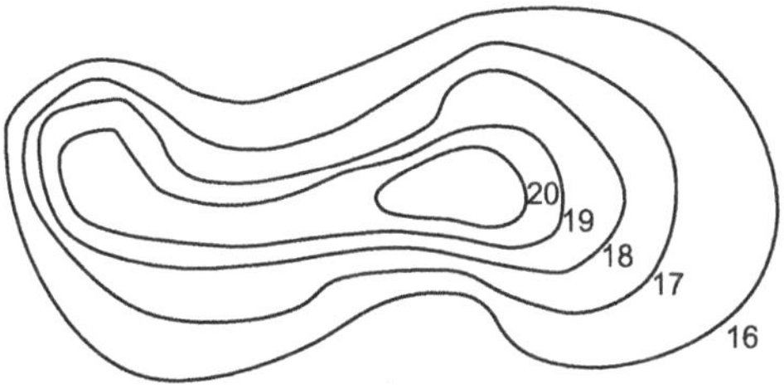

Fig. 128

HOYA

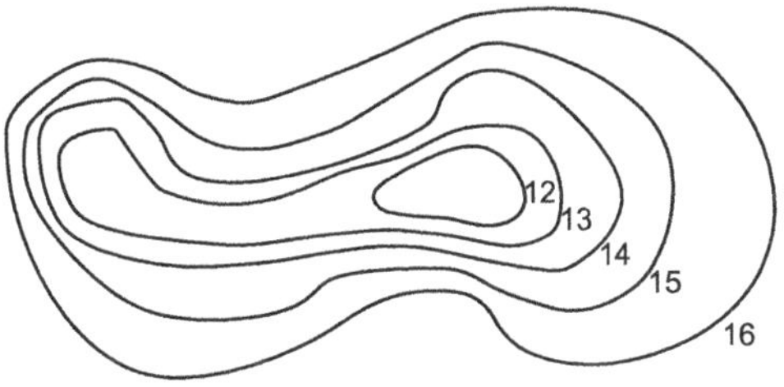

Fig. 129

La **vertiente** o **ladera** es una superficie de terreno inclinada y bastante plana. Sus curvas de nivel son casi rectas y casi paralelas como si de un plano se tratase , fig 130.

LADERA

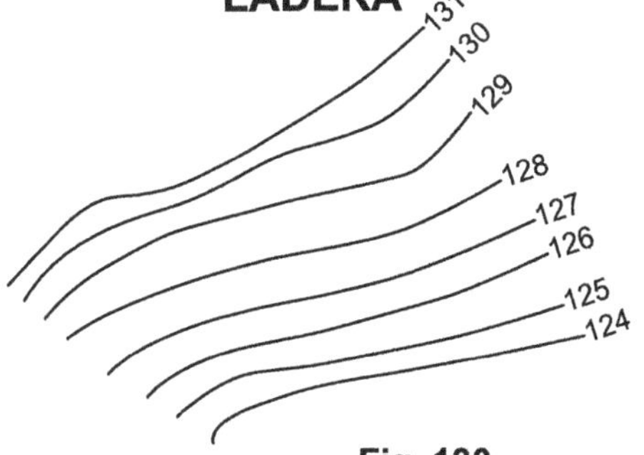

Fig. 130

Divisoria es el encuentro de dos laderas unidas por una superficie convexa. Se caracteriza porque las curvas de menor cota envuelven a las de mayor cota. Es línea divisoria de aguas, fig. 131.

DIVISORIA

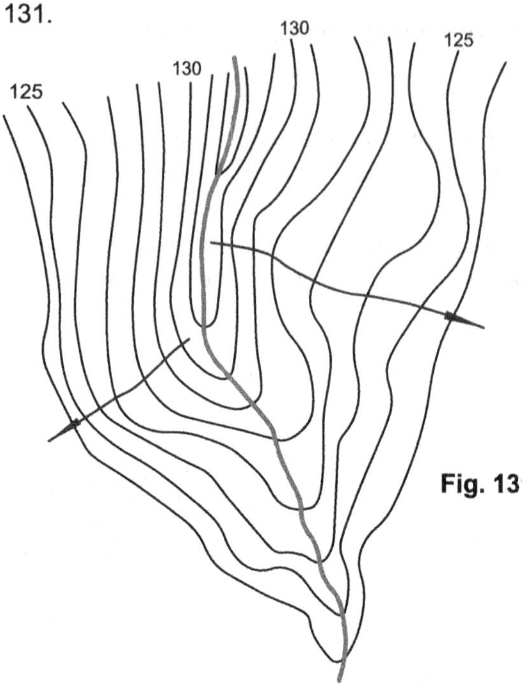

Fig. 131

Valle o **Vaguada** es la superficie formada por dos laderas que se unen según una superficie cóncava. Las curvas de nivel presentan forma entrante y las de mayor cota envuelven a las de menor cota. Es línea de recogida de aguas, fig. 132.

VAGUADA

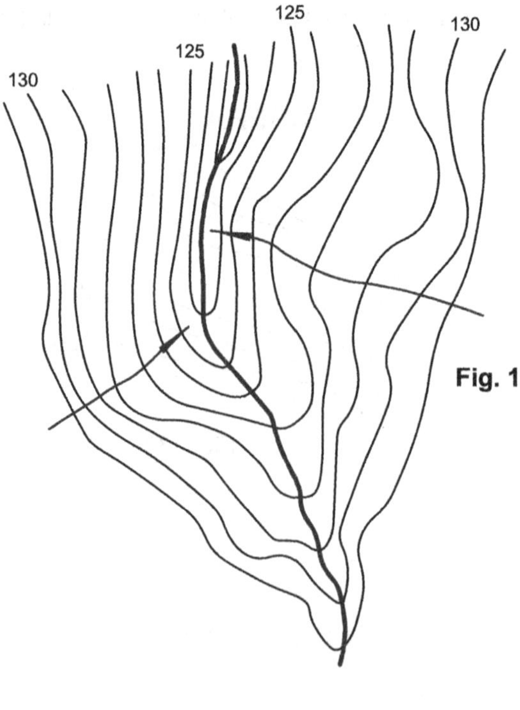

Fig. 132

El **collado** o **puerto** está constituido por dos divisorias opuestas y dos vaguadas también opuestas. En muchas ocasiones esta denominación hace referencia al punto común y más alto de las vaguadas, punto, por otra parte, más bajo de las dos divisorias, fig. 133.

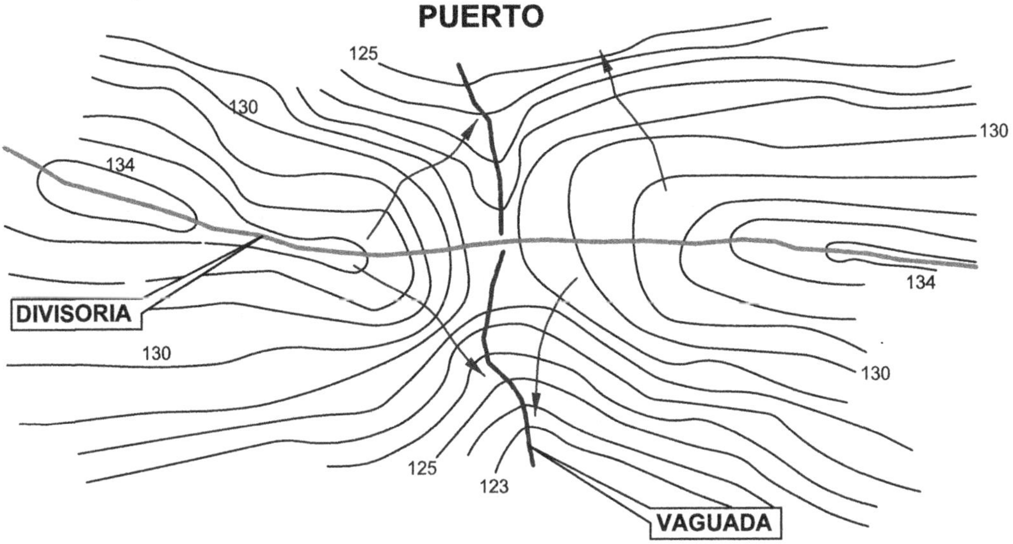

Fig. 133

23.4 Pendientes

Se entiende como **línea de máxima pendiente** correspondiente a un punto A de una línea de nivel, al segmento mínimo que lo une con la línea de nivel de cota consecutiva. En la fig. 134 la línea AB representa la máxima pendiente del terreno en el punto A. Siguiendo el mismo criterio para el punto B y sucesivos, llega a obtenerse la línea de máxima pendiente del terreno correspondiente al punto A. Esta línea se traza a estima. En la fig. 134 se han dibujado algunas líneas de máxima pendiente en distintos puntos del terreno representado.

Se admite que la pendiente entre dos puntos de dos líneas de nivel consecutivas es constante, así, el punto medio M del segmento RS tendrá cota 12,5 m.

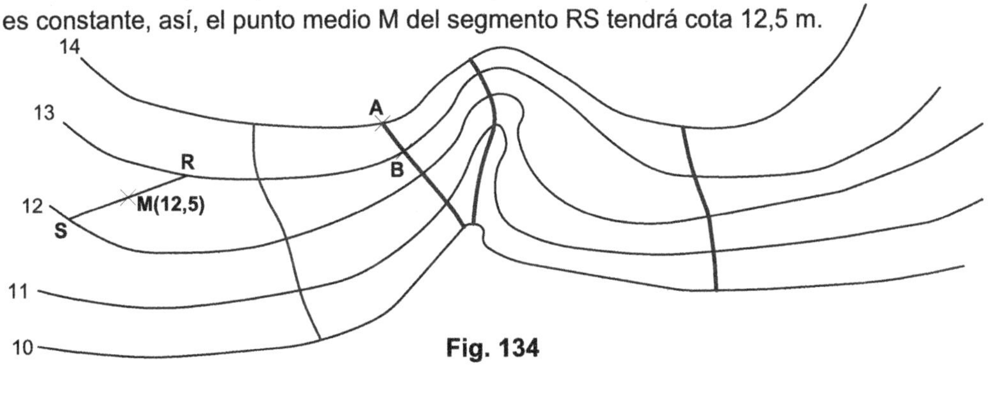

Fig. 134

23.5 Perfil longitudinal

Se entiende como **perfil longitudinal** la sección que produce en el terreno un plano vertical, **P**, fig. 135, o una superficie cilíndrica de generatrices verticales.

A fin de realzar la forma del terreno, la escala para medidas verticales suele ser mayor que la que se utiliza para las medidas horizontales, en la fig. 135 se han utilizado E_H = 1/1.000 y E_V = 1/200

Para dibujar el perfil, se tomará un plano de referencia para la escala vertical, en la fig. 135 se ha tomado la cota 126, posteriormente se levantarán las cotas de los sucesivos puntos de intersección de la traza del plano **P** con las sucesivas curvas de nivel. Posteriormente se unirán a estima los puntos obtenidos **A**, **B**, **C**, ...

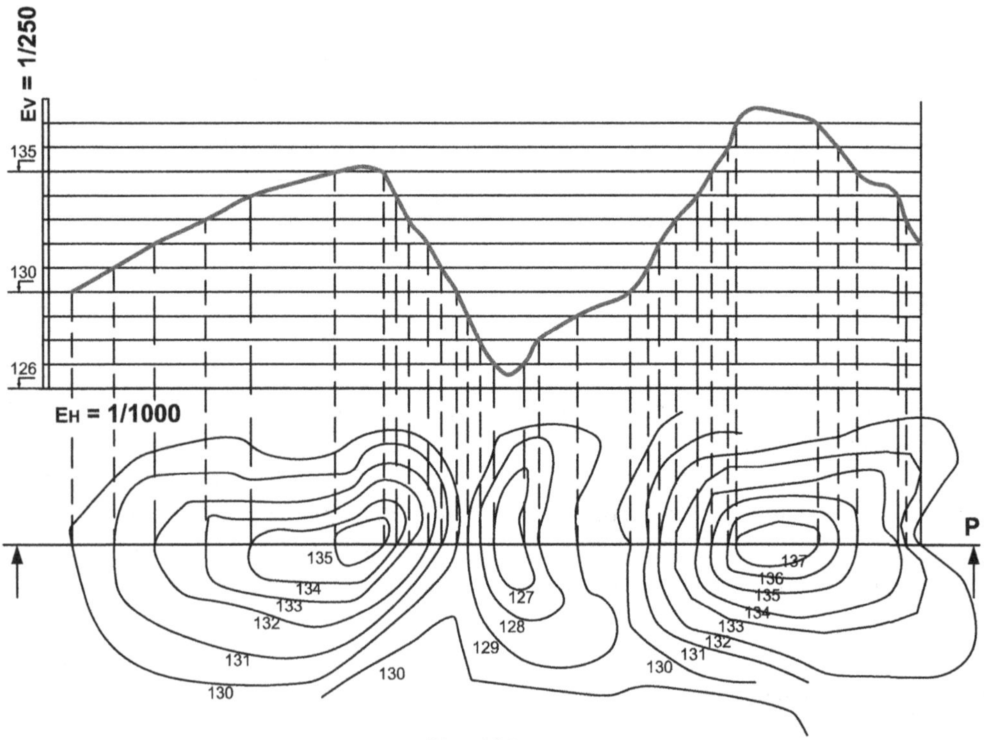

Fig. 135

La Fig. 136 corresponde al terreno de una vaguada.

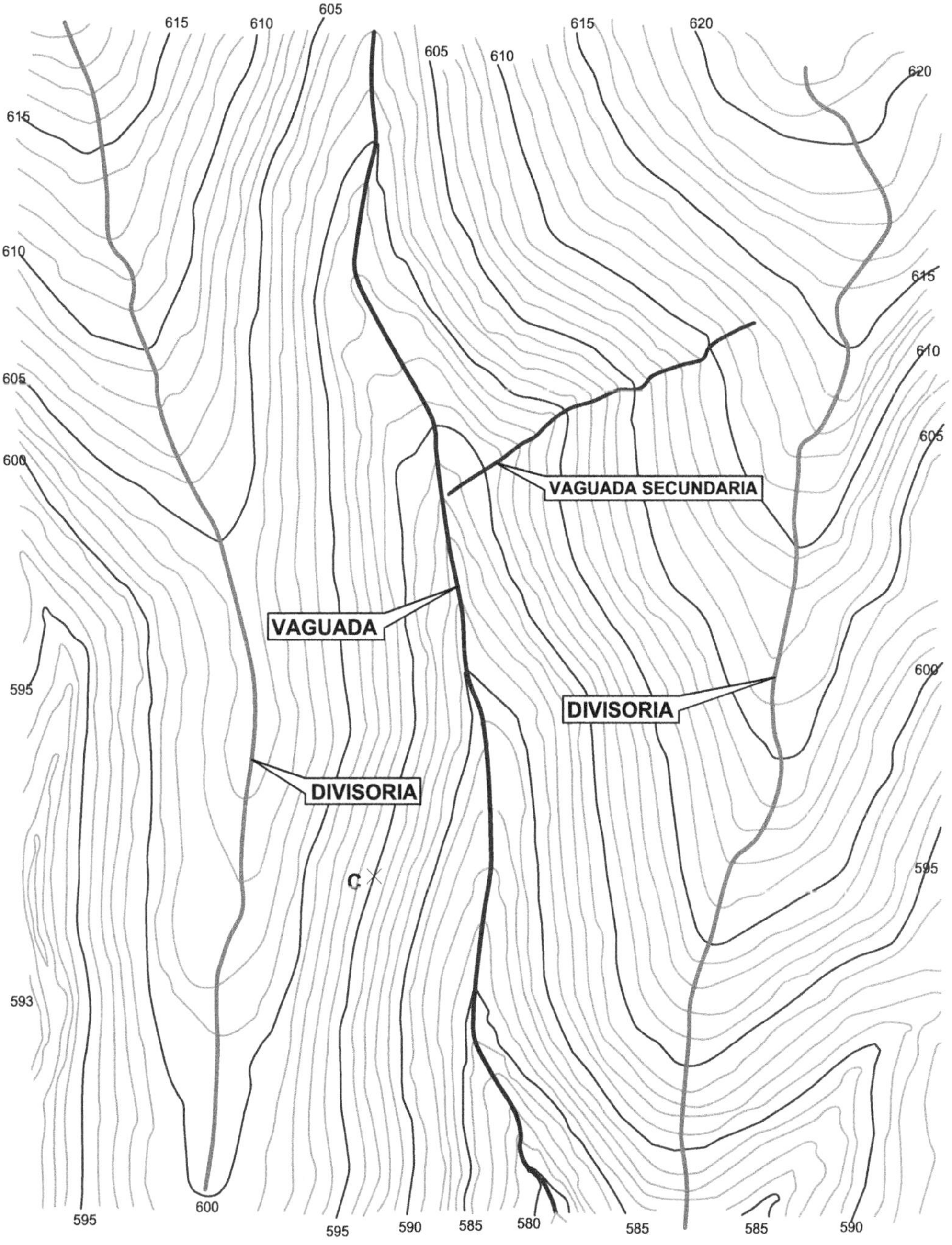

Fig. 136

Escala 1/1.000

CAPÍTULO IV

PLATAFORMAS

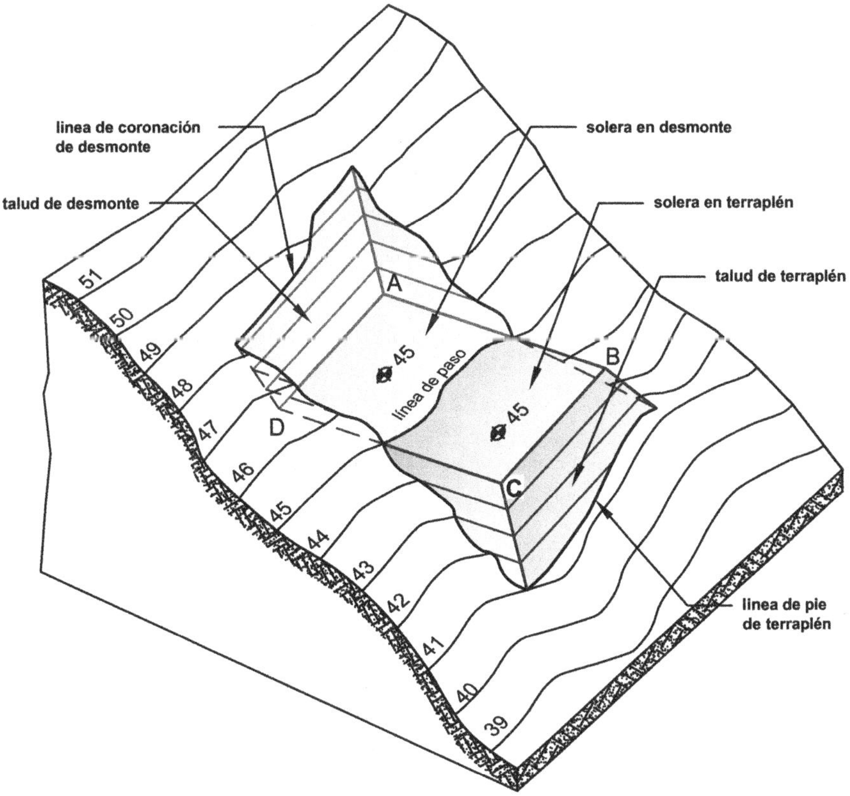

24. PLATAFORMAS

24.1 Elementos y definiciones

Se entiende como **plataforma**, fig. 135, aquella explanación realizada sobre el terreno para su utilización en distintos fines.

Se denomina **solera** de la plataforma el suelo de ella, pudiendo ser plana o no, con cota constante o no. La fig. 135 representa una plataforma horizontal con solera a cota 45 m.

Para realizar la plataforma puede ser necesario realizar operaciones de excavación y/o de relleno, las primeras reciben el nombre de **desmontes** y las segundas de **terraplenes**.

Al ejecutar un terraplén o un desmonte las tierras aportadas o excavadas no pueden dejarse cortadas verticalmente. Cada tipo de terreno se sostiene con un talud que no se debe sobrepasar si no se desea la ruina de la obra. Normalmente la inclinación de los taludes de los desmontes es mayor que la de los terraplenes, pues la cohesión del terreno natural es mayor que la de un terraplén compactado artificialmente.

La línea que separa la zona de desmonte y la de terraplén se denomina **línea de paso**, resulta ser la línea de intersección de la superficie de la solera con la superficie del terreno. En el caso de la fig. 135, al ser la solera plana y horizontal a cota 45 m, la línea de paso es la curva de nivel de cota 45 m del terreno.

Se denominan superficies de talud, o simplemente **taludes**, las que limitan sobre el terreno los volúmenes de los desmontes y de los terraplenes, apareciendo, por tanto, taludes de desmonte y de terraplenes.

Las líneas de intersección de los taludes con el terreno determinan las zonas afectadas por las obras necesarias para la ejecución de la plataforma. En el caso de los desmontes se conocen como **líneas de coronación de desmonte**, en el caso de los terraplenes como líneas de **pies de terraplén**. En la fig. 135, las líneas de coronación de desmontes y de pie de terraplenes son las intersecciones del terreno con los planos de talud correspondientes. Se obtienen uniendo a estima los diferentes puntos de intersección de las horizontales de los citados taludes con las curvas de nivel del terreno que tengan la misma cota.

Las aristas vivas de los encuentros de los taludes de desmontes y terraplenes no son realistas. Aún en el caso de desmontes en terrenos firmes, y antes de actuar la erosión, pueden admitirse como resultado del encuentro de dos taludes planos, pero no así en los terraplenes. Entre los taludes planos de los terraplenes lo lógico es que , durante la construcción, aparezca de forma natural un acuerdo cónico de igual pendiente que los planos.

No todos los acuerdos aparecen así, en muchos casos están forzados por el hombre por motivos estéticos o de otra índole. Los acuerdos serán del tipo de los vistos con anterioridad en este mismo texto: de naturaleza cónica o cilíndrica, de directriz circular horizontal y tangentes a los taludes que acuerdan.

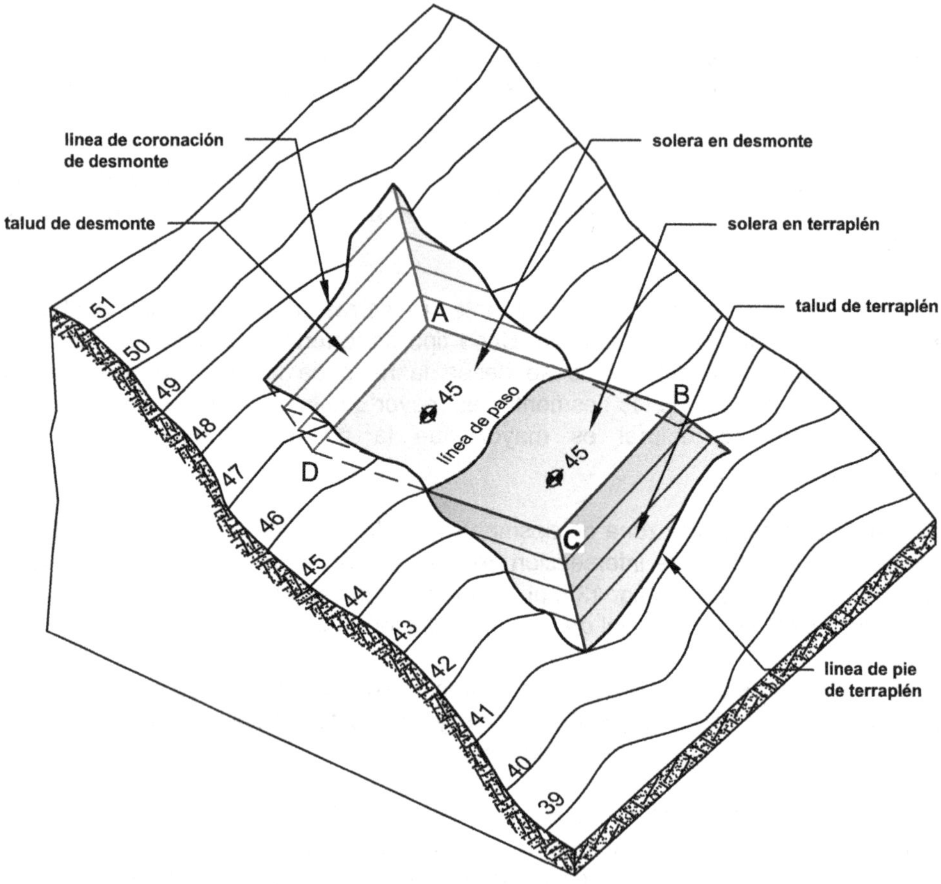

Fig. 137

Cuando el perímetro de la plataforma es curvo o mixtilíneo las superficies de talud que se apoyan en el contorno deberán ser de igual pendiente, respetando los taludes de desmonte y terraplén. Así por ejemplo, cuando parte del perímetro sea un arco de circunferencia la superficie de talud correspondiente deberá ser cónica de revolución, con directriz el citado arco y de forma que las generatrices tengan por pendiente la del talud aplicable al caso en estudio.

EA-18 EJEMPLO DE APLICACIÓN

Plataforma horizontal rectangular

Se quiere construir una plataforma horizontal **ABCD** a cota (**45**) **m**, en un terreno plano definido por su recta horizontal **r** de cota (**50**) **m**. y pendiente ½ , descendiendo hacia la derecha.

Los taludes de los movimientos de tierras tendrán los siguientes valores:

- Pendientes de terraplenes: 2/1
- Pendientes de los desmontes: 2/1

SE PIDE: dibujar a escala 1/200, con curvas de nivel de metro en metro, el estado final de la obra.

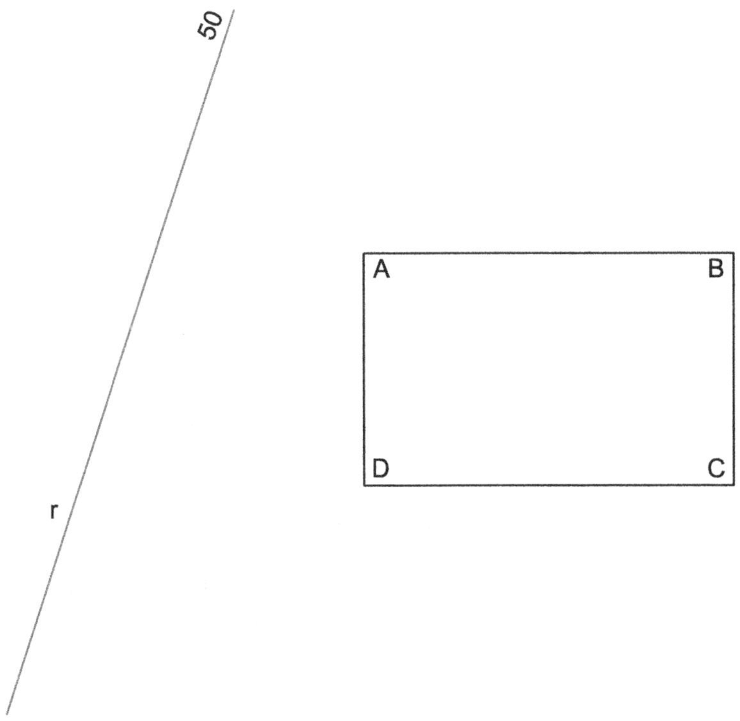

Escala: 1/200

Perspectiva libre de la solución

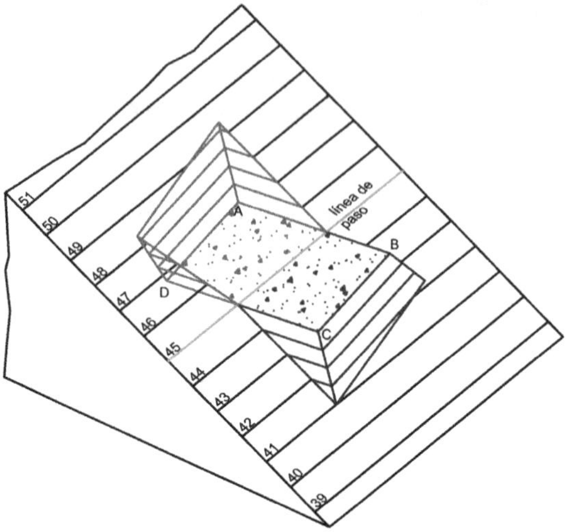

Obtención de taludes
Escala: 1/200

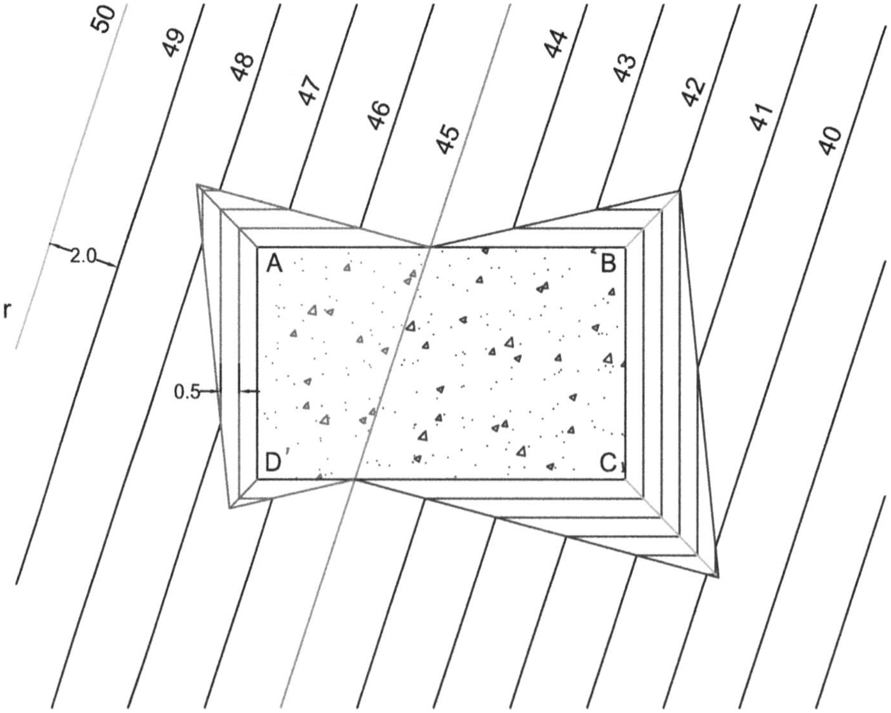

EA-19 EJEMPLO DE APLICACIÓN

Plataforma mixtilínea horizontal

Se quiere construir la plataforma horizontal constituida por una zona rectangular y otra circular a cota (**45**) **m**, en un terreno plano definido por su recta horizontal **r** de cota (**50**) **m** y pendiente **½**, descendiendo hacia la derecha.

Los taludes de los movimientos de tierras tendrán los siguientes valores:

- Pendientes de terraplenes: **2/3**
- Pendientes de los desmontes: **1/1**

SE PIDE: dibujar a escala **1/200**, con curvas de nivel de metro en metro, el estado final de la obra una vez terminada.

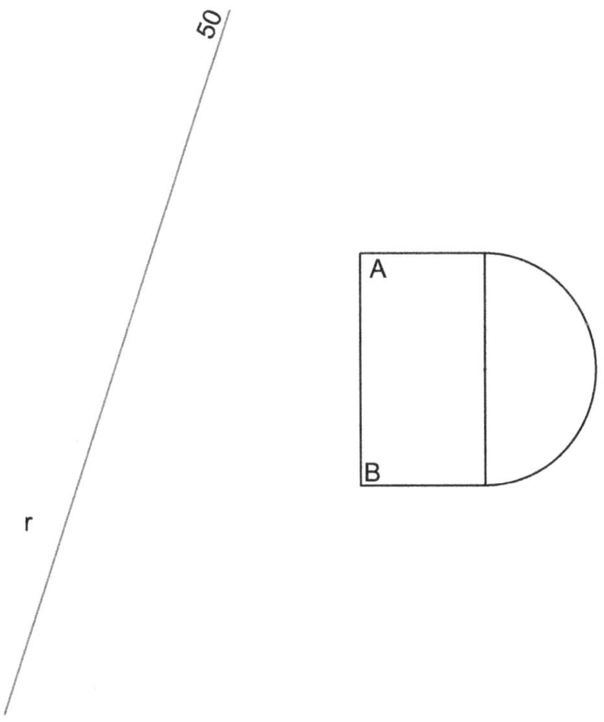

Escala: 1/200

Perspectiva libre de la solución

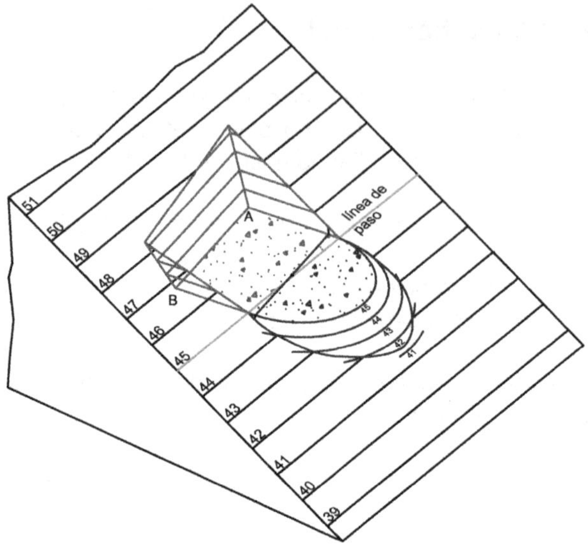

Obtención de taludes
Escala: 1/200

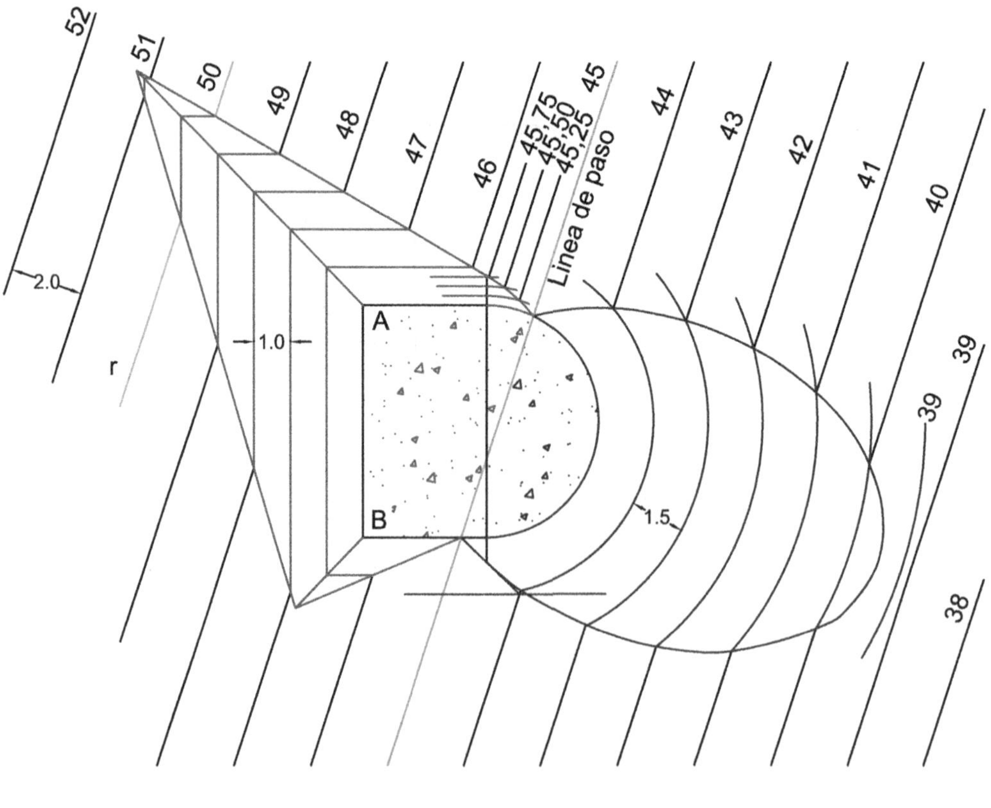

EA-20 EJEMPLO DE APLICACIÓN

Pista de atletismo

La pista de atletismo de un campo de entrenamiento tiene una cuerda, borde interior de la misma, cuyo desarrollo es de **400 metros** de longitud, estando formada por dos tramos rectos unidos por dos arcos de semicircunferencia de diámetro igual a la longitud de los tramos rectos. El ancho de la pista es de **10 metros** y toda ella se encuentra a la **cota 100**. El módulo de desmontes y terraplenes en la zona del interior de la pista es de **5** y en la zona exterior **3**.

La pista está ubicada en una ladera plana de módulo **8**, ascendente hacia la izquierda, cuyas líneas de nivel son paralelas a la diagonal del rectángulo circunscrito a la cuerda, siendo dicha diagonal de cota 100 la representada en la hoja adjunta.

SE PIDE: dibujar en acotados a escala 1/1.250 el conjunto con líneas de nivel a equidistancia **1 metro.**

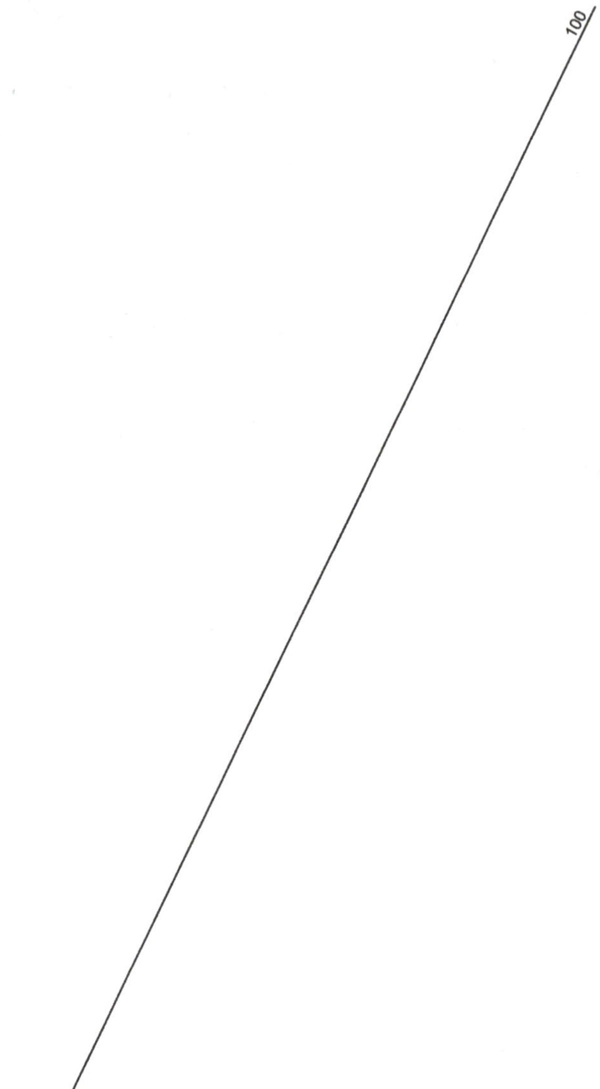

Escala 1/1.250

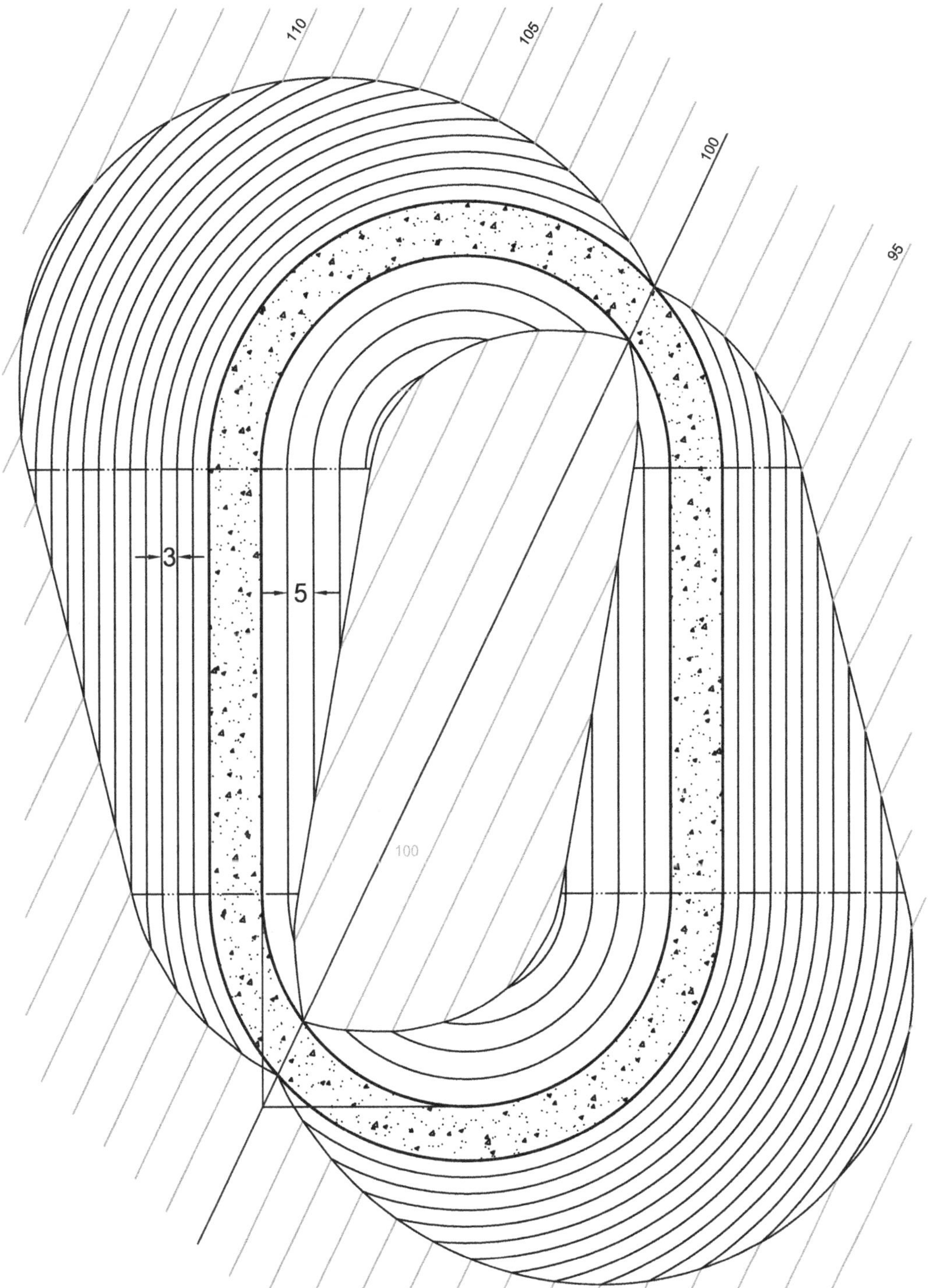

Escala 1/1.250

EA-21 EJEMPLO DE APLICACIÓN

Plataforma pentagonal con camino de acceso

El pentágono regular **ABCDE** de **4 m** de lado, ha de ser una plataforma horizontal de cota **4**.

Una recta **AJ** se proyecta sobre la **AG** de la figura, pasa por **A (4)** y tiene de módulo **3**, siendo **J** su traza y estando a la derecha de **A**.

Un terreno está definido por cuatro planos: **H**, **P**, **Q** y **K**.

H es el plano de comparación.
P pasa por AJ, tiene de talud 3/2 y su traza lo más próxima a N.
Q pasa por AJ y tiene de talud 1/1.
K es el horizontal de cota 8.

El terreno asciende sucesivamente desde **H** al plano **P**, limitado en AJ, desde **P** a **Q** y desde **Q**, limitado en **K**, al plano horizontal **K**.

SE PIDE, en acotados a escala 1:125:

1º.- Construir la plataforma ABCDE y un camino de acceso a ella de eje MNST que asciende desde **H** a **K** con los tramos MN y ST rectos y en rampa de 0,400 y el tramo NS en curva circular horizontal (N punto medio de ED y S punto medio de BC). El camino tiene de ancho 2 m.

2º.- Dibujar, con curvas de nivel de equidistancia 1 m, el conjunto formado por el terreno y el camino con terraplenes y desmontes y con las intersecciones correspondientes. Talud de desmontes: t_D = 1/2. Talud de terraplenes: t_T = 1/1.

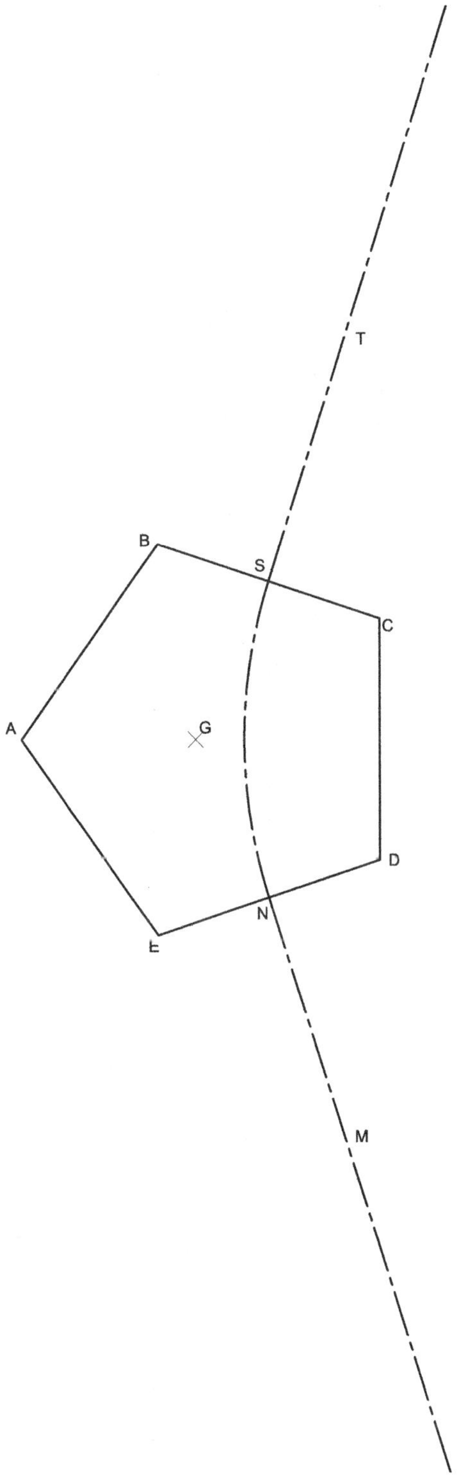

Escala 1/125

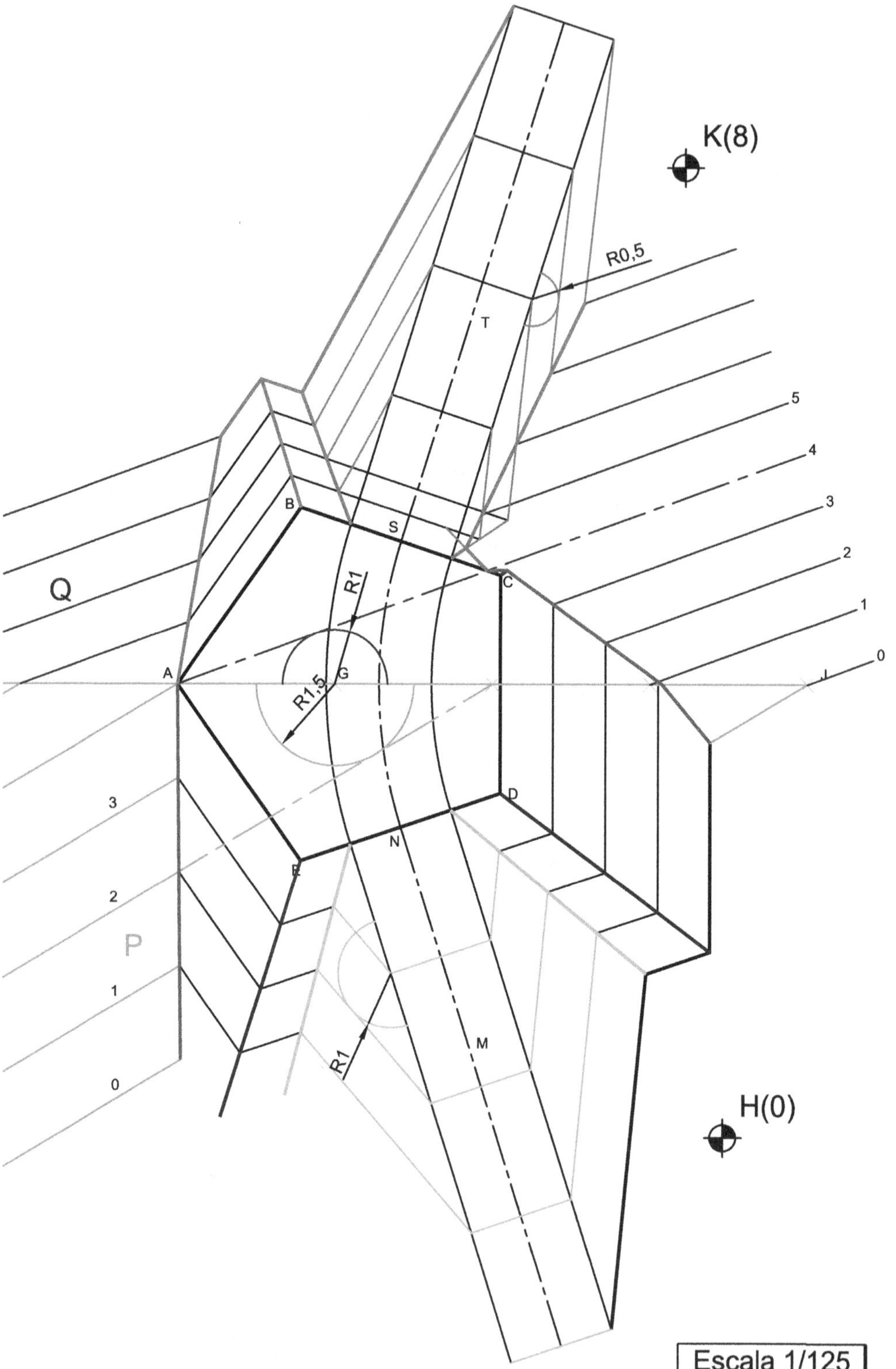

Escala 1/125

CAPÍTULO V

ESTRATIGRAFÍA

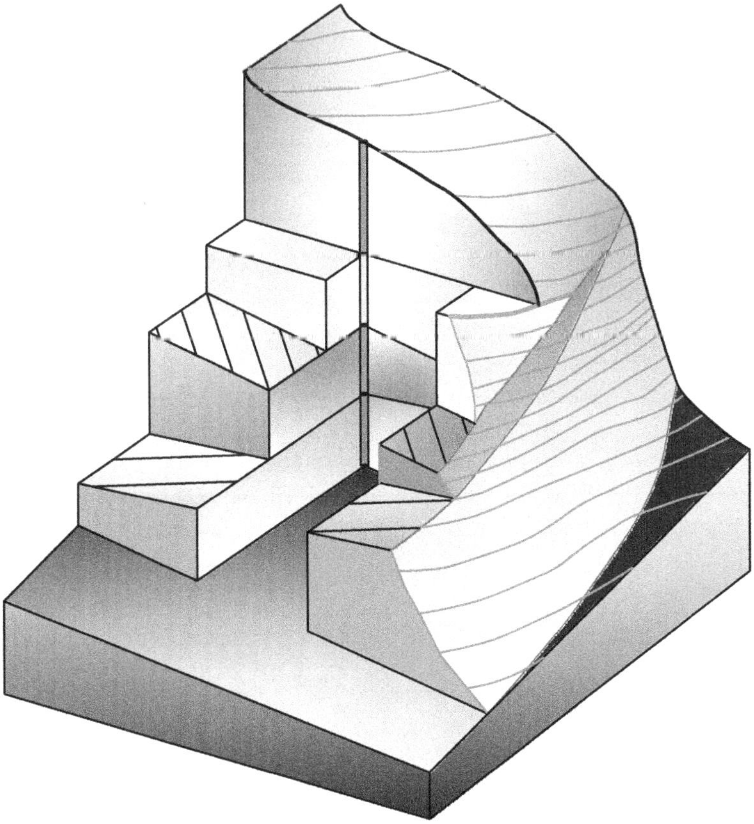

25. ESTRATIGRAFÍA

25.1 Introducción

Un macizo de terreno generalmente no presenta uniformidad de materiales en profundidad, estando compuesto de diferentes tipos de suelos y/o rocas.

Cuando los materiales del subsuelo son de origen sedimentario, éstos se agrupan en capas de espesor más o menos constante que se denominan **estratos**. Los estratos están separados entre sí por unas imaginarias **superficies de junta**.

El **techo** de un estrato es su superficie superior y el **muro** o **base** su superficie inferior. Se conoce como **potencia** de un estrato el espesor comprendido entre el techo y el muro.

Estas superficies de junta son originalmente planas y horizontales, pudiendo sufrir esfuerzos tectónicos que varíen su inclinación y/o su forma.

Cuando las superficies de junta o discontinuidad son planas hablaremos de **estratigrafía no plegada**, fig. 138 y 139, (pudiendo tratarse de planos horizontales o no). Si las superficies de junta son curvas la estratigrafía será plegada, fig. 140.

Fig. 138

Fig. 139

Fig. 140

25.2 Dirección y buzamiento

Cuando se considera que la superficie de junta es aproximadamente plana, ésta suele definirse mediante su dirección y buzamiento.

La **dirección** es el ángulo respecto del norte magnético de cualquier horizontal del plano. Este ángulo es positivo en el sentido de giro de las agujas del reloj, fig. 140.

El **buzamiento** es el ángulo que forman las rectas de máxima pendiente del plano de junta con el plano horizontal, fig. 141.

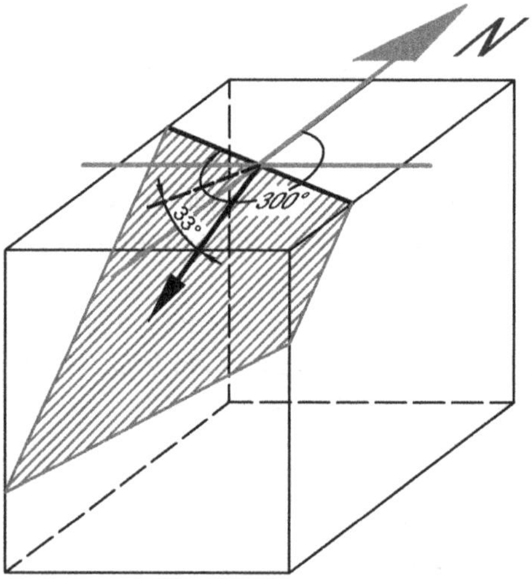

Fig. 141

Para evitar ambigüedades con esta definición conviene añadir hacia cual de las dos inclinaciones posibles se produce el buzamiento. En la figura 140 el plano de junta puede definirse como de dirección 300° y buzamiento 33° suroeste, esto último sería equivalente a especificar el acimut del buzamiento, 210° en este caso.

La figura 142 representa una perspectiva libre de una porción de terreno en la que se observan unos estratos. Este tipo de representación se denomina comúnmente bloque diagrama.

La figura 143 muestra la forma habitual de representar en planta las características de los planos de junta (dirección y buzamiento), con un segmento paralelo a las horizontales de plano y una flecha , ortogonal por su punto medio, indicando el sentido del buzamiento junto con el valor numérico (α,β...) del mismo.

En esta última figura se han representado las **líneas de afloramiento** de las superficies o planos de junta.

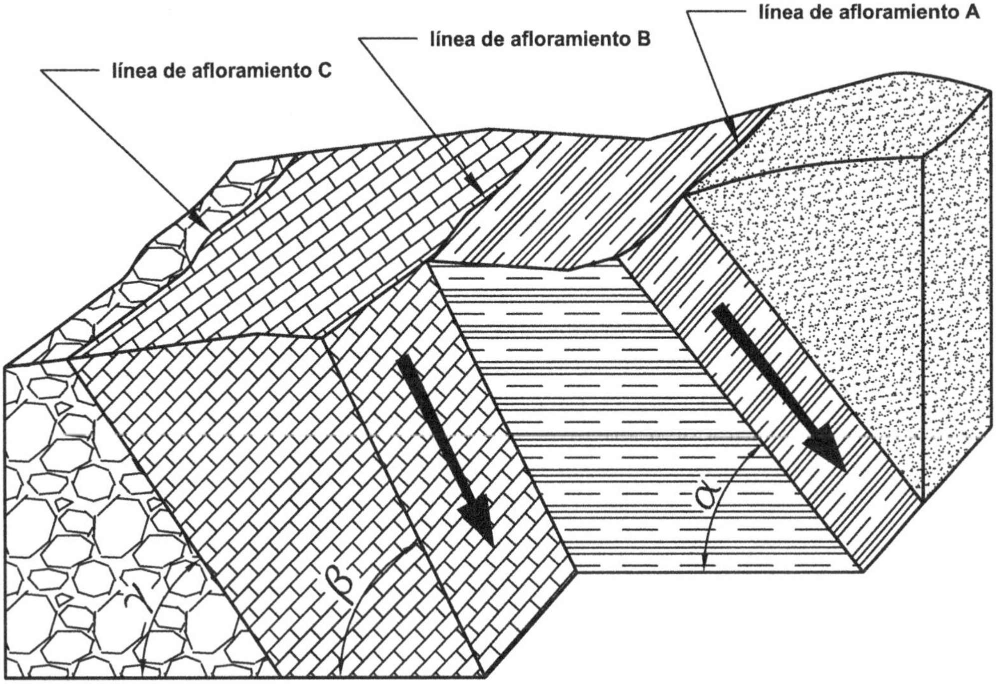

Fig. 142

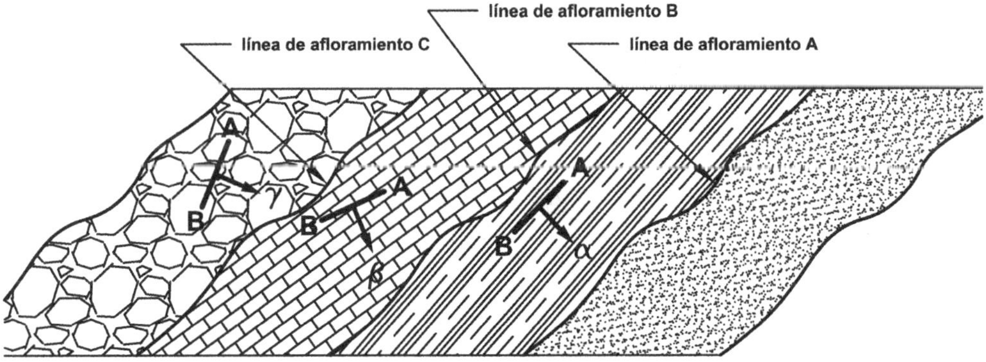

Fig. 143

Las curvas de intersección de las superficies o planos de junta con la superficie del terreno son las denominadas líneas de afloramiento.

Para su obtención, supuesta la superficie de junta plana, se hallarán los puntos de intersección de las líneas de nivel del plano con las curvas de nivel del terreno de igual cota, uniendo a estima dichos puntos se tendrá la línea de afloramiento correspondiente. Obsérvese en la fig. 144 que si un plano de junta es horizontal su línea de afloramiento coincide con la curva de nivel de igual cota en el terreno.

Para identificar la composición del terreno en profundidad se realizan **sondeos.**

Un sondeo es una perforación a rotación o rotopercusión, generalmente vertical, ejecutada con un varillaje con el extremo en contacto con el terreno en forma de tubo, en el que se va almacenando un testigo o muestra del terreno perforado. Esto nos permite cuantificar las cotas **a**, **b**, **c** a las que se encuentran los distintos estratos en la vertical de un determinado punto del terreno. Los datos obtenidos se representan en las **columnas estratigráficas**, fig. 144.

Si se suponen estratigrafías no plegadas, bastará disponer de tres columnas estratigráficas en tres puntos del terreno no colineales para determinar los planos de junta de los distintos estratos.

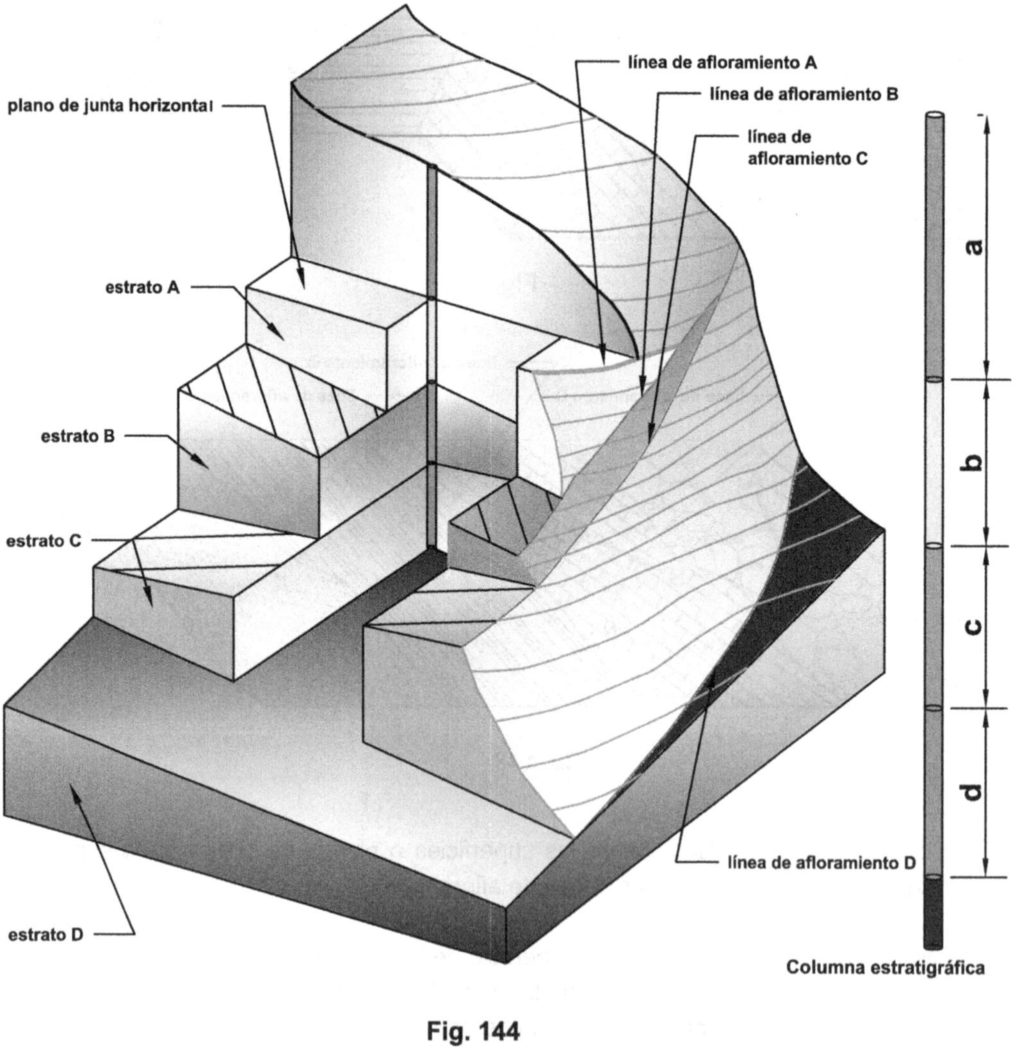

Fig. 144

EA-22 EJEMPLO DE APLICACIÓN

Plataforma pentagonal en 2 suelos

Sobre un terreno sensiblemente horizontal a cota cero metros se va a excavar para construir la plataforma pentagonal regular que se señala en el dibujo, cuya solera horizontal se sitúa a **cota (-12) m**

El terreno presenta dos tipos de suelos en contacto según un plano **P**, siendo la recta **h (0)** el afloramiento del plano sobre el terreno y se sabe que el plano buza hacia el Norte con una pendiente de **0,2**.

El suelo situado más al **norte** admite taludes **H/V = 4/1**, mientras que el situado al **sur** del plano P admite taludes de módulo **2**,5.

Se pide que el alumno represente en acotados el estado final de las excavaciones dibujando sus líneas de nivel de metro en metro.

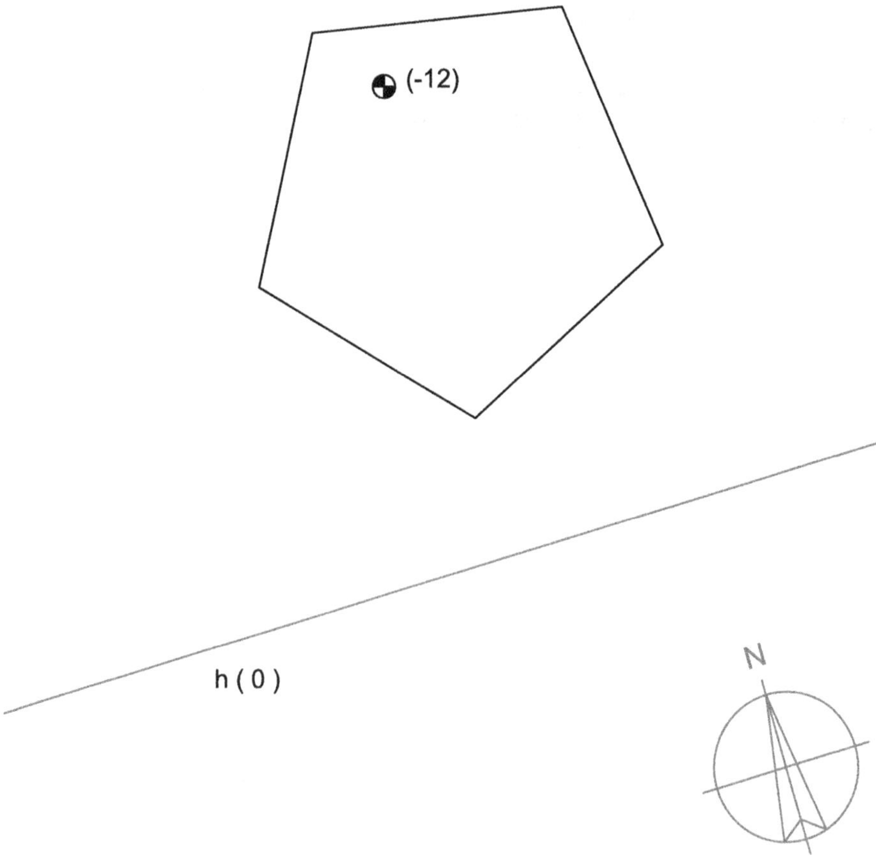

Escala : 1 / 1.000

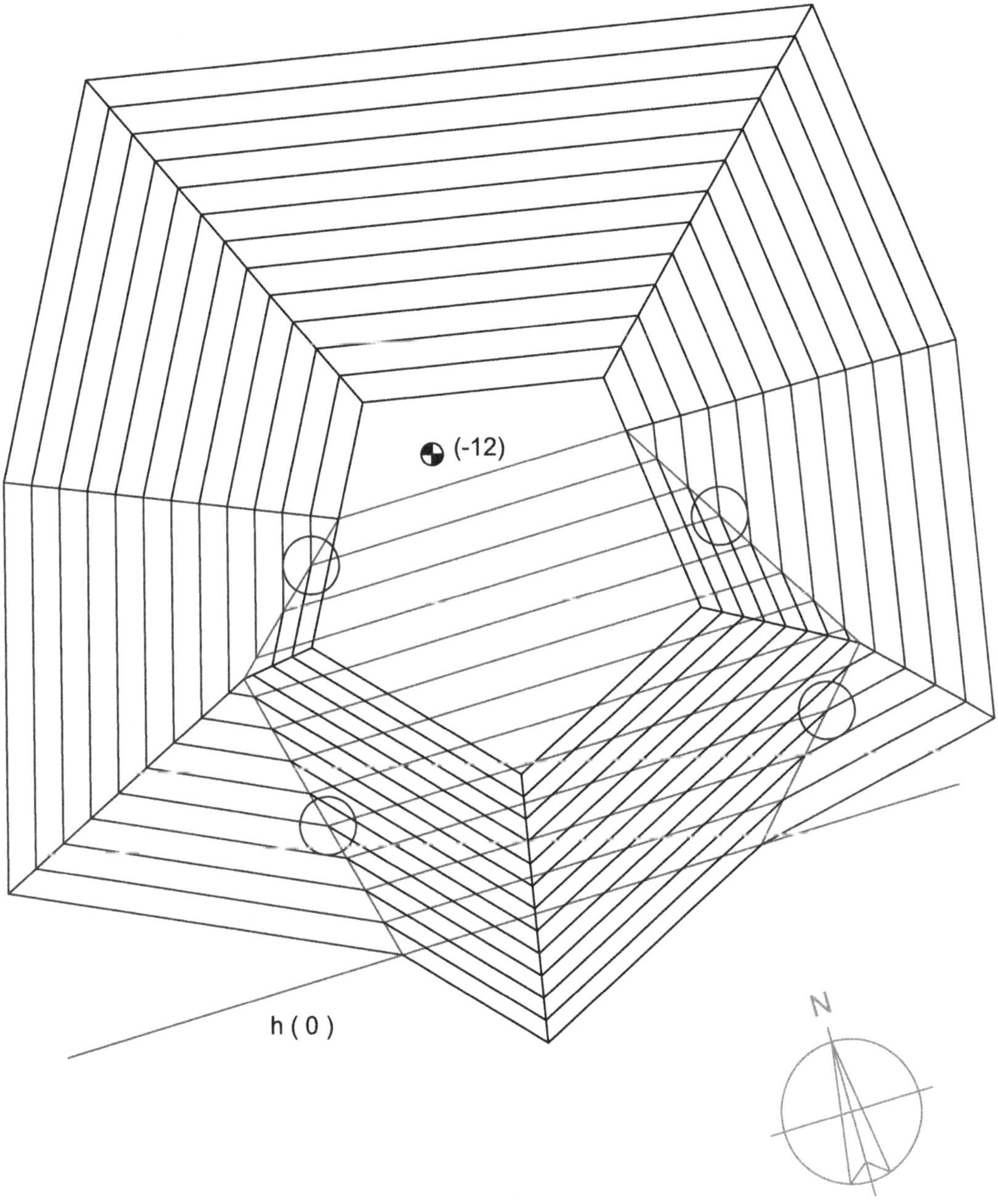

Escala : 1/1.000

EA-23 EJEMPLO DE APLICACIÓN

Emboquille en dos tipos de suelo

Sobre la topografía de la cara posterior de la hoja adjunta se representa el eje de la plataforma de una autovía a construir, más concretamente el tramo comprendido entre los P.K. 0+000 y 0+250.

La sección tipo de la plataforma a ejecutar es la siguiente:

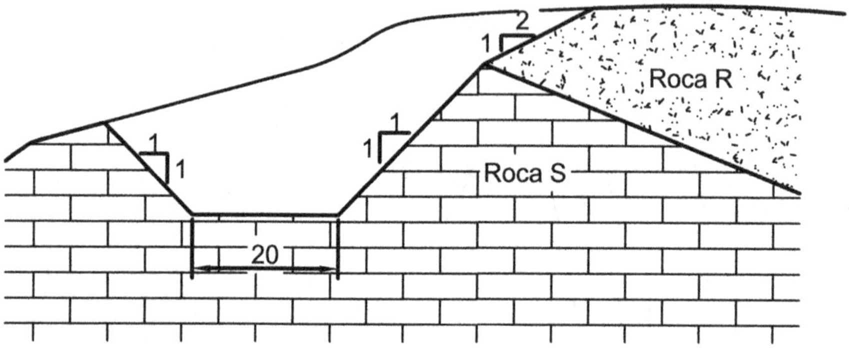

El citado eje **asciende** en el sentido de avance del P.K. con una **pendiente** del **4%**, estando situado el punto correspondiente al **P.K. 0+000 a cota 100**.

El subsuelo está conformado por **2 tipos de roca**, **R** y **S**, separadas por una superficie de junta plana definida por las columnas estratigráficas de los **sondeos S-1 a S-3**, también adjuntas.

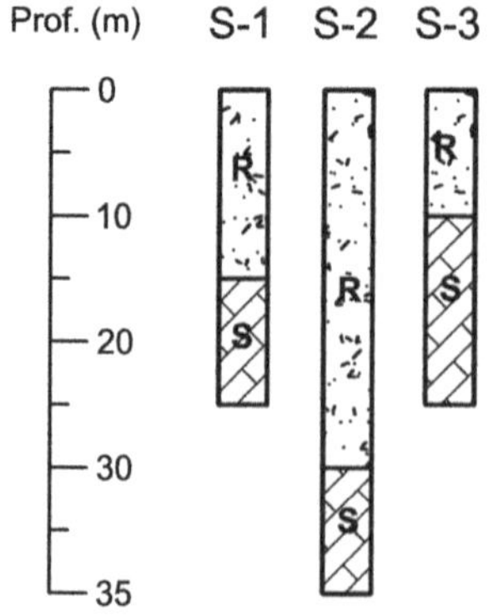

Tal y como se observa en la sección tipo ya mostrada, los taludes de desmonte en la roca tipo R serán 2H/1V y los de la roca tipo S serán 1H/1V.

La autovía discurre en desmonte entre los P.K. 0+000 y 0+100. A partir de este último punto transita en túnel, naciendo el talud frontal de desmonte para el emboquille en la horizontal de la plataforma correspondiente a este último P.K (ver croquis adjunto).

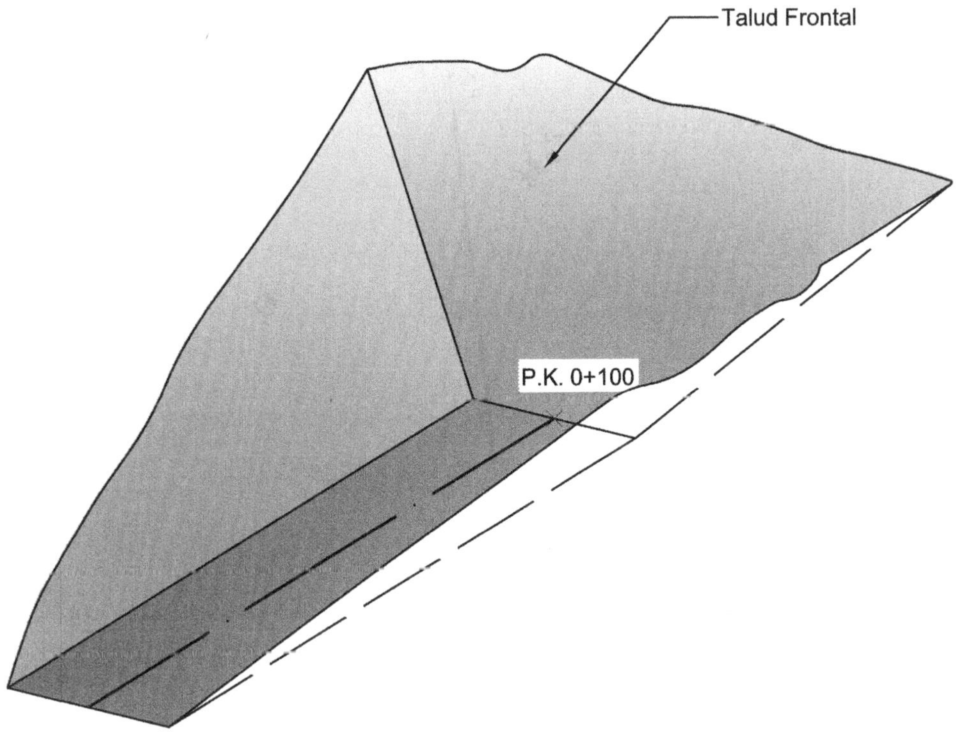

SE PIDE:

1º.- Determinar la **Escala** del dibujo.

2º.- Dibujar, con **equidistancia 5 m,** los **desmontes** del emboquille del túnel.

3º.- Dibujar el **afloramiento** de la superficie de junta de las rocas R y S. Por dicho afloramiento se entenderá la intersección de la superficie de junta con el terreno y con los taludes de desmonte del emboquille. Se recuerda la influencia de esta última intersección sobre los taludes de desmonte a emplear.

Nota: **Cotas en m**.

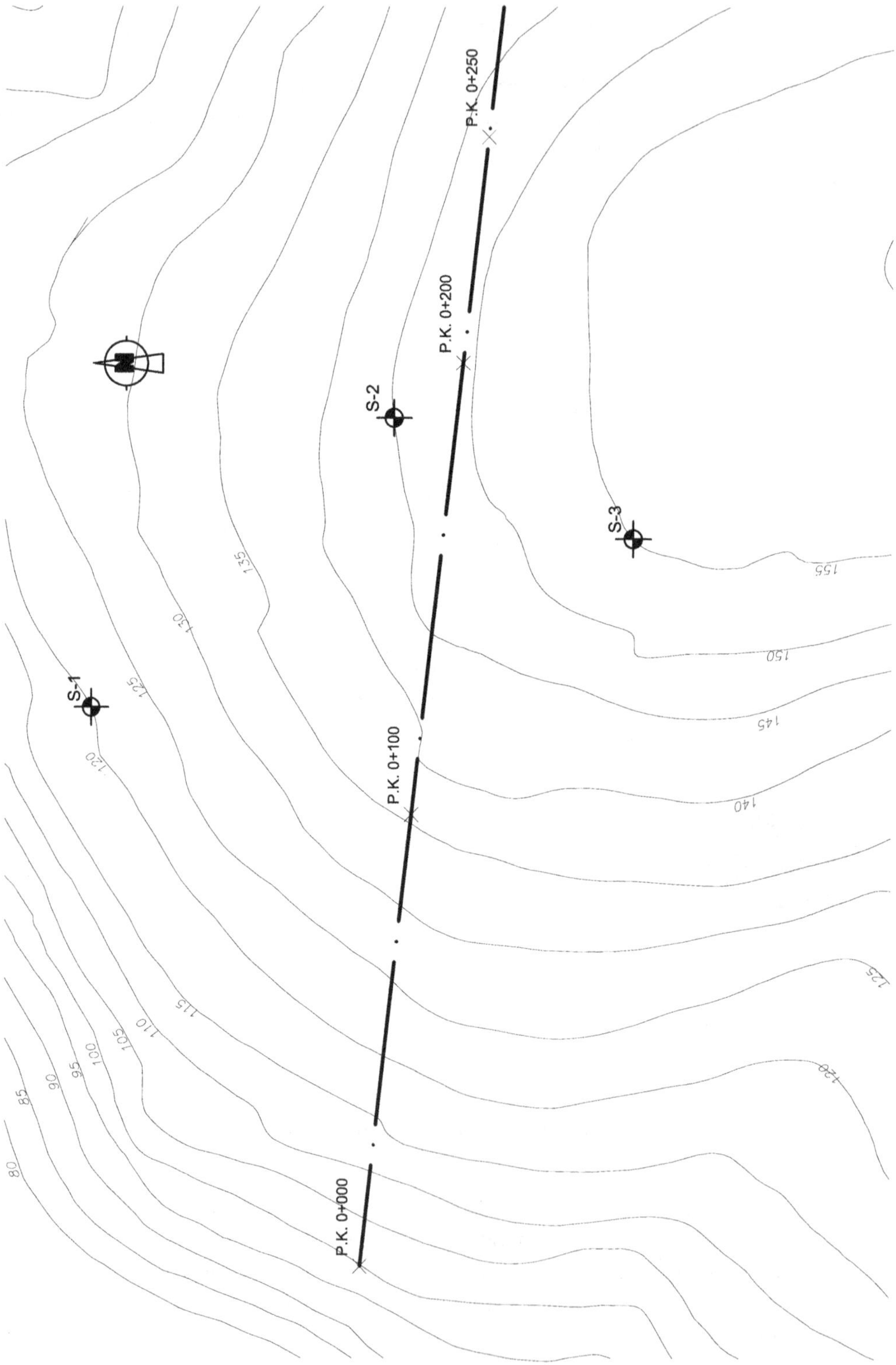
P.K. 0+250
P.K. 0+200
S-2
S-3
155
135
130
150
125
S-1
145
120
P.K. 0+100
140
125
115
110
105
100
95
90
85
120
80
P.K. 0+000

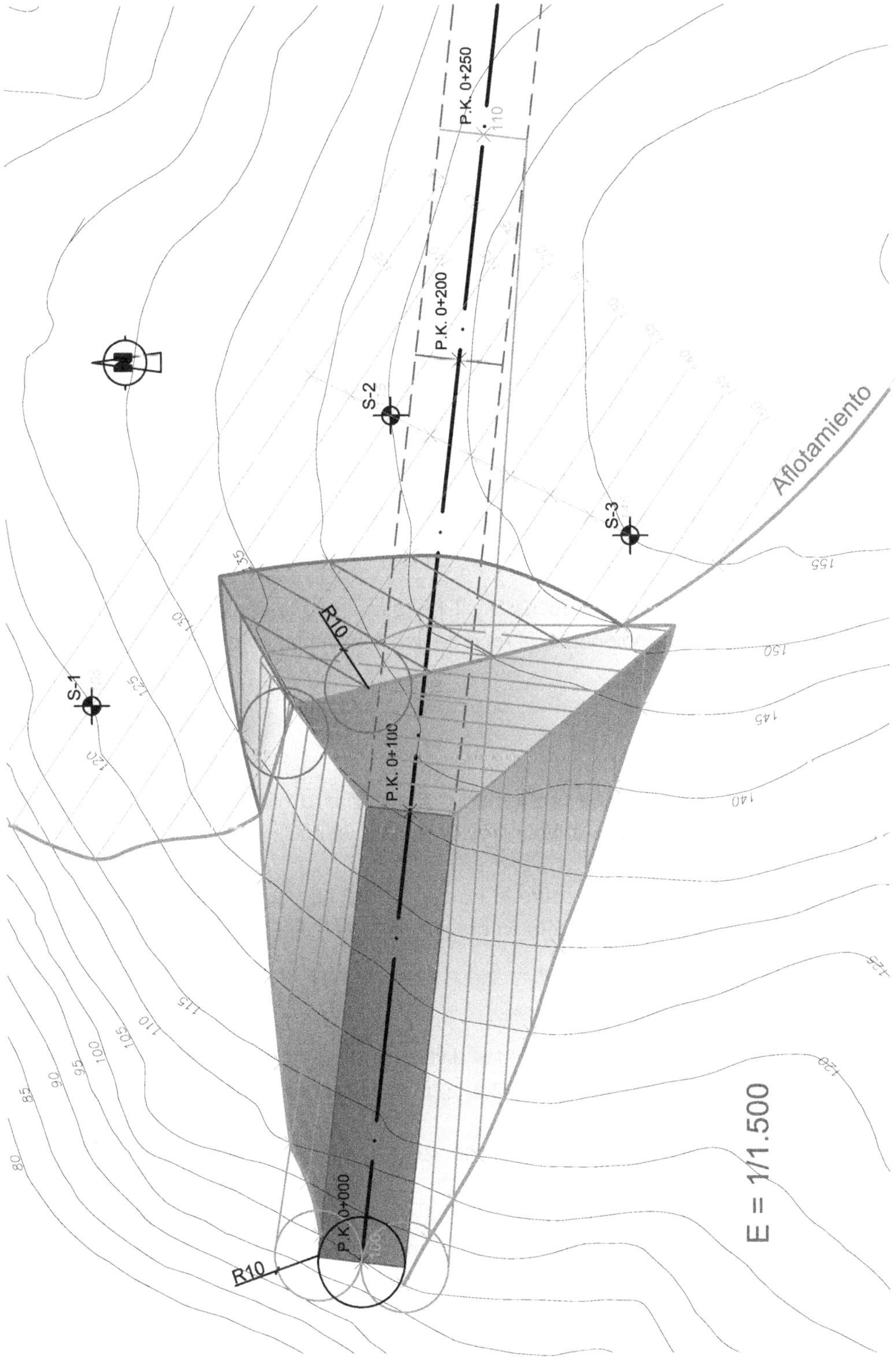
P.K. 0+250
P.K. 0+200
S-2
S-3
Aflotamiento
R10
S-1
P.K. 0+100
P.K. 0+000
R10
E = 1/1.500
80
85
90
95
100
105
110
115
120
125
130
135
140
145
150
155

EA-24 EJEMPLO DE APLICACIÓN

Túnel de ferrocarril

En la topografía del puerto de montaña que se adjunta, los puntos de apoyo Pa 701 y Pa 602 tienen abscisas 433.847,00 m y 434.737,00 m, respectivamente.

El trazado de un ferrocarril atraviesa el puerto mediante un túnel recto, iniciándose en la embocadura A de cota 1.850 m. La rasante del eje vuelve a cortar a la superficie del terreno, tras 1.800 m de longitud, en la cota 1.810 m lo más al Norte posible.

La geología de la zona queda determinada como sigue:

- La línea XY representa una falla vertical que sigue la dirección N-S.
- Al Este de la falla, las columnas estratigráficas obtenidas en los sondeos S_1, S_2 y S_3 son las que se adjuntan, en las mismas se indica la naturaleza de cada tipo de roca.
- El contacto entre las rocas S y T se realiza según el plano horizontal de cota 1.850 m, extendiéndose la roca de tipo S hasta su contacto con la de tipo R.
- Se supone estratigrafía no plegada (contactos planos entre los distintos estratos).
- Al Oeste de la falla, en las zonas cercanas a ella, aflora roca tipo S, que buza con 15º hacia el Este, limitándose en la falla.
- La roca tipo S yace sobre la de tipo T, con su plano de contacto la línea de nivel 1.775 m coincidente en proyección con la línea XY de la falla.

SE PIDE, en acotados:

1º.- Representar, en color rojo, las divisorias de las cuencas correspondientes a las dos vaguadas del plano topográfico y, con color azul, las vaguadas.

2º.- Representar los afloramientos sobre la superficie del terreno de la roca S.

3º.- Dibujar en el reverso de la hoja de topografía, en la zona reservada a tal fin, con las escalas indicadas, el perfil longitudinal del eje del túnel, con indicación de la estratigrafía correspondiente.

4. Localizar, en planta, la segunda embocadura B del túnel, e indicar la pendiente de la rasante.

5. Indicar los metros de túnel que precisan de entibación.

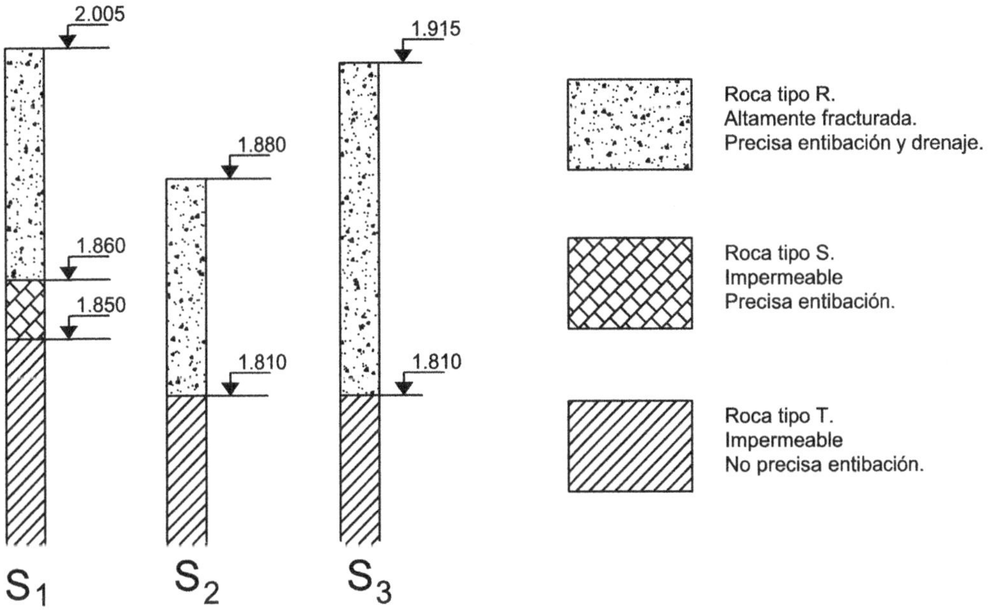

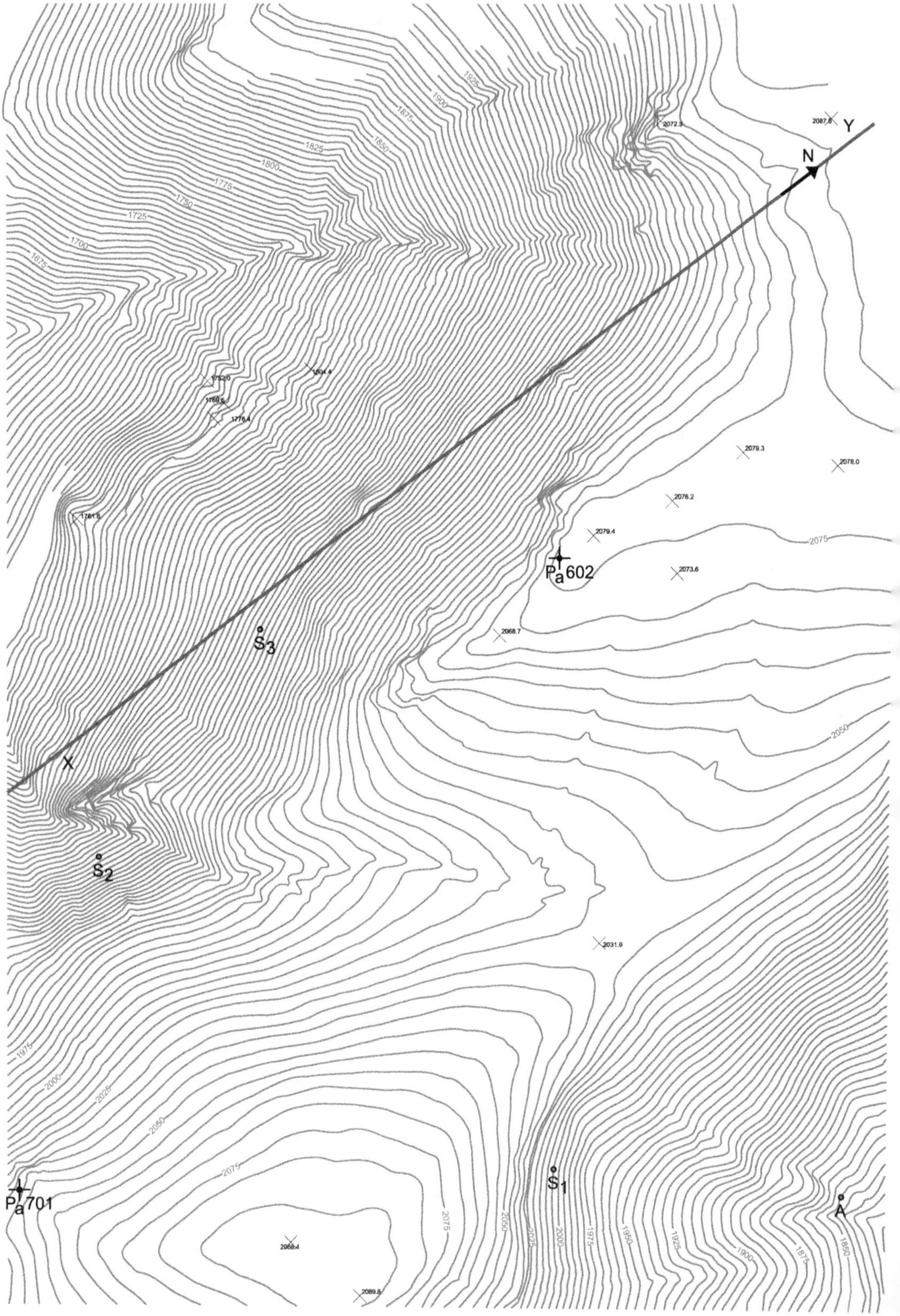
1925
1900
1875
1850
1825
1800
1775
1750
1725
1700
1675
2072.3
2087.8
Y
N
1804.4
1752.0
1778.4
1761.6
2079.3
2078.0
2076.2
2079.4
2075
P_a602
2073.6
2068.7
S_3
2050
X
S_2
2031.9
1975
2000
2025
2050
2075
P_a701
S_1
A
2089.8

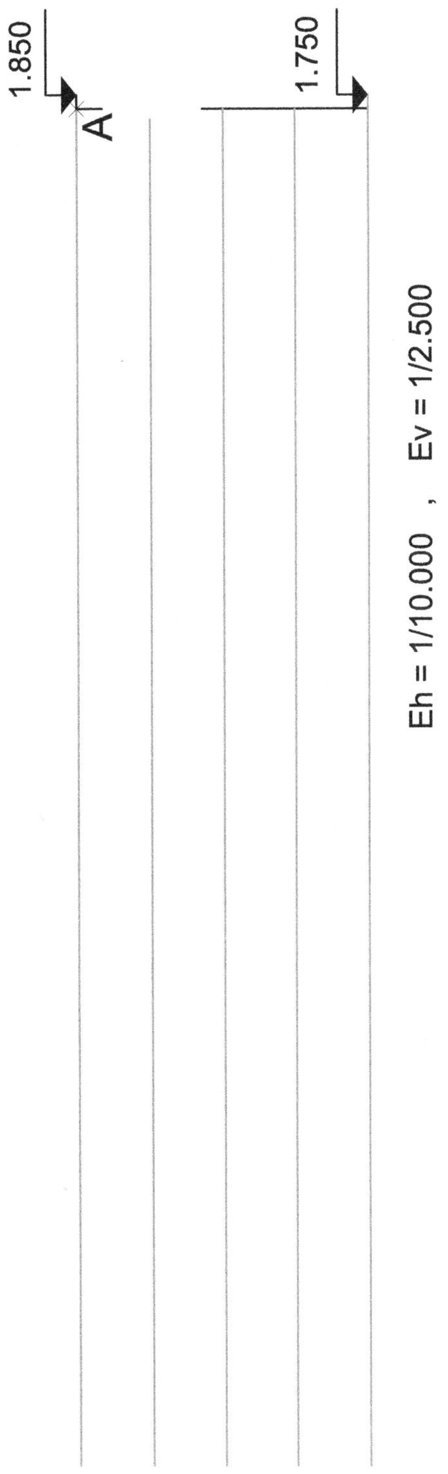
1.850
A
1.750
Eh = 1/10.000 , Ev = 1/2.500

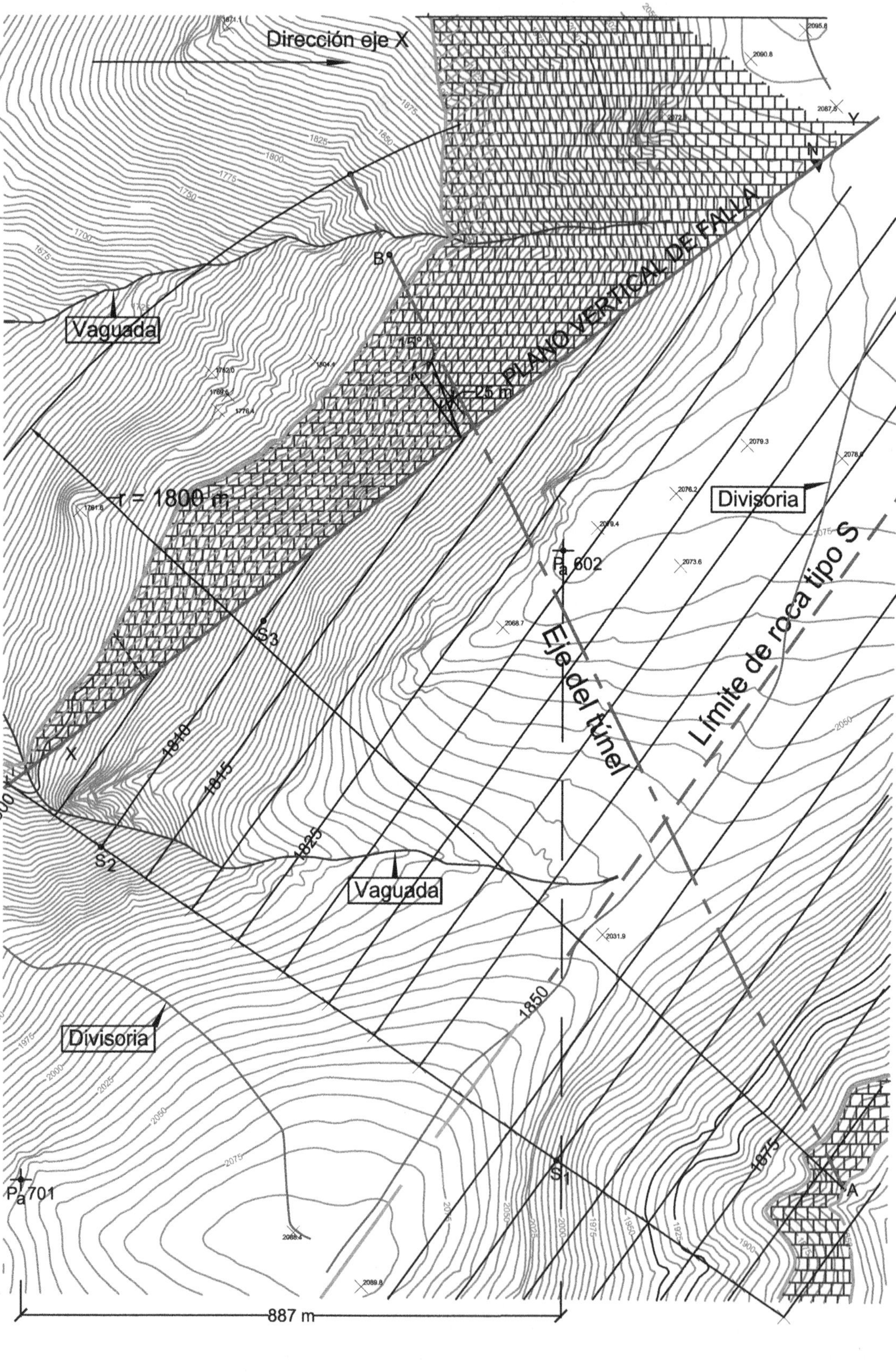
Dirección eje X
Y
N
Vaguada
B
15°
A'
25 m
PLANO VERTICAL DE FALLA
r = 1800 m
Divisoria
Pa 602
S3
Eje del túnel
Límite de roca tipo S
1810
1815
1800
1825
S2
Vaguada
1850
Divisoria
1875
S1
A
Pa 701
887 m

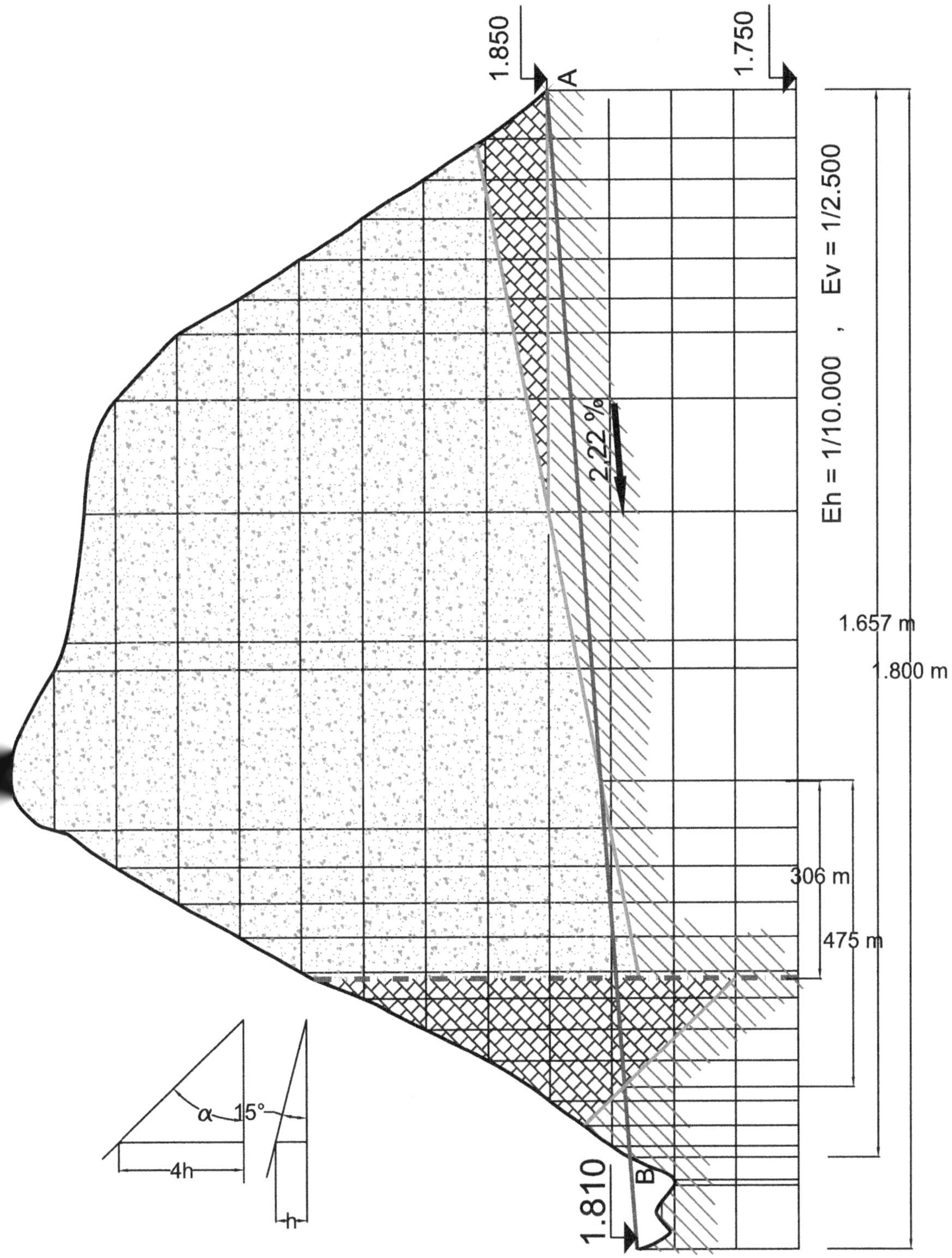
1.850
A
1.750
Eh = 1/10.000 , Ev = 1/2.500
2,22 %
1.657 m
1.800 m
306 m
475 m
B
1.810
α
15°
4h
h

CAPÍTULO VI

OBRAS LINEALES

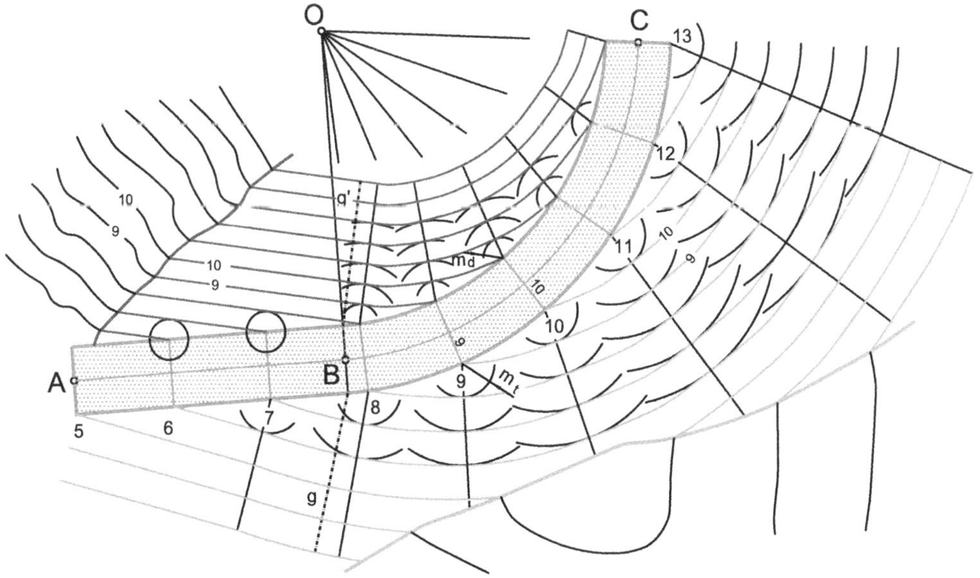

26. INTRODUCCIÓN

Una de las actividades más notables de los Ingenieros de Caminos es la realización de proyectos y posterior ejecución de obras del tipo que en esta lección denominaremos lineales. Se trata de obras en las que una de sus dimensiones es sensiblemente mayor a las otras dos.

Dentro de ellas podemos considerar, entre otras, las que por clásicas dieron nombre a la especialidad de esta ingeniería, tales como la construcción de caminos o viales en su más amplia acepción: carreteras, ferrocarriles, etc.; o de obras hidraúlicas, tanto de almacenamiento: presas, como de transporte: canales; y las de actuación sobre costas, bien para protección de playas, o para la construcción de puertos, en las que es preciso ejecutarr diques para protección contra el oleaje o contra las corrientes marinas.

Aunque la concepción y proyecto de cada obra es distinto para atender a su funcionalidad, presentan todas ellas una cierta similitud desde el punto de vista de la documentación gráfica que es necesario elaborar para su representación y medición.

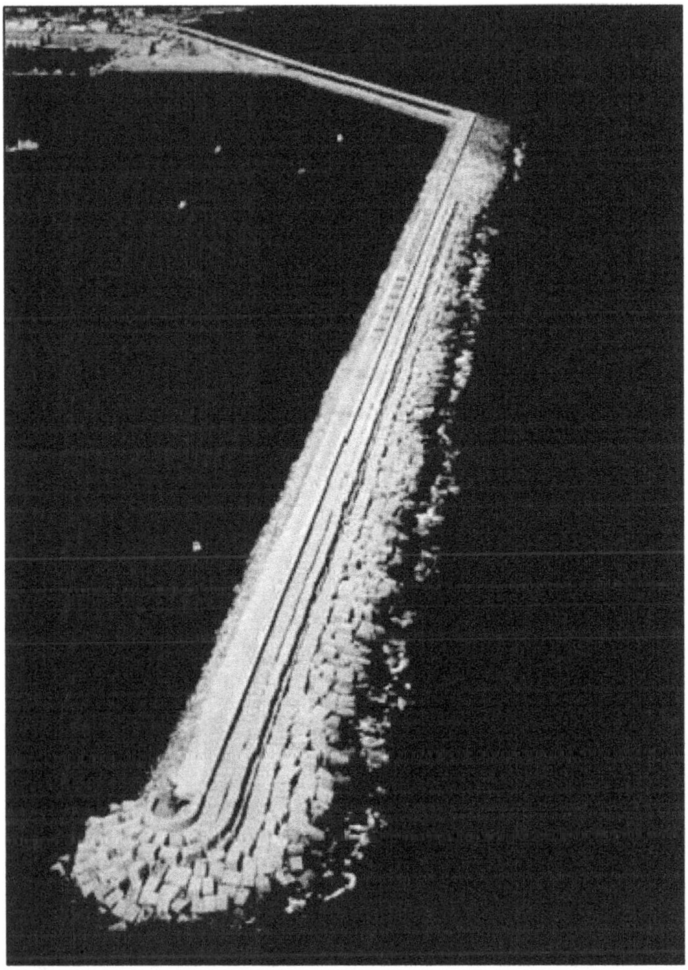

27. CONCEPTOS GEOMÉTRICOS PREVIOS

27.1 Desmontes y terraplenes

En cualquiera de los casos considerados la actuación de la ingeniería supone una modificación de determinadas zonas del terreno, variando su topografía, para conseguir explanaciones o plataformas donde se integran las obras proyectadas.

Los trabajos necesarios para conseguir las explanaciones consistirán en movimientos de tierras, extrayendo las sobrantes en las zonas en que la plataforma tiene menos cota que el terreno natural y rellenando otras zonas con tierras de aporte externo al ir la plataforma más elevada que el terreno.

A la primera actuación, de retirada de tierras, se le denomina **excavación o desmonte** y a la segunda, de aporte de material, **terraplenado** o simplemente **terraplén.**

Las superficies laterales a la plataforma, denominadas **superficies de talud** o simplemente **taludes**, que configuran los volúmenes de desmonte o de terraplenado, cortan a la superficie del terreno natural según líneas denominadas **coronación de desmonte** o **pie de terraplén**, respectivamente. Dichas líneas delimitan sobre el terreno natural las obras de movimiento de tierras, siendo necesario su replanteo

Del coste de una obra lineal, la partida presupuestaria correspondiente al movimiento de tierras representa un porcentaje muy alto. Un criterio de buen diseño de este tipo de obras es aquél que contempla el equilibrio de volúmenes de desmonte y de terraplén, de forma que no sea preciso aportar tierras, por falta de ellas, para el terraplén, ni el transporte a vertedero, por un exceso de las mismas, en el desmonte.

27.2 Talud o pendiente natural de un suelo

Un material granular (tierras) después de haber sido vertido desde un punto fijo V, adopta en su estado final de reposo la forma de un cono de revolución, cuyo vértice es dicho punto V y su eje es la recta vertical que pasa por V. A este cono se le denomina cono de vertido, fig. 145, y al ángulo Φ que forman cada una de las generatrices g con el plano horizontal ángulo de rozamiento interno. Al valor de la tangente de este ángulo Φ se le conoce como talud natural o pendiente natural de dicha tierra.

Las líneas de nivel del cono de vertido serán las sucesivas secciones circulares φ, φ', φ'',... , de centros O, O', O", ...que producen sobre él los planos horizontales π , π' , π'', etc. trazados a equidistancias de valor d.

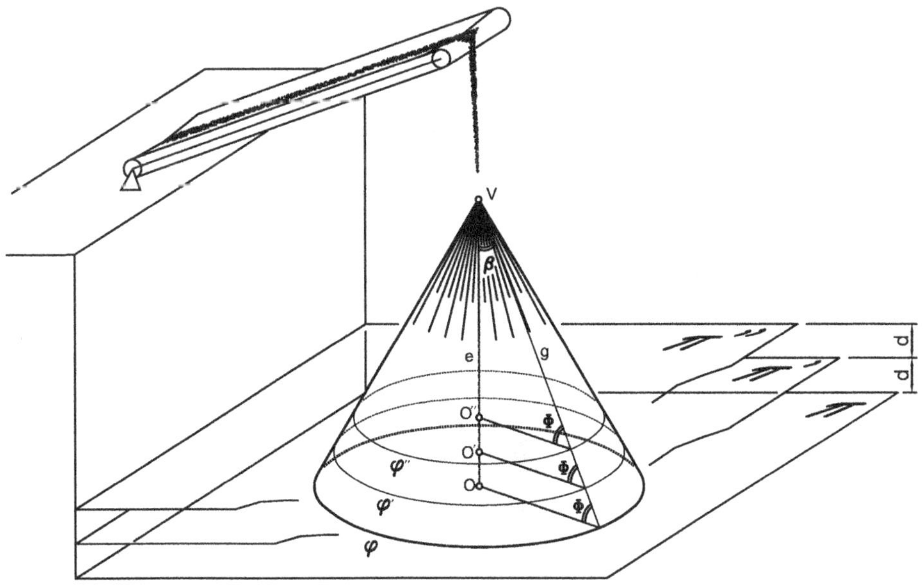

Fig. 145 Talud de vertido

27.3 Cono de talud

Existen técnicas que permiten modificarar el ángulo Φ, consiguiendo vertidos estables con pendientes mayores que la natural, sin que se produzcan deslizamientos, derrumbes o roturas del terreno. Esas técnicas, cuyo estudio entra dentro de la ciencia de la Geotecnia, y en particular en la Mecánica de Suelos, obtienen la cohesión adecuada entre los granos de las tierras mediante las operaciones de humectación y compactación.

El estudio de esas técnicas se sale fuera de los límites de esta asignatura, en la que se partirá del conocimiento de un hipotético talud estable, correspondiente a un ángulo α, independientemente de que sea éste igual o mayor que el natural.

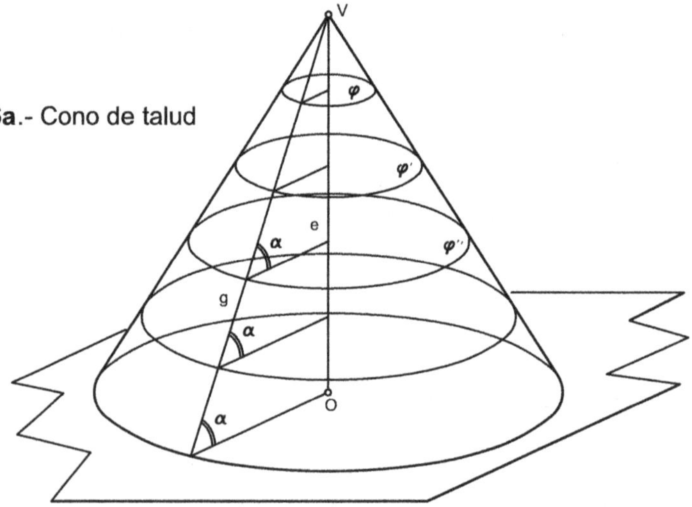

Fig. 146a.- Cono de talud

Denominaremos **cono de talud**, fig. 146a, correspondiente al ángulo α, ($\alpha \leq \Phi$), al de vertido estable, una vez modificadas las características geotécnicas de las tierras. El cono de talud de altura unidad, fig.146b, tendrá por radio de la base el valor $1/\text{tg}\ \alpha$, igual al valor del módulo m de sus generatrices g, cuya pendiente vale $p = \text{tg}\ \alpha$, cumpliéndose, como ya se sabe, que el valor de la pendiente es el inverso del valor del módulo: $p = 1 / m$.

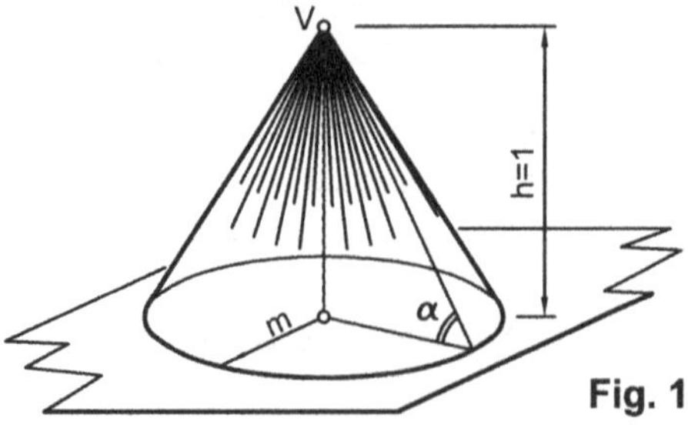

Fig. 146b.- Cono de talud de altura unidad

El cono de talud quedará representado en el sistema de planos acotados, fig. 146c, mediante sus líneas de nivel, que serán circunferencias concéntricas que, para cotas enteras de 1, 2, 3,... unidades de altura, tendrán por radios sucesivos m, 2m, 3m, etc, y centro O=V.

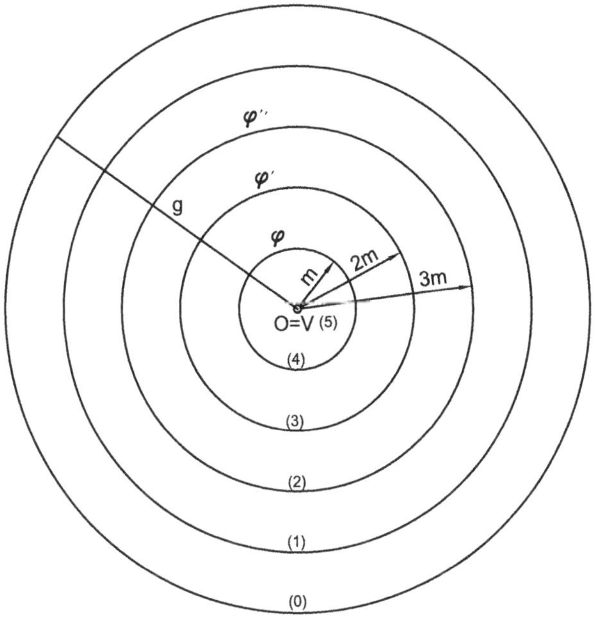

Fig. 146c .- Cono de talud en acotados

27.4 Superficies de igual pendiente

27.4.1 Planos de talud

Si el punto de vertido V, fig. 147a, se desplaza de forma continua a lo largo de una recta r, la superficie envolvente de los sucesivos conos de talud serán los dos planos τ y τ' que, pasando por la recta r, son tangentes a todos ellos. Dichos planos envolventes se denominarán **planos de talud** o, simplemente en la jerga profesional, taludes.

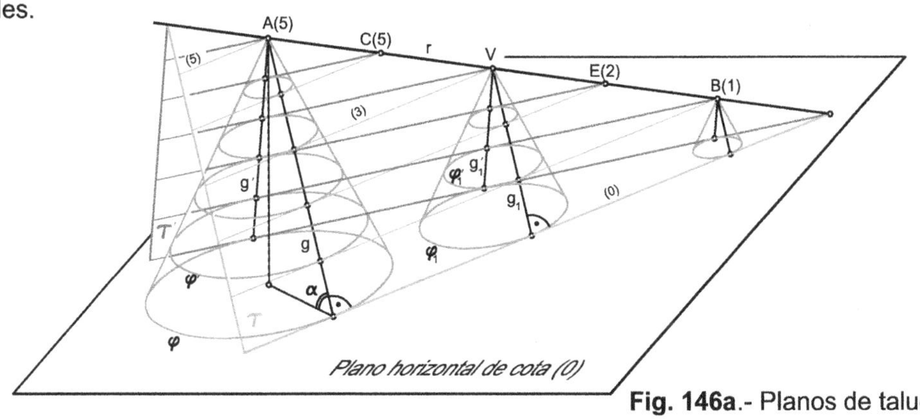

Fig. 146a.- Planos de talud

Las rectas de máxima pendiente de los planos de talud τ y τ' serán, respectivamente, las generatrices de tangencia g, g_1,... g',g'_1, ... con los distintos conos de talud. Evidentemente, los planos de talud son superficies con igual pendiente en todos sus puntos.

Las rectas horizontales de los planos de talud serán las rectas tangentes exteriores comunes a las circunferencias de igual cota φ, φ_1,... φ', φ'_1 ,... de los distintos conos de talud.

La fig. 147b reproduce, en proyección acotada, las construcciones precisas para trazar los planos de talud, correspondientes al ángulo α que pasan por la recta r y que, resumiendo, supone las siguientes fases:

- Se tendrá definida una recta r por dos de sus puntos A(5) y B(1).
- Graduar la recta r, obteniéndose los puntos C(4), V(3), E(2) de cota entera.
- Trazar un cono de talud de altura una unidad y vértice en uno de los puntos de cota entera de la recta, p.e. el A(5). La circunferencia de la base de este cono tendrá cota (4), y el valor de su radio será $R = 1 / \text{tg}\alpha$.
- Las tangentes a la circunferencia anterior, trazadas desde el punto C(4), son rectas horizontales de cota (4), respectivamente, de cada uno de los dos planos τ y τ' buscados.
- Las paralelas a las horizontales anteriores, trazadas por los puntos V(3), B(2), etc, serán, respectivamente, las correspondientes horizontales de cota entera que definen ambos planos.

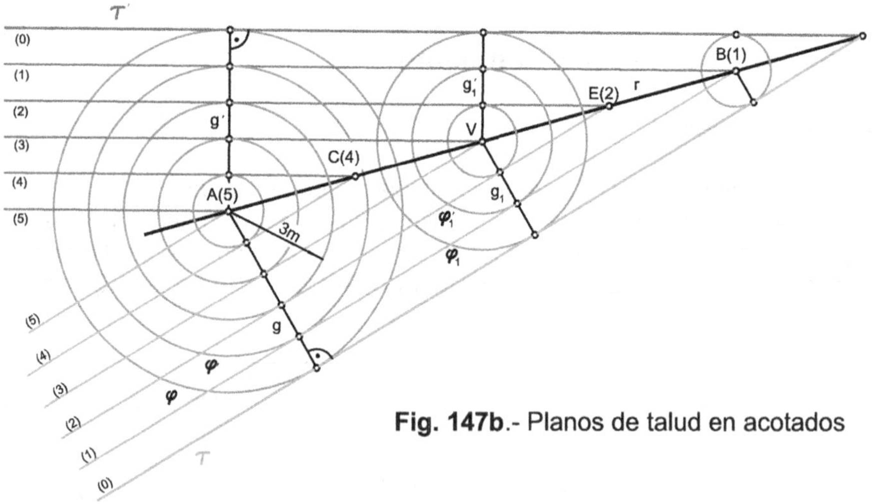

Fig. 147b.- Planos de talud en acotados

Obsérvese que la distancia entre horizontales sucesivas se corresponde con el valor del módulo de los planos τ y τ', $m = 1 / \text{tg}\alpha$, y por lo tanto la pendiente de los planos τ y τ' será $p = \text{tg}\alpha$.

El número de soluciones de planos τ y τ' pueden ser dos, como el caso de la fig. 147b, una o no existir solución. Si la pendiente de la recta r es mayor que la de las generatrices de los conos de talud no existirá solución. Si ambas pendientes son iguales la solución es única, la recta r coincide con una generatriz de un cono de talud, y el plano solución es el tangente a dicho cono de talud a lo largo de la recta r.

Ha de tenerse en cuenta que los planos de talud son ilimitados y cabe considerar los semiplanos situados por encima de la recta r.

Un caso particular, fig. 147c, y más simple, es aquél en que la recta r es horizontal, p.e. de cota (5). En este caso la propia recta r es la horizontal de cota (5) de ambos planos de talud. Las paralelas trazadas a ambos lados de la recta r, a distancias iguales al valor del módulo m = 1 / tgα, constituyen las horizontales de cota entera de los planos buscados.

Se utilizarán los planos de talud definidos anteriormente en los terraplenes y desmontes correspondientes a plataformas cuyos bordes sean rectos.

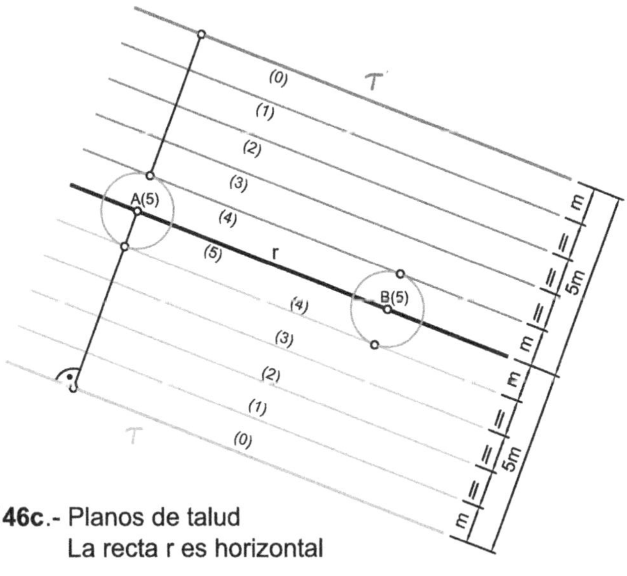

Fig. 146c.- Planos de talud
La recta r es horizontal

El caso correspondiente a la perspectiva de la fig. 147d, es aquél en que la plataforma, además de recta es horizontal. Se corresponde este caso con los planos de talud de la fig. 147e. Cada uno de los bordes de la plataforma es una recta horizontal de los planos de talud que, en el caso de las figs. 147d y 147e, uno es de desmonte y por tanto ascendente, y el otro por ser de terraplén es descendente.

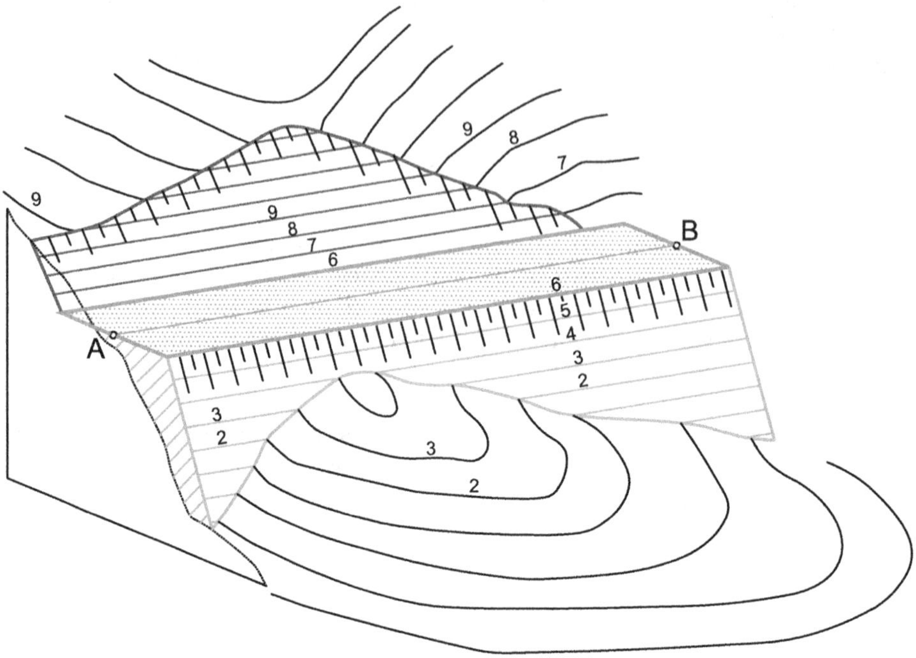

Fig. 147d.- Plataforma horizontal de planta recta

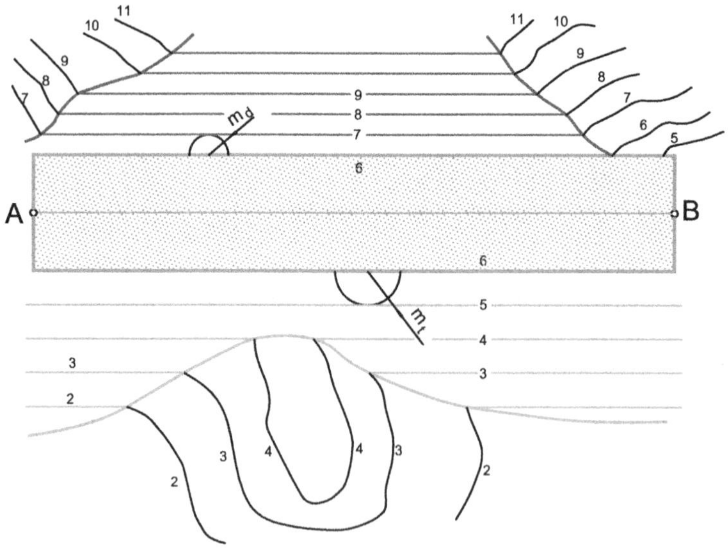

Fig. 147e .- Plataforma horizontal de planta recta en planos acotados

La perspectiva de la fig. 147f corresponde a una plataforma recta de pendiente constante y no nula. Los bordes de la plataforma son rectas de pendiente constante por las que se hacen pasar los planos de talud correspondientes. En la fig. 147g se resuelve en acotados, donde se han trazado un plano de desmonte y otro de terraplén, ascendente uno y descendente el otro, respectivamente.

En este caso, la propia plataforma constituye otro plano que, al no ser horizontal, tiene como pendiente la del vial. En la fig. 147g puede observarse la continuidad de las líneas de nivel de igual cota. Se ha regruesado la de cota n que recorre el plano de terraplén, la plataforma, el plano de desmonte y enlaza con la del propio terreno.

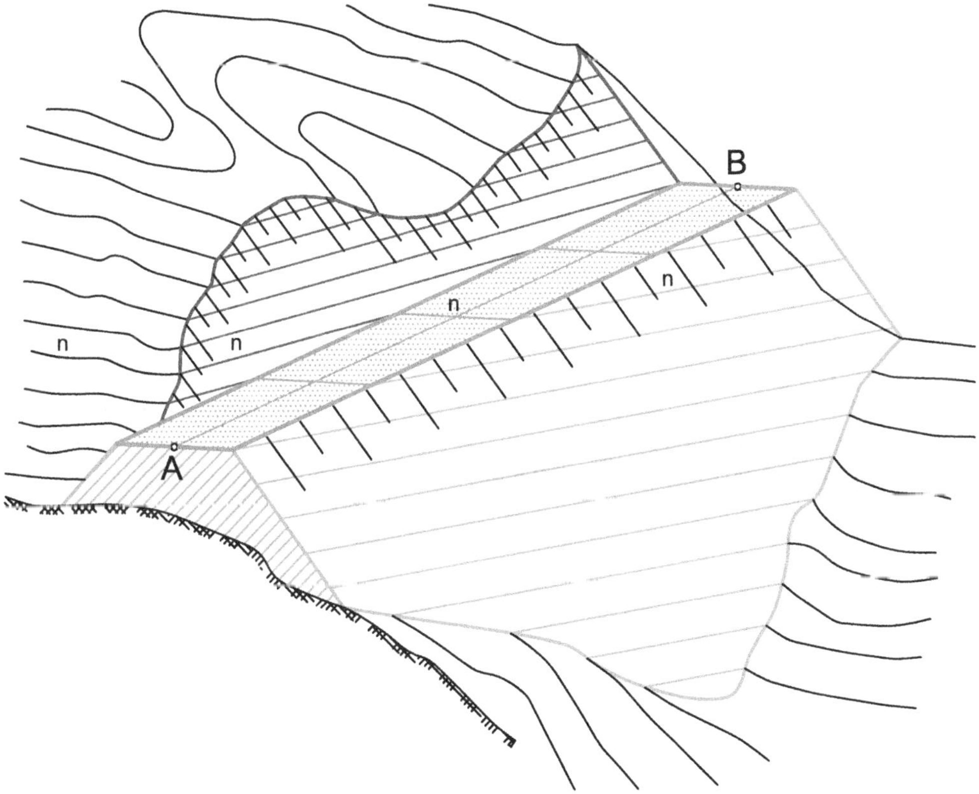

Fig. 147f .- Plataforma de planta recta y pendiente constante

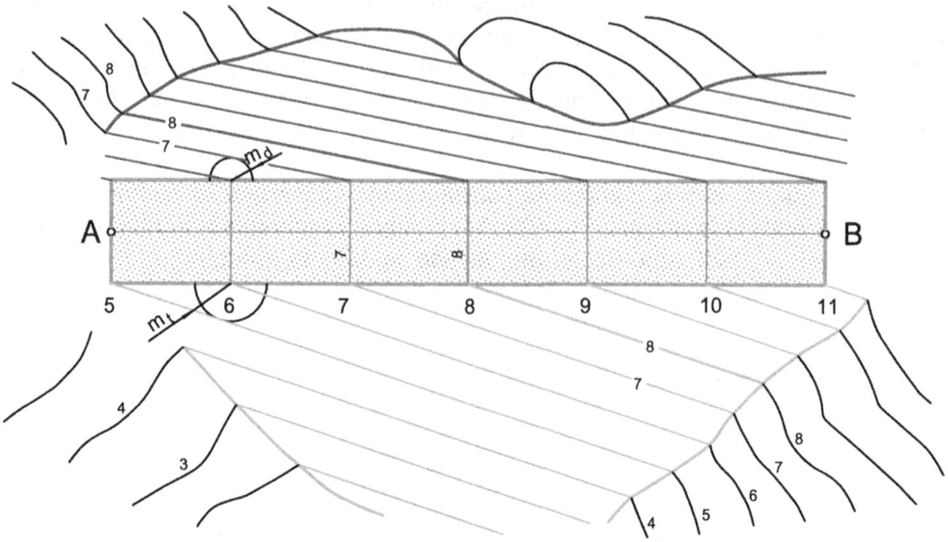

Fig. 147g.- Plataforma de planta recta y pendiente constante en acotados

27.4.2 Superficies de talud curvas

Si el punto de vertido V, fig. 148a, se desplaza de forma continua sobre una curva l cualquiera del espacio definida por puntos, p. e. los de cota entera A(5), B(4), C(3), D(2), etc, la superficie ∑ de igual pendiente que se genera, y que denominaremos superficie de talud, será, igual que en el caso anterior, la superficie envolvente de los conos de talud con vértices en los puntos sucesivos de la curva λ.

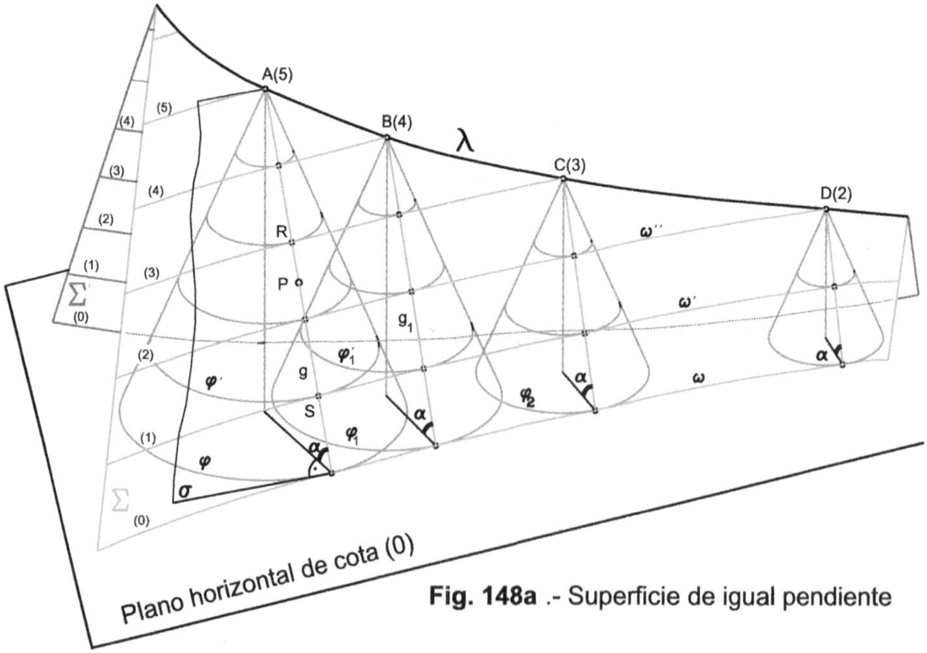

Fig. 148a .- Superficie de igual pendiente

Igual que en el caso de los planos de talud, dada la curva λ, pueden existir dos, una o ninguna solución para la superficie ∑, según que la pendiente de la curva λ sea menor, igual o mayor, respectivamente, que la de los conos de talud que envuelve. En el caso de la fig. 148a existen dos soluciones ∑ y ∑´, cuya intersección es la curva λ.

Cada una de las superficies ∑ y ∑´ es reglada y desarrollable. En efecto, el plano tangente σ a la superficie ∑, trazado por uno de sus puntos P, coincide con el plano tangente al cono de talud cuya generatriz g pasa por P y es, por tanto, único para todos los puntos R,S,... de la citada generatriz que, por otra parte, es una recta de máxima pendiente de la superficie ∑. Puesto que todos los planos tangentes a la superficie tienen por pendiente la de las generatrices de los distintos conos de talud, y el plano tangente a lo largo de una generatriz es único, puede afirmarse que ∑ es una superficie desarrollable y de igual pendiente. Lo mismo ocurre con la superficie ∑´.

La definición y representación geométrica en acotados, fig. 148b, de las superficies ∑ y ∑´, resultará al obtener y dibujar sus curvas de nivel de cota entera, ω, ω´, ω´´, ... , $ω_1$, $ω´_1$, $ω´´_1$, ...que serán, respectivamente, las sucesivas envolventes de las circunferencias de nivel de igual cota de los conos de talud.

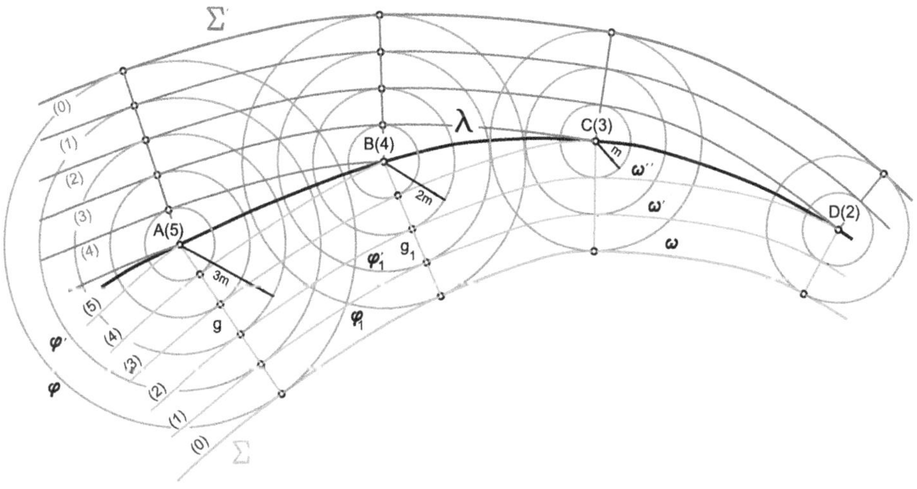

Fig. 148b.- Superficie de igual pendiente en acotados

Cabe considerar dos casos particulares del máximo interés:

27.4.2.1 Superficies de talud cónicas.

Si la curva λ es un arco de circunferencia horizontal de centro O, fig. 149a, y se toman distintos puntos de ella como vértices de conos se talud, la superficie envolvente ∑ de todos ellos es una superficie cónica de revolución, de directriz circular la propia curva y eje la recta vertical e trazada por el punto O. En este caso, las líneas de nivel de la superficie de talud ∑ serán las circunferencias envolventes de las circunferencias de igual cota de los conos de talud que, en este caso, tienen todas el mismo radio para la misma cota.

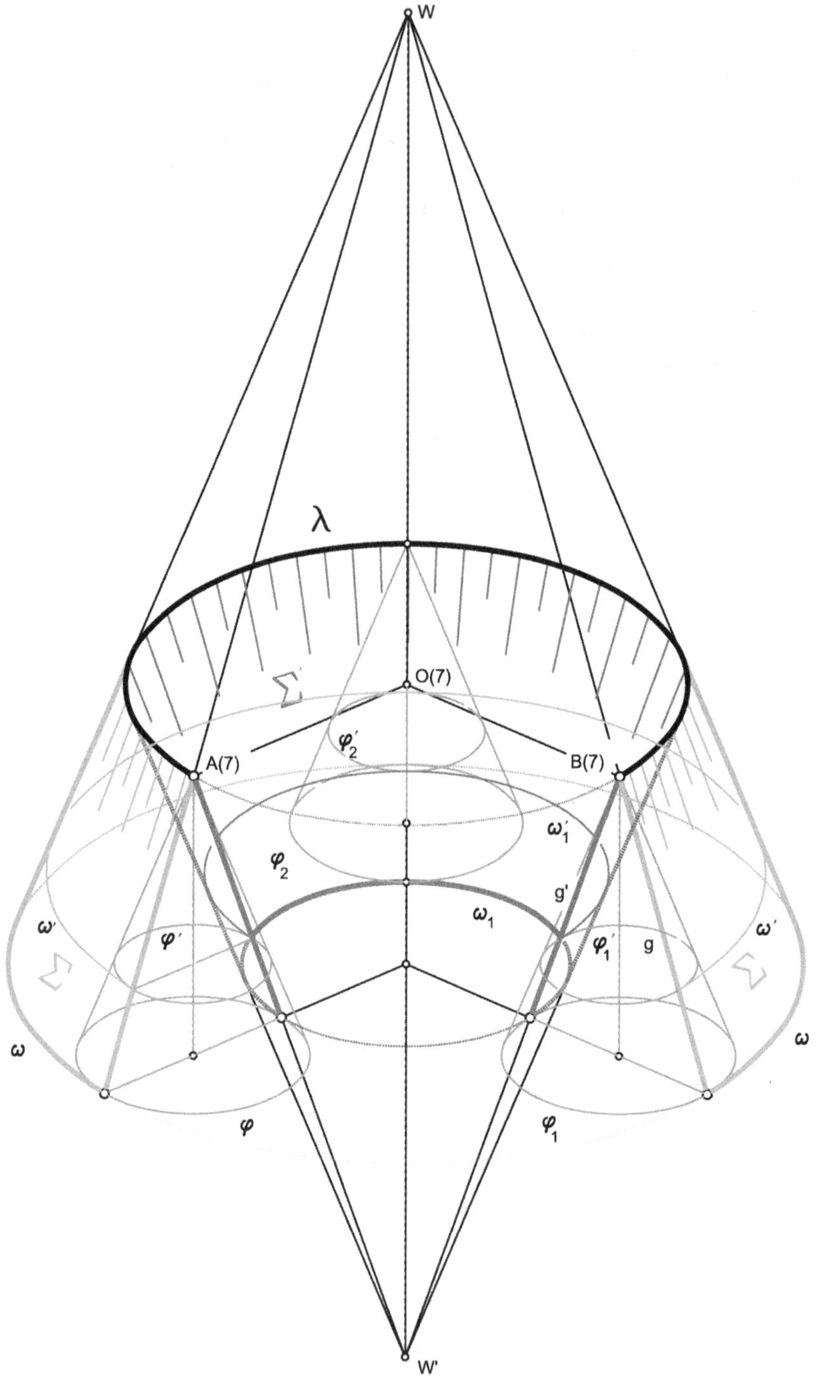

Fig. 149a.- Superficie de igual pendiente cuando la curva λ es un arco de circunferencia horizontal

El módulo de las generatrices g de la superficie cónica ∑ valdrá m = 1 / tgα, lo que permite su graduación.

Existen, como era de esperar, dos soluciones ∑ y ∑' que corresponden al considerar las dos superficies cónicas coaxiales, de vértices W y W', equidistantes del plano horizontal que contiene al arco λ. Las superficies ∑ y ∑' se cortan según su directriz común λ, que es línea de nivel en ambas. Las superficies cónicas ∑ y∑' deben considerarse ilimitadas.

La fig. 149b representa, en acotados, las superficies cónicas ∑ y ∑', definidas mediante algunas de sus curvas de nivel, que son circunferencias concéntricas, de centro W=W'=O, siendo la diferencia de radios de dos sucesivas el valor m = 1 / tgα, correspondiente al módulo de sus generatrices.

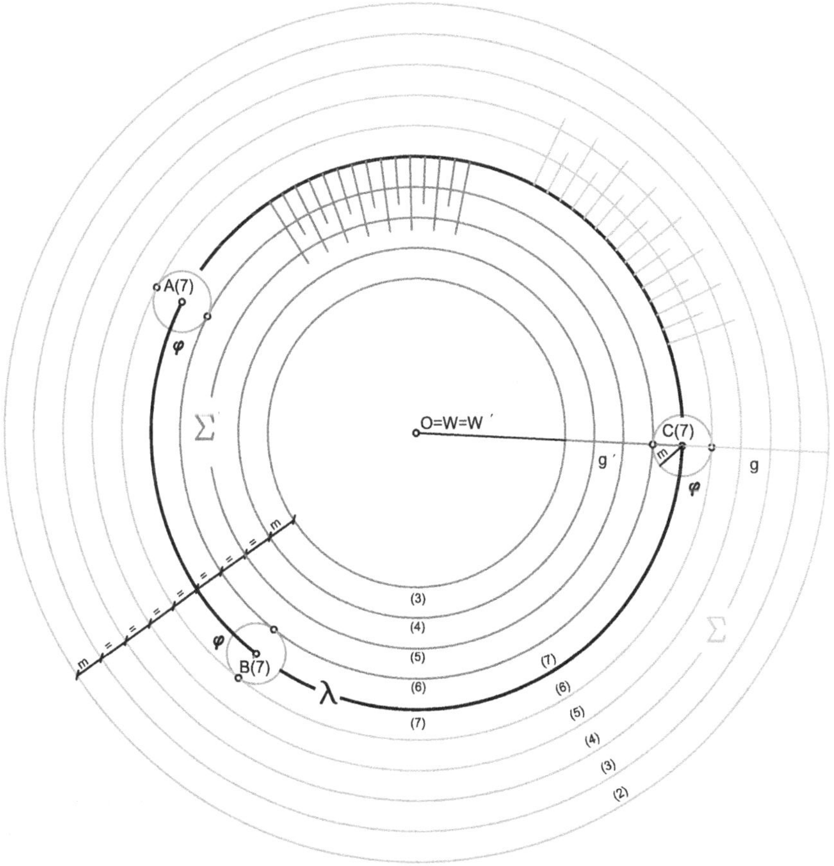

Fig. 149b.- Superficie de igual pendiente en acotados, cuando la curva λ es un arco de circunferencia horizontal

Se utilizarán las superficies cónicas anteriores como superficies de talud, en los casos en que haya que realizar desmontes o terraplenes de plataformas horizontales de planta circular, como el que se recoge en la perspectiva de la fig. 149c. La plataforma de dicha figura consta de dos tramos rectos AB y CD y un tramo circular BC de centro O. Los bordes curvos de la plataforma son sendos arcos de circunferencia SR y MN.

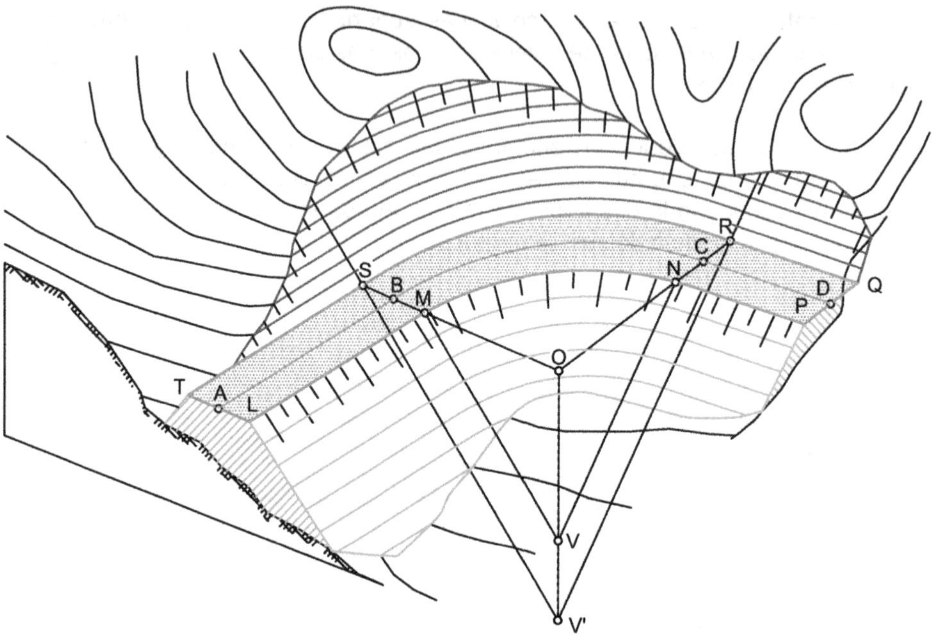

Fig. 149c.- Plataforma horizontal de planta curva

Las superficies de talud de los tramos rectos, tanto para desmonte como para terraplén, se resolverán, fig. 149d, con planos de talud, tal como se ha indicado anteriormente. La zona curva BC dará origen a dos superficies cónicas coaxiales de eje la recta vertical e trazada por O y vértices V y V´.

La superficie cónica de terraplén de vértice V es tangente a los planos de terraplén según las generatrices MV y NV, siendo el arco horizontal MN una de sus líneas de nivel.

La superficie cónica de desmonte tiene como línea de nivel el arco circular RS siendo su vértice V´, y las generatrices V´S y V´R las de tangencia con los planos de desmonte de los tramos rectos. Las cuatro generatrices de tangencia de las superficies cónicas y los planos son, respectivamente, rectas de máxima pendiente de los planos de talud.

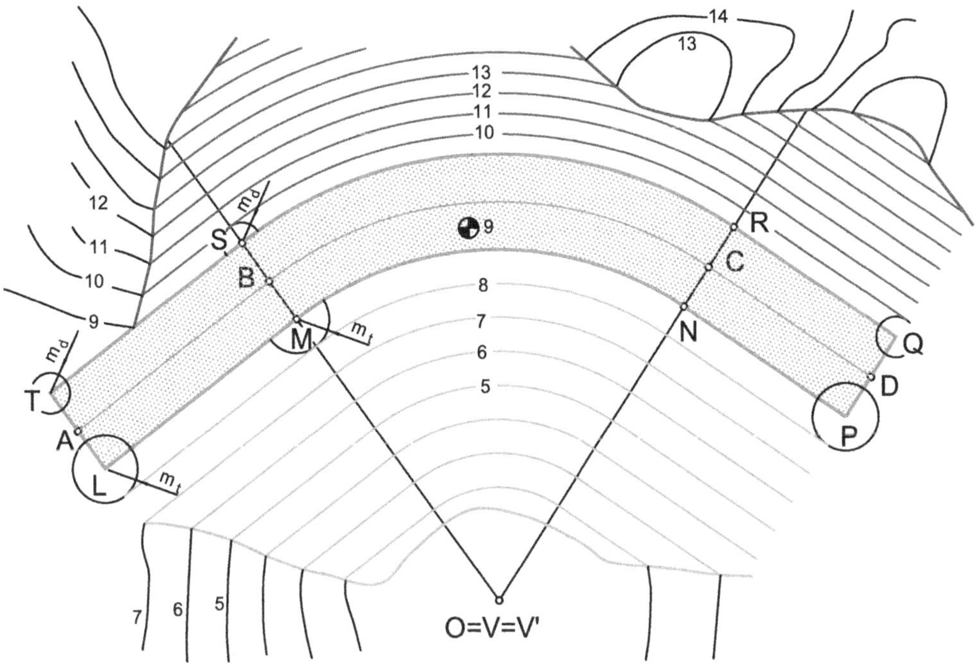

Fig. 149d.- Plataforma horizontal de planta curva en planos acotados

27.4.2.2 Superficies de talud helicoidales

La perspectiva de la fig. 150a representa la generación de las superficies de talud, Σ y Σ', cuando la curva λ, recorrida por el vértice V del cono de talud, es una hélice cilíndrica. Las superficies Σ y Σ' son las envolventes de los sucesivos conos de talud de vértices V, V´, V´´,... Son superficies regladas desarrollables, sus rectas generatrices son las g, g´,... y las g_1, g'_1 en cada una de las superficies, respectivamente, y son, simultáneamente, generatrices de los conos de talud. Las respectivas intersecciones de Σ y Σ' con un plano ortogonal al eje e de la hélice son las curvas φ y φ'

Corresponde este caso al de una plataforma de planta circular con pendiente constante como la de la perspectiva de la fig. 150b, cuya representación en acotados se ha realizado en la fig. 150c.

Se ha supuesto formada por un tramo recto AB y otro circular BC de centro O, ambos con la misma pendiente. Este caso es el más frecuente en el trazado de viales cuya proyección en planta es circular, fig. 150c, ascendiendo o descendiendo con pendiente constante. Los bordes de la plataforma en el tramo recto AB serán rectas de pendiente constante; la solución de los desmontes o terraplenes que les correspondan se resuelve mediante planos de talud tal y como ya se ha visto. En la fig. 150c se ha considerado uno de los planos de talud ascendente correspondiendo a un desmonte, el otro plano se ha considerado descendente y corresponde a un terraplén. Se han adoptado módulos distintos para cada plano.

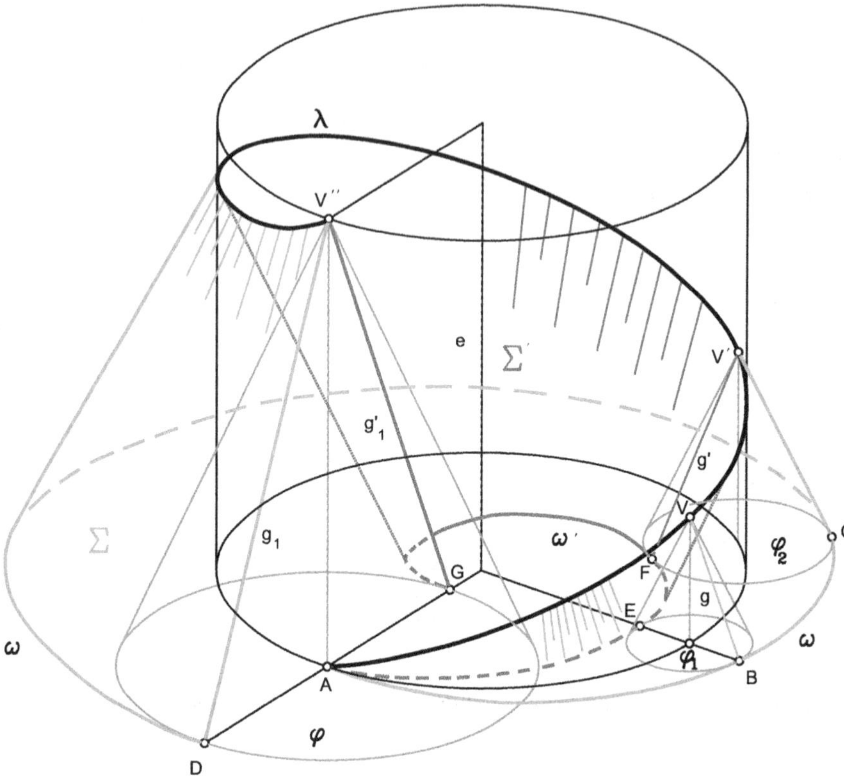

Fig. 150a.- Superficie de igual pendiente cuando la curva λ es un arco de hélice de eje vertical

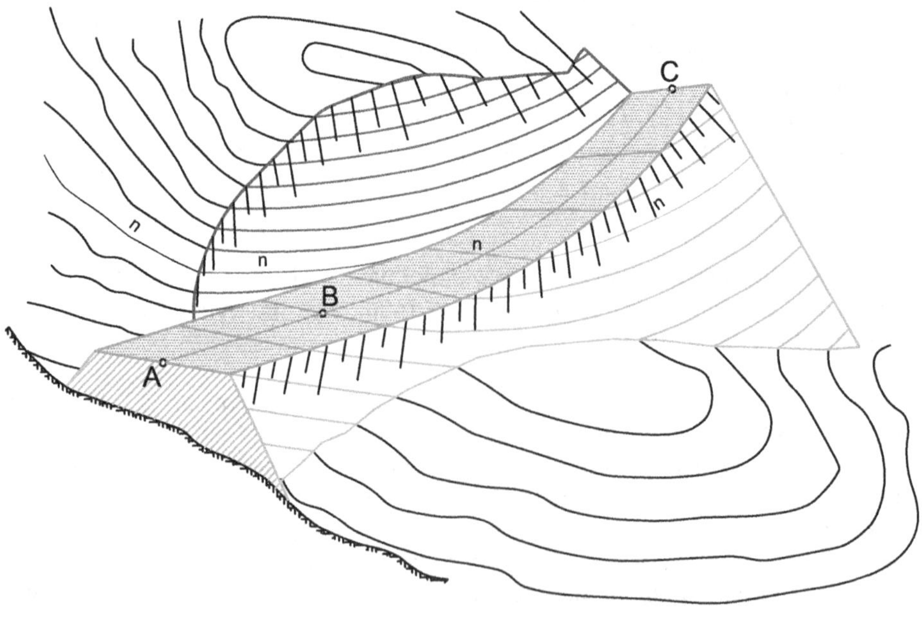

Fig. 150b.- Plataforma de pendiente constante y planta circular

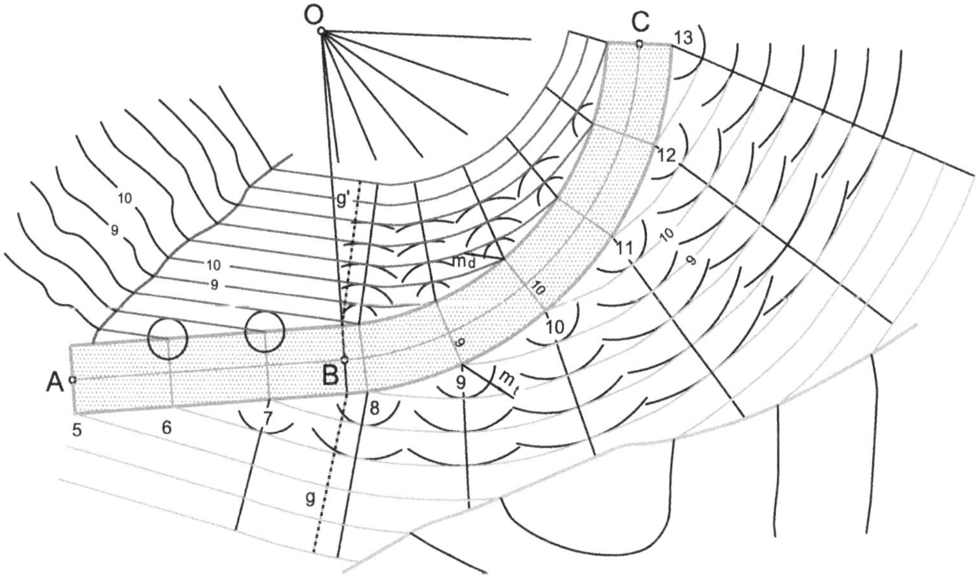

Fig. 150c.- Plataforma de pendiente constante y planta circular en planos acotados

En la zona curva BC se han trazado las superficies de talud siguiendo el método general de las envolventes a los conos de talud explicado anteriormente. Las superficies y los planos de talud obtenidos son tangentes entre sí, dos a dos, a lo largo de las rectas g y g´, siendo éstas de máxima pendiente en ambos tipos de superficies, y contienen a los puntos de tangencia de las alineaciones que constituyen los bordes de la plataforma. Las líneas de nivel de ambos tipos de superficies son tangentes en puntos de g y g´.

Siendo perfectamente válido y exacto el método de los conos de talud, puede analizarse el problema bajo una óptica distinta.

Los bordes curvos de la plataforma, supongamos una carretera, por ser en planta circulares y de pendiente constante, son en el espacio arcos de hélice de igual paso pero de distinto desarrollo y, por tanto, de pendientes distintas, como puede apreciarse en la fig. 149d, donde se ha supuesto el tramo AB recto con pendiente, y el BC helicoidal, ambos de pendiente constante.

Enlace de El Rebollar

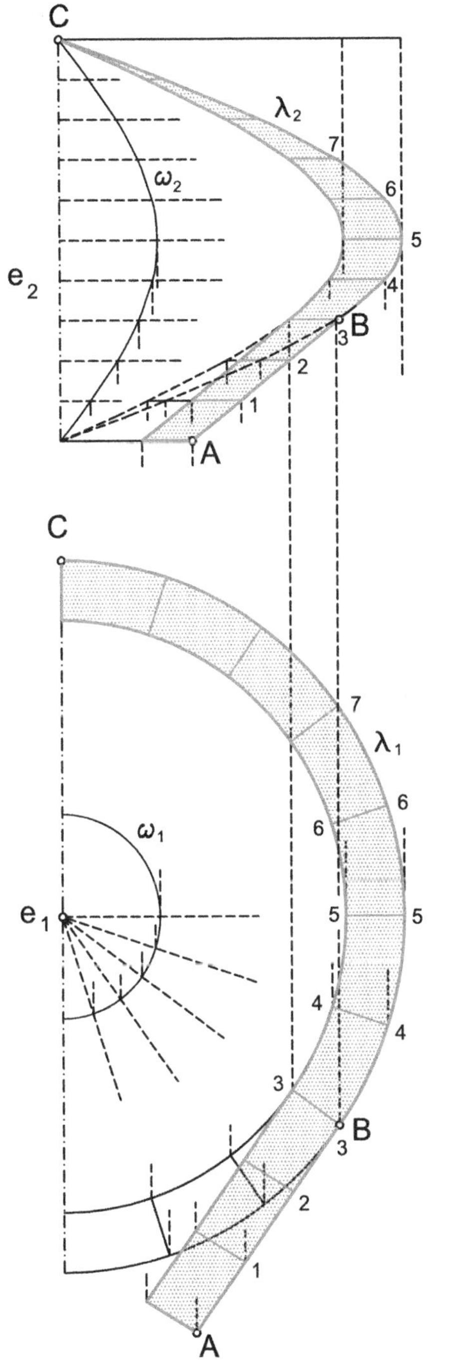

Fig. 150d.- Los bordes de una plataforma de planta circular y pendiente constante son hélices coaxiales de igual paso

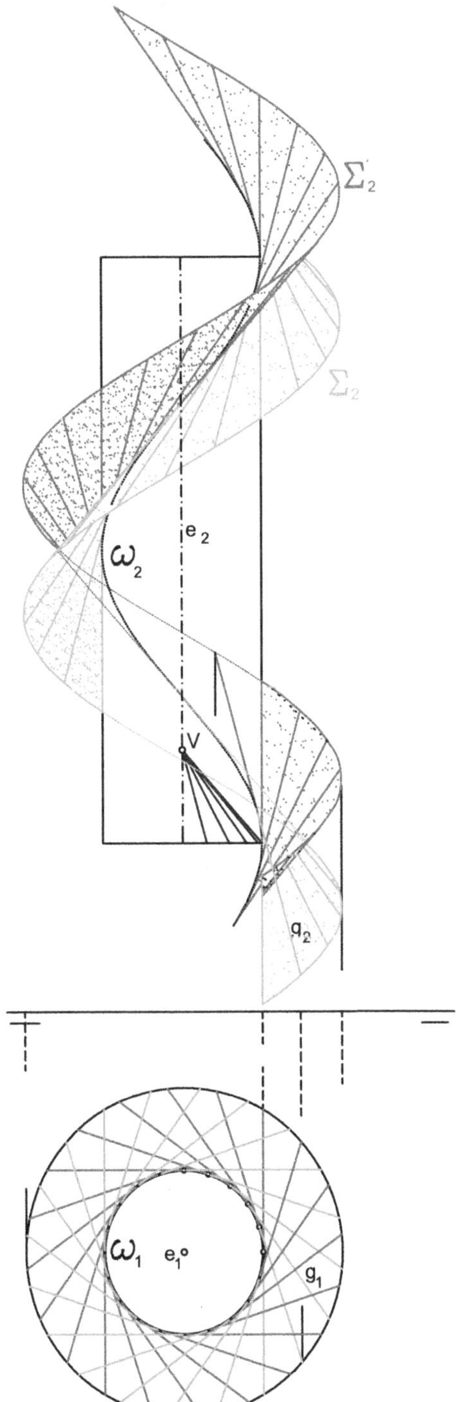

Fig. 150e.- Superficie de igual pendiente de directriz helicoidal. Helicoide desarrollable

Bajo estas consideraciones las superficie de talud son helicoides desarrollables generados por la recta tangente a una cierta hélice ω cuya pendiente sea igual a la del talud que se pretende trazar.

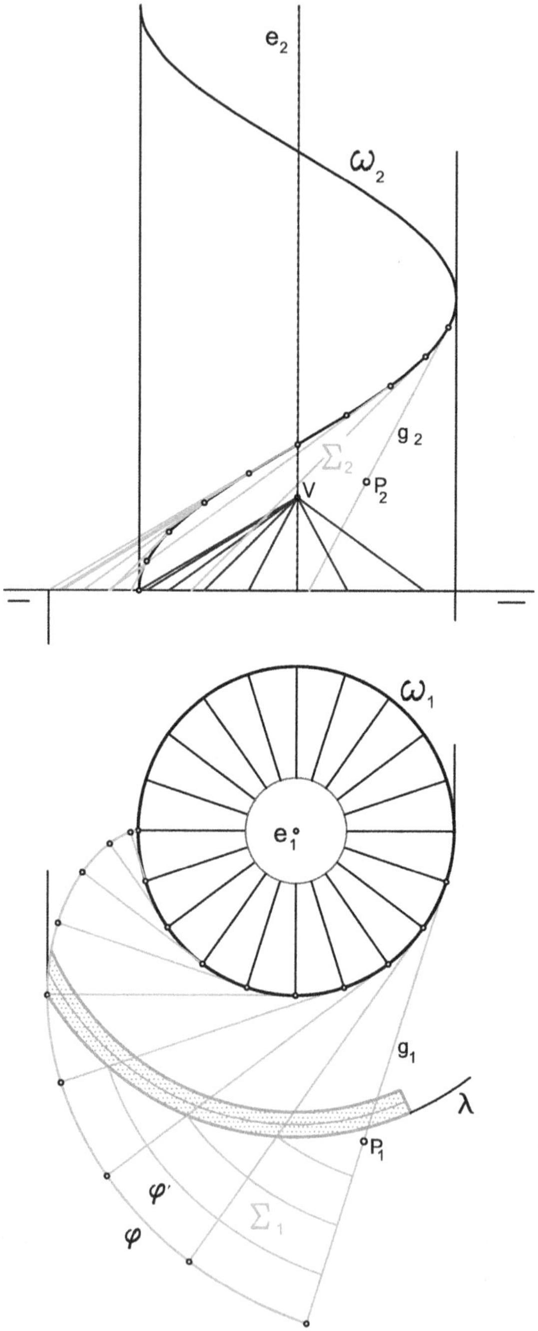

Fig. 150f.- El helicoide desarrollable como superficie de talud

Considerando la hélice ω de eje vertical e, fig. 150e, la superficie de igual pendiente generada por su tangente es un helicoide desarrollable cuyas dos hojas, ∑ y ∑´, tienen por arista común la curva ω, que constituye la arista de retroceso de la superficie. Al ser la recta generadora de la superficie, fig 150f, la tangente a la hélice arista de retroceso w, tendrá pendiente constante. La recta generatriz, g, que pasa por un punto P de la superficie es la recta de máxima pendiente correspondiente al punto P considerado.

Si el eje e de la hélice directriz ω es vertical, su proyección horizontal será la circunferencia ω_1. Las proyecciones horizontales de las rectas generatrices g_1, serán las tangentes a la citada circunferencia, y sus trazas horizontales describen la evolvente j de la circunferencia ω_1, que es una línea de nivel de la superficie. En la fig. 150f se ha dispuesto la plataforma sobre el helicoide de talud. De ella se desprende que, fijada la pendiente de la hélice l del borde de la plataforma, puede obtenerse la hélice w con pendiente igual a la del talud (dicha superficie es el helicoide desarrollable correspondiente a w), cuyas evolventes φ, φ´, ...son las curvas de nivel de la superficie de talud. Las involutas g de ω son las rectas de máxima pendiente de la superficie ∑.

Aunque el análisis de las superficies de talud bajo este punto de vista es del máximo interés, los conocimientos que requiere su estudio con rigor exceden en estos momentos a los que los alumnos poseen. Su estudio detallado, determinando la hélice evoluta en función de la pendiente de la hélice del borde del vial, el trazado de evolventes e involutas, así como otras aplicaciones en la Ingeniería Civil requieren el conocimiento de las superficies regladas desarrollables.

28. ESTUDIO GRÁFICO DE VIALES

La documentación gráfica para definir una obra de tipo lineal consta, fundamentalmente, de tres tipos de planos

- Plano de **planta**.
- Plano de alzado o **perfil longitudinal**.
- **Perfiles transversales** suficientes para cubicar los volúmenes de movimientos de tierras a realizar.

28.1 Plano de planta

28.1.1 Plano taquimétrico.

En el proyecto de un vial se partirá de la definición de la faja de terreno sobre el que va a discurrir, de anchura suficiente, representado por su topografía a una determinada escala, cuyo valor dependerá de la fase del estudio a realizar (estudio informativo, anteproyecto, proyecto, etc.). En la fase de proyecto resulta suficiente, generalmente, la escala 1:1.000 si bien, para zonas de orografía abrupta o para detalles, pueden ser necesarias escalas mayores como la 1:500, 1:200 ó, incluso la 1:100.

La faja longitudinal se divide en tramos cuyas longitudes dependerán del tamaño de los formatos a utilizar.

En la figura 151, que hemos denominado como Hoja 17, se recoge un tramo de terreno definido por su topografía, realizada a escala 1:1.000 con líneas de nivel de metro en metro. Dicho terreno enlazará, a través de las líneas de corte punteadas, con las hojas 16 y 18, respectivamente.

Fig. 151

28.1.2 Definición en planta de la geometría de la plataforma.

Sobre el plano topográfico, y a su misma escala, se define la plataforma del vial mediante su eje y los bordes que limitan su anchura, fig. 152.

El **eje en planta** está constituido por sucesiones de alineaciones rectas y curvas, cuyas características geométricas de longitud y radios de curvatura vienen condicionadas por la categoría del vial o, en su caso, por la Instrucción técnica correspondiente. Acomodar, en lo posible, la geometría del eje a la topografía del terreno representará el éxito del trazado en planta que quedará reflejado en el coste de las obras.

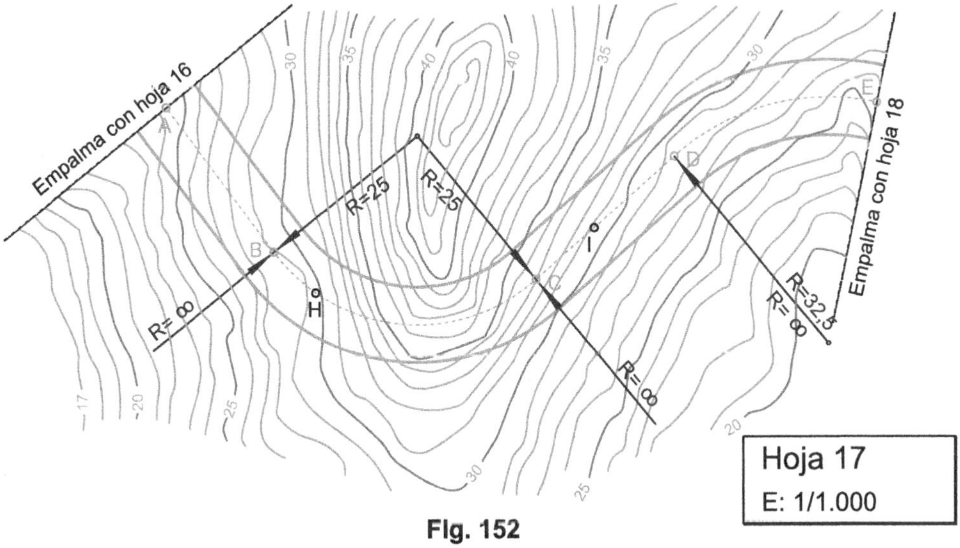

Fig. 152

Cuando un vehículo circula por una curva a una determinada velocidad, se ve sometido, en cada punto, a una fuerza centrífuga, según la dirección del radio de la curva en el punto considerado, de valor inversamente proporcional al del radio. Con objeto de contrarrestarla, en parte, se dispone en las curvas, fig. 153, una inclinación de la plataforma hacia su centro de curvatura que se llama peralte.

El valor del peralte debe aumentar desde un mínimo, en recta, hasta un máximo, en plena curva, para lo que se disponen leyes de transición que figuran en las normas de instrucción correspondientes. Del mismo modo, el valor del peralte debe disminuir desde el máximo en plena curva hasta un mínimo en la recta siguiente.

Al igual que ocurre con el peralte, el radio de curvatura del eje del camino debe reducirse desde un valor infinito, en la recta, hasta un valor finito en plena curva. También para ello se disponen curvas de transición, clotoides, lemniscatas o parábolas cúbicas, que cumplan esta misión.

Habida cuenta que la transición del peralte y la del radio de curvatura se producen en el mismo tramo del camino, ambas deben estar relacionadas de forma que la conducción resulte sin cambios bruscos.

Aunque los métodos gráficos que se explicarán en esta lección son válidos cualesquiera que sean las curvas que constituyen el eje del vial, prescindiremos de las curvas de transición y de la transición del peralte, por ser su estudio propio de las asignaturas tecnológicas correspondientes en cursos superiores. Así, en nuestro caso, el eje estará constituído, exclusivamente, por alineaciones rectas enlazadas por curvas circulares definidas por su geometría y sus cotas. El eje del vial de la fig. 152 está constituído por la alineación recta AB, la curva BC de 25 m de radio, el tramo recto CD y la alineación curva de 32,5 m de radio.

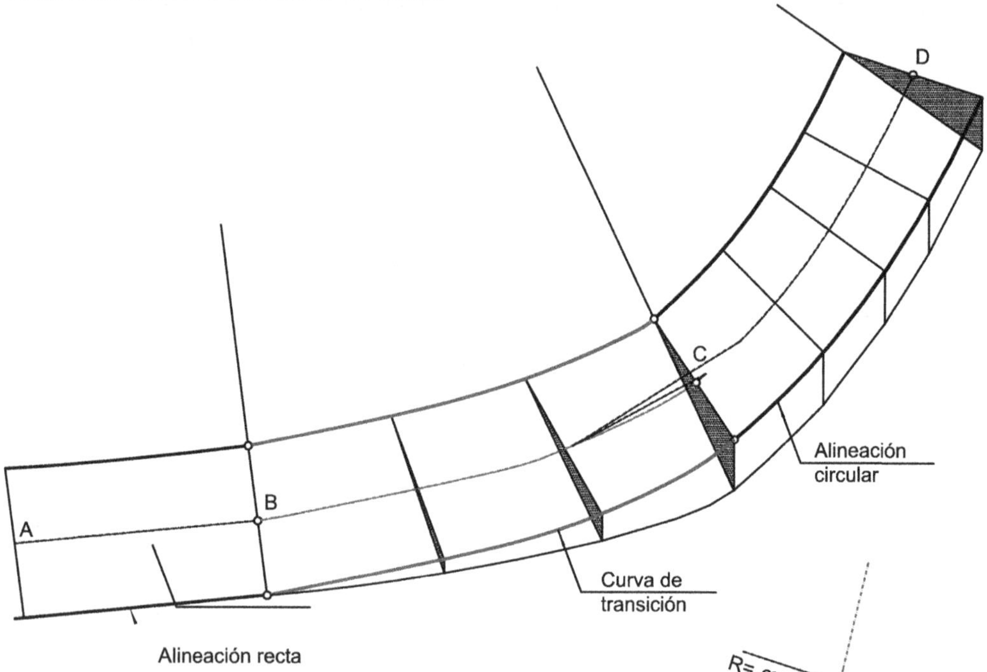

Fig. 153 .- Alineaciones de transición

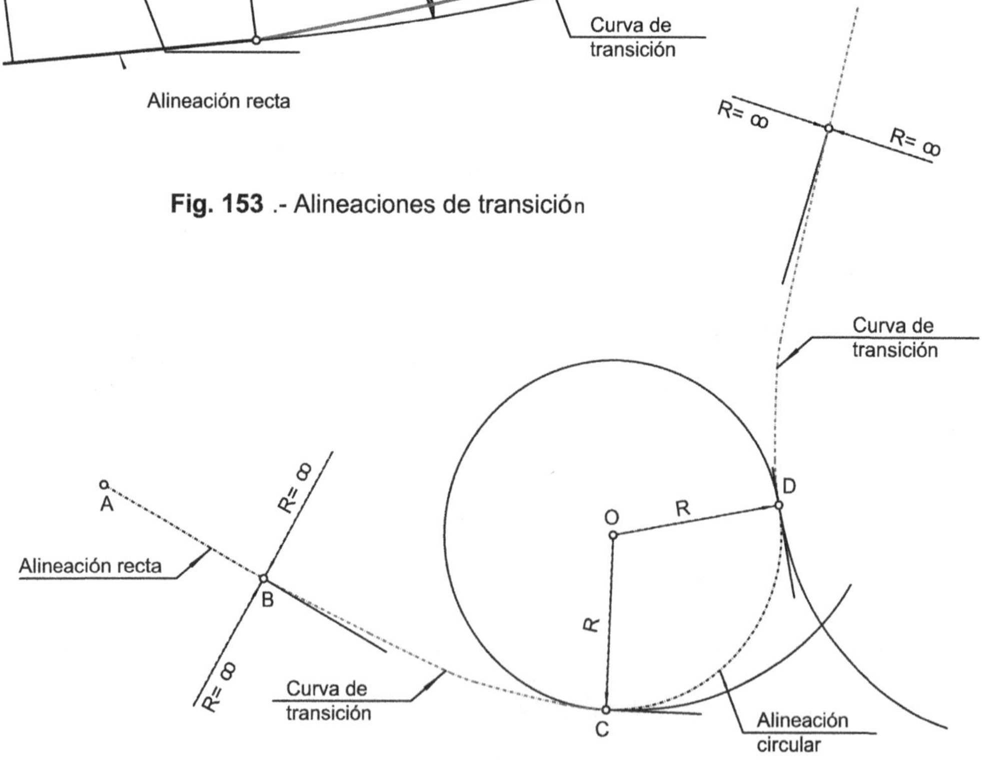

28.2 Sección tipo

La dimensión transversal de la plataforma dependerá de la intensidad de tráfico a la que vaya a dar servicio y, sin entrar en las normativas de autopistas, carreteras o ferrocarriles, vamos a indicar una serie de aspectos geométricos de interés que se recogen en la sección tipo, fig.154.

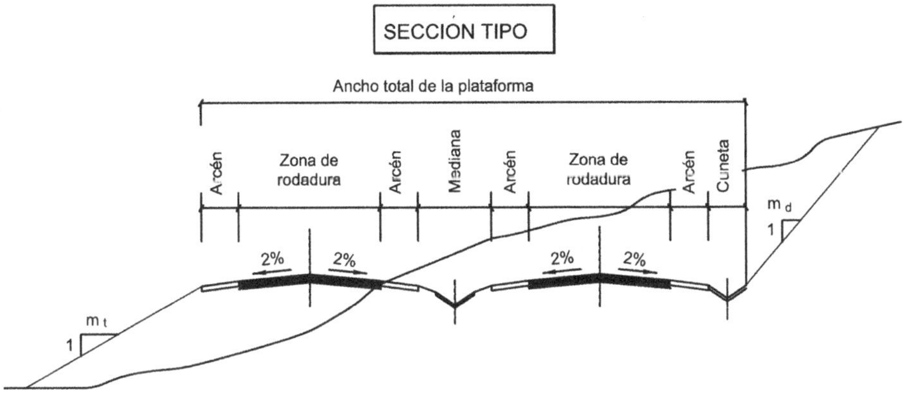

Fig. 154

Una vía de circulación rodada precisa de una dimensión que varía de 3,75 m en autopistas a 3,00 m en las de velocidad reducida y vías urbanas, pudiendo, incluso, reducirse a 2,75 m para el tráfico de vehículos ligeros. Estos parámetros determinan las dimensiones de las zonas de rodadura, junto al número de carriles que vayan a disponerse en cada sentido del vial.

Los viales precisan de un sistema de recogida de las aguas de lluvia, que eviten su inundación y las dirijan y drenen de forma controlada. En la sección tipo se adopta una pendiente transversal mínima del 2%, en la jerga se denomina bombeo, hacia los bordes, en los que se disponen las cunetas laterales cuando la calzada posee una cota inferior al terreno contigüo. Los cálculos de las secciones, pendientes y desagües de las cunetas, se dejan para su estudio en la disciplina específica que los trata.

La franja entre el límite de la calzada y el borde de la cuneta, o del terraplén en su caso, denominada **arcén**, oscila entre 1,00 m en carreteras de inferior categoría y 2,50 m en autopistas y autovías.

Las vías contiguas de sentidos contrarios pueden estar, además, separadas por la zona denominada **mediana**.

En la sección tipo se indican también los módulos m_d y m_t de las superficies de desmonte y terraplén, respectivamente.

La suma de las dimensiones de todos los elementos considerados determina el ancho total de la plataforma a construir.

28.3 Perfil longitudinal

Se obtiene, fig. 155, desarrollando sobre un plano la intersección con el terreno de una superficie cilíndrica de generatriz vertical que se apoya constantemente en el eje del camino, que hace de directriz, y lo recorre quedando siempre paralela a sí misma. Fijando puntos de cota entera exacta, y otros interpolados, tendremos una línea que va marcando todos los accidentes del terreno. Para que pueda apreciarse mejor este perfil topográfico, suele tomarse la escala de ordenadas (cotas) mayor que la de abcisas. En el caso de la fig.155 se ha tomado como escala vertical E_V = 1/100, y como horizontal E_H = 1.000.

Una vez dibujada la línea del terreno, se fijan las rasantes o proyección vertical del desarrollo del eje del camino.

Las rasantes constan de alineaciones rectas con distintas pendientes que se indicarán en el perfil, en el caso de la fig. 155 toman los valores del 5% y -3% Las pendientes de las rasantes están sujetas a valores máximos según la categoría de la vía, y dentro de dichos valores han de adaptarse en lo posible a la orografía, enlazándose tangencialmente con acuerdos verticales constituidos por alineaciones curvas, generalmente, de arcos parabólicos. No entraremos en la definición de dichos acuerdos, sujetos a condiciones fundamentalmente de visibilidad, por ser materia de otras asignaturas tecnológicas. Las rasantes ascendentes se llaman **rampas** y las descendentes **pendientes**. Al pasar de una rampa a una pendiente, o viceversa, hay un **cambio de rasante**.

En la parte inferior del perfil longitudinal se anotan datos relativos al tramo de perfil considerado, constituyendo lo que en la jerga profesional se denomina **guitarra**. Los datos más característicos a reseñar son:

- Distancias al origen de puntos característicos del eje, entre los que cabe citar:
    - Puntos de paso: son los de corte de la rasante con el terreno, puntos H e I de la figura.
    - Puntos de tangencia entre alineaciones del eje en planta, puntos B, C y D.
    - Puntos de tangencia de los acuerdos verticales entre rasantes, puntos T y T´.
- Las **cotas negras** que corresponden a las del terreno y la rasante en los puntos característicos. En los puntos de paso ambas cotas han de coincidir.
- Las **cotas rojas** correspondientes a desmontes y terraplenes, que reciben este nombre por ser históricamente escritas en color rojo, indican los valores de las diferencias de alturas entre terreno y rasante en los distintos puntos característicos.
- Los diagramas de curvaturas y peraltes, recogidos en la fig. 155 como estado de alineaciones, donde se indican las longitudes y radios de curvatura de las distintas alineaciones del eje en planta y el sentido del peralte que, como ya hemos dicho, va dirigido hacia el centro de curvatura.

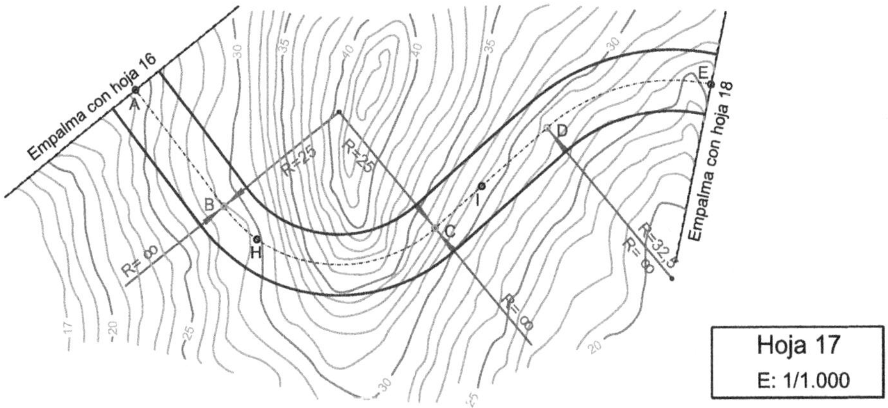

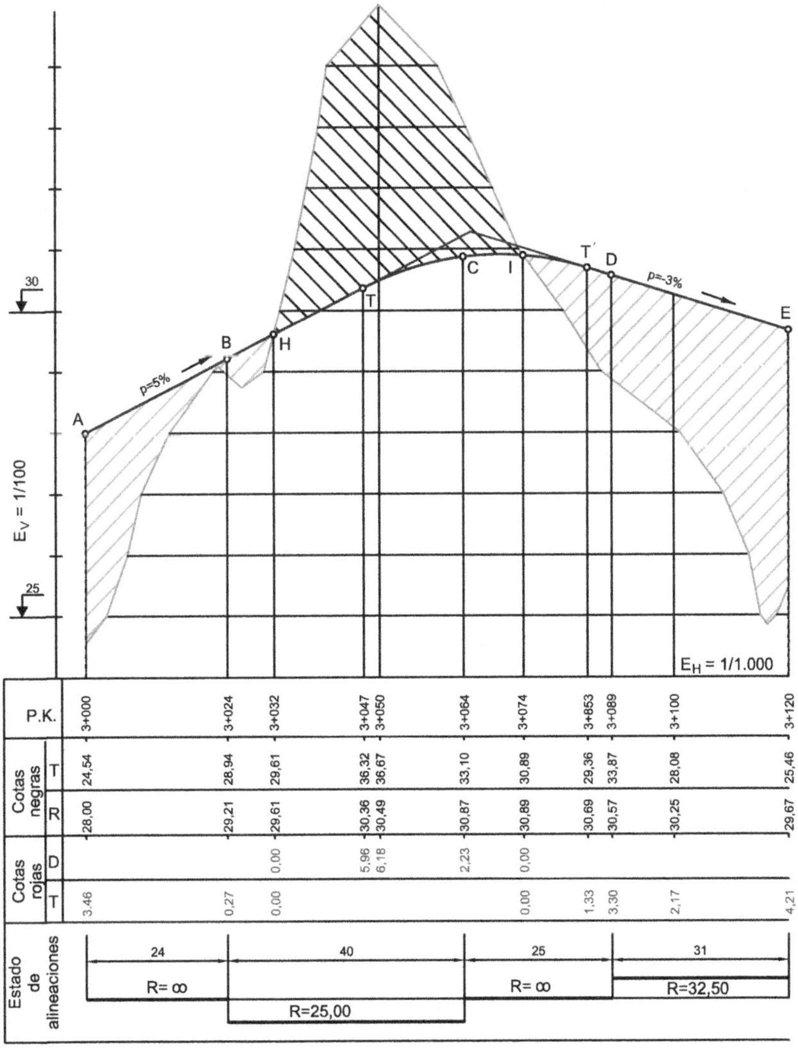

Fig. 155.- Perfil longitudinal

El perfil longitudinal permite, por una parte, apreciar sensiblemente y a primera vista, el grado de equilibrio entre volúmenes de excavaciones y desmontes o, en su caso, ajustar las rasantes para alcanzar tal fin.

28.4 Perfiles transversales

Se denomina perfil transversal en un punto M del eje en planta, fig. 156, a la sección que produce sobre el terreno y en las obras de movimientos de tierras el plano vertical P-1, ortogonal al eje en el punto M considerado.

En puntos tales como el N, correspondientes a alineaciones circulares, la dirección del plano P-2, por ser ortogonal al arco de circunferencia, será radial.

Dependiendo de la cota de rasante y ancho de plataforma, los perfiles transversales pueden resultar de tres tipos:

- Perfil elevado, fig. 157a. La plataforma, en todos los puntos correspondientes al perfil, tiene mayor cota que el terreno. Toda la superficie del perfil será en terraplén.
- Perfil en trinchera, fig. 157b. Toda la plataforma, en todos los puntos correspondientes al perfil, tiene menos cota que el terreno. Toda su superficie será de desmonte.
- Perfil a media ladera o caballero, fig. 157c. Parte de la plataforma queda por debajo del terreno y el resto por encima. En este tipo de perfil coexisten superficies de desmonte y terraplén.

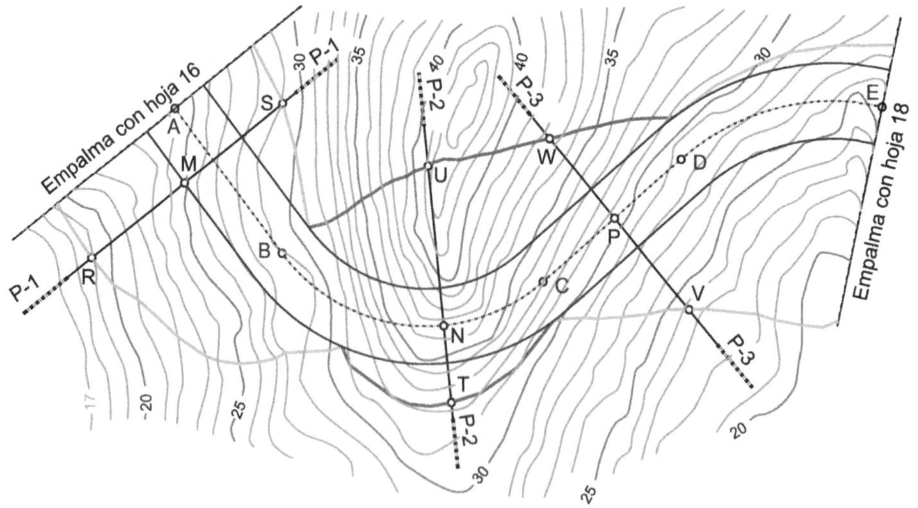

Fig. 156

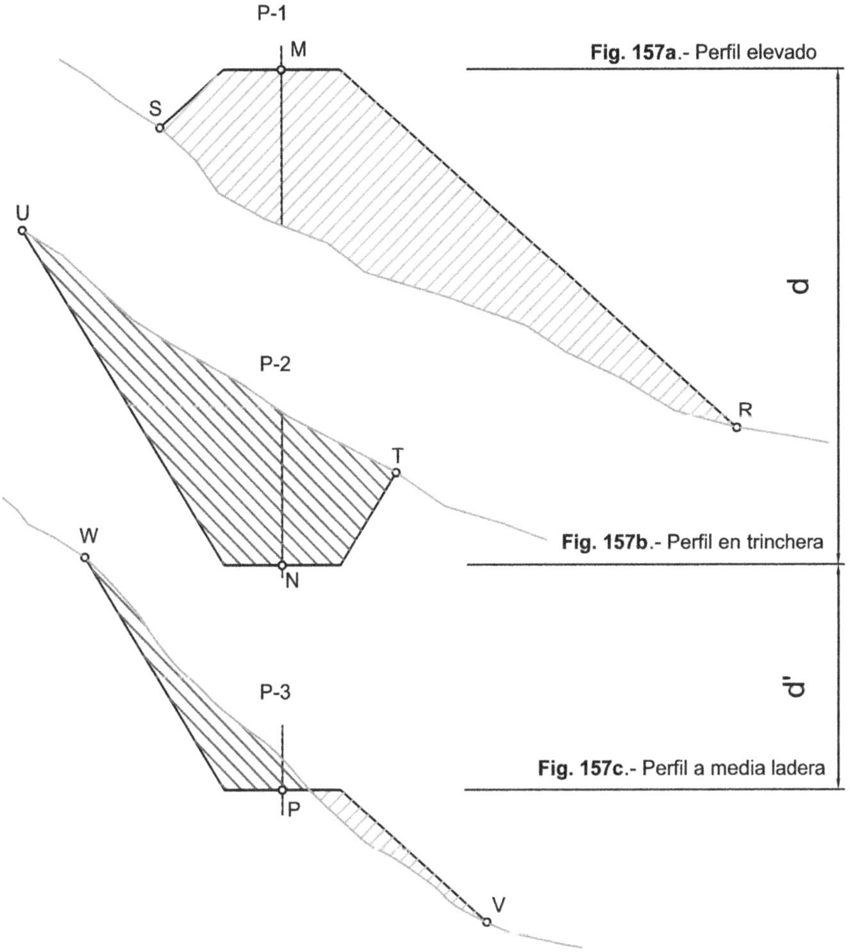

Fig. 157a.- Perfil elevado

Fig. 157b.- Perfil en trinchera

Fig. 157c.- Perfil a media ladera

Los perfiles transversales, que se dibujan con escalas horizontales y verticales iguales, se numeran correlativamente, con indicación de la distancia entre ellos. En cada uno aparecerá la línea de corte con el terreno, la plataforma con todos los elementos de la sección tipo, incluso peraltes si los hubiere, y las líneas de talud.

En cada perfil, las intersecciones de las líneas de talud con la línea del terreno determinan puntos de las líneas de **pie de talud**. Así, por ejemplo, el perfil P-1 permite obtener los puntos S y R de las líneas de pies de terraplén, el perfil P-2 los puntos U y T de las líneas de desmonte y el perfil P-3 los puntos W y V de las líneas de coronación de desmonte y pie de terraplén, respectivamente.

Si se dibujan suficiente número de perfiles transversales, podrán obtenerse suficientes puntos de las líneas de pie de talud que permitirán su dibujo.

Este método de obtención de las líneas de pie de talud, que denominaremos método de los perfiles transversales, es correcto cuando la rasante es horizontal.

Aunque mediante los perfiles transversales se pueden obtener las líneas de pie de talud, su función principal es permitir el cálculo de los volúmenes de excavación y terraplenado.

28.5 Superficies de talud. Líneas de coronación de desmonte y de pie de terraplén

Una vez definidas las rasantes en el perfil longitudinal, se está en condiciones de dibujar y definir, completando el plano de planta, las superficies de talud de desmontes y terraplenes, y obtener sus líneas de intersección con el terreno, que denominaremos líneas de coronación de desmontes y líneas de pie de terraplenes, respectivamente, tal como recoge la fig. 156. Los métodos y procedimientos a seguir para su obtención se estudian en los apartados siguientes.

El conocimiento, previo a las obras, de las líneas de pie de taludes se precisa, fundamentalmente, para:

- Replantear sobre el terreno las líneas a partir de las cuales se comienzan las obras de desmonte, que se realizarán de arriba hacia abajo, o las de terraplén iniciadas de abajo hacia arriba.

- Delimitar las superficies de expropiación y las zonas de influencia del vial.

29. RESOLUCIÓN GRÁFICA DE VIALES

Se van a considerar, exclusivamente, los casos resultantes de combinar alineaciones rectas y circulares para el eje en planta, con rasantes horizontales y de pendiente constante y, en cualquier caso, sin tener en cuenta peraltes, resultando las cuatro posibilidades siguientes:

- Viales horizontales de planta recta.
- Viales horizontales de planta circular.
- Viales de planta recta y pendiente constante.
- Viales de planta circular y pendiente constante

29.1 Viales horizontales de planta recta

29.1.1 Plano de planta

Se parte del terreno representado por la topografía de la fig. 158, realizada a escala 1/1.000.

Sobre ese terreno se va a trazar un vial de eje la recta horizontal AB a la cota +32 m y cuya plataforma corresponde a la sección tipo de la fig. 159, con un ancho de 10,00 m incluido arcenes, más cunetas de 2,00 m en las zonas de desmontes. Las superficies de talud de desmontes y terraplenes tienen de módulos 1,5 y 3,0, respectivamente.

La resolución del vial se comenzará delimitando las zonas de la plataforma que irán en desmonte y las que irán en terraplén. Dichas zonas quedarán separadas por las **líneas de paso**, o neutras, que resultarán ser las líneas de intersección del plano de la plataforma con el terreno.

En el caso que se está considerando, por ser el plano de la plataforma horizontal de cota 32 m, las líneas de paso serán las líneas de nivel del terreno de cota 32 m, que afectan a la plataforma según los tramos ecCdh, kgDhm y rnEpq. Como consecuencia, los tramos de vial AC y DE irán en desmonte, y en ellos habrá que colocar cunetas según la sección tipo. Los tramos de vial CD y EB irán en terraplén. En el perfil longitudinal de la fig. 161, se obtienen los puntos de paso C, D y E de la rasante.

En este caso, las superficies de talud de terraplenes y desmontes serán planos trazados por las rectas horizontales de los bordes de la plataforma, apartado 27.4.1 correspondiente al caso particular de recta de vertido horizontal, fig. 147c.

Los cuatro planos de talud de los terraplenes, fig. 160, serán descendentes hacia el exterior de la plataforma quedando representados por sus rectas de nivel, de cota entera y descendente, trazadas paralelas a las d-h, c-g, n-s y p-t, con equidistancias iguales al módulo del terraplén m_t = 3. Las intersecciones de las líneas de nivel de cada plano con las de su misma cota de la topografía determinan puntos de las líneas de corte de los distintos planos de talud con el terreno y, uniéndolos ordenadamente, se obtienen las líneas de pie de terraplenes.

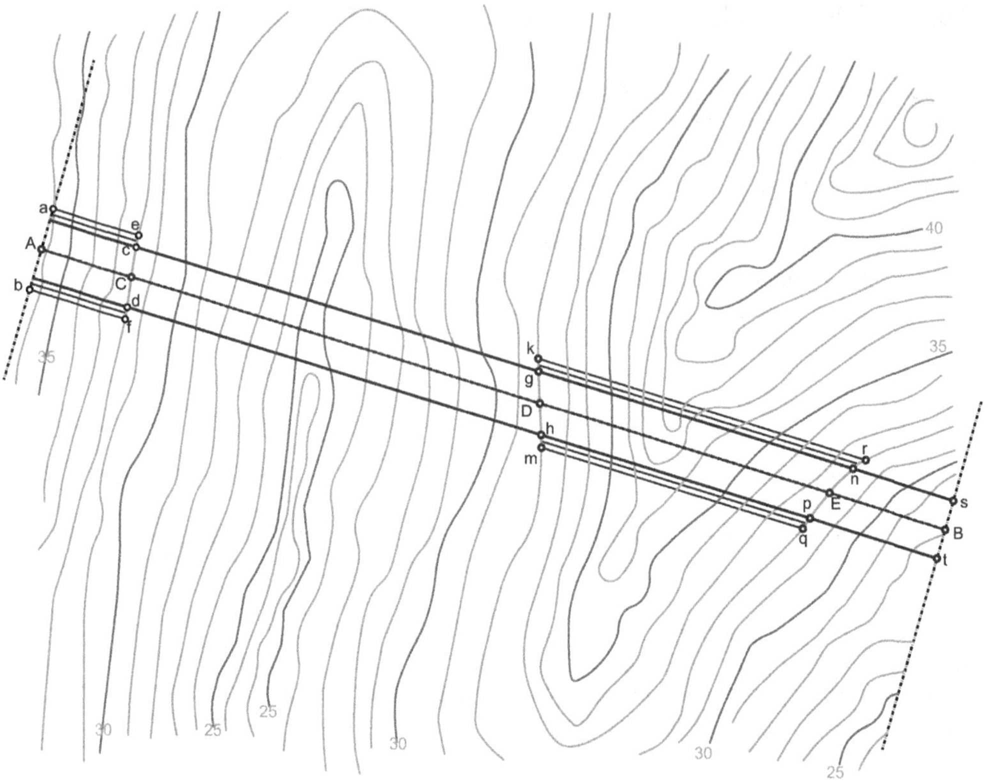

Fig. 158 E= 1/1.000

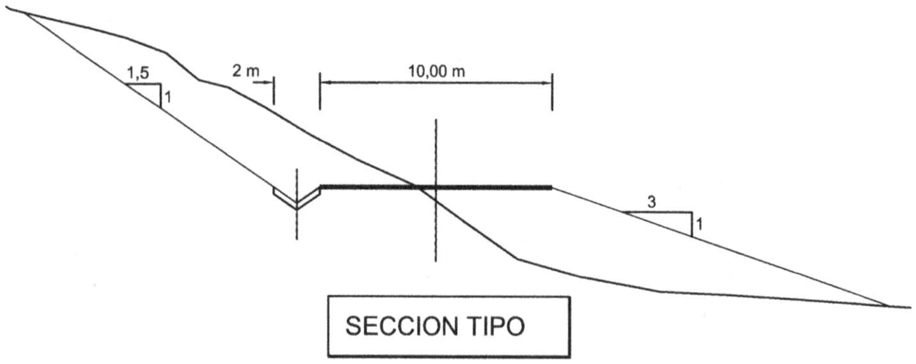

Fig. 159

En el caso de los cuatro planos de talud de los desmontes, fig.160, éstos nacerán a partir de las rectas a-e, b-f, k-r, m-q, todas ellas a la cota 32 m que constituyen los bordes exteriores de las cunetas, dimensionadas de acuerdo con la sección tipo y a la escala 1/1.000 del plano. Los planos de talud de los desmontes son ascendentes hacia el exterior de la plataforma, sus líneas de nivel de cota entera serán las paralelas a los bordes de las cunetas trazadas a equidistancias iguales al módulo del desmonte m_d = 1,5 m, según la sección tipo, y a la escala del plano. Las intersecciones de las líneas de nivel del plano con las de igual cota del terreno son puntos de las correspondientes líneas de coronación de desmonte, cuyos trazados se realizan a estima.

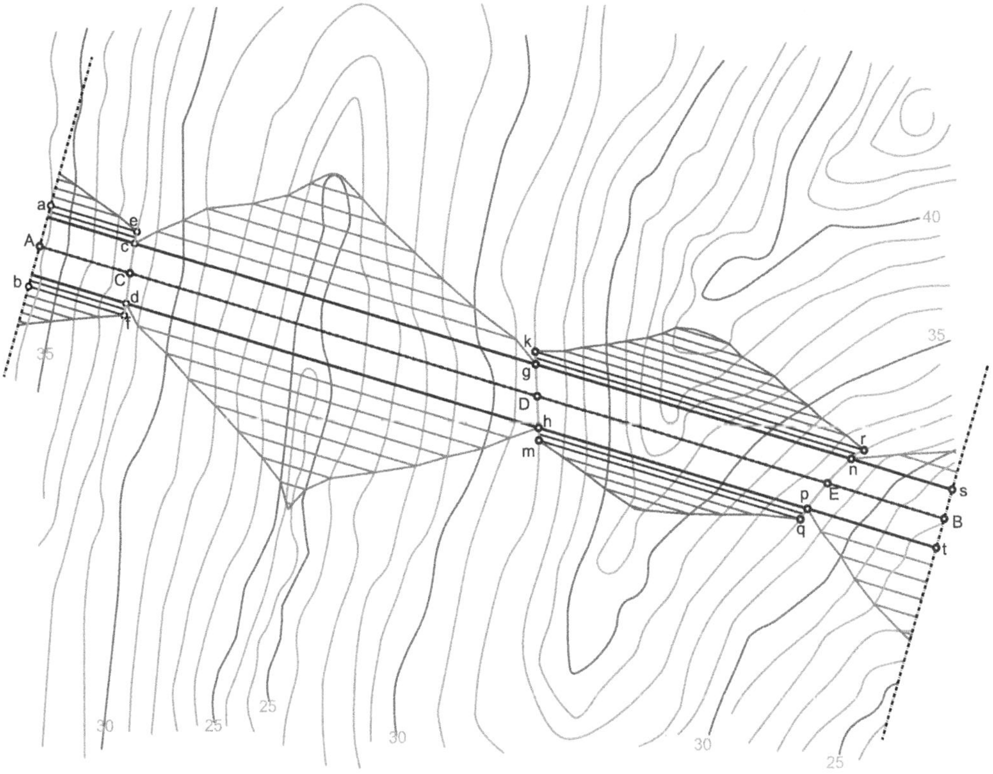

Fig. 160

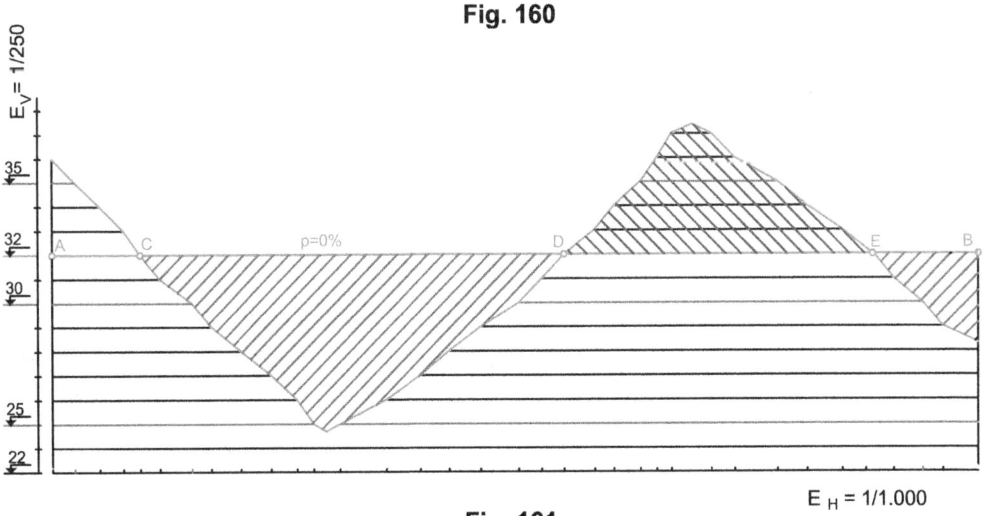

Fig. 161

29.1.2 Perfil longitudinal

Nada hay que añadir a lo ya dicho en el apartado 28.3 sobre el perfil longitudinal. En este caso la rasante es la horizontal de cota 32 m, fig. 161, y se ha utilizado como escala vertical la 1/250.

29.1.3 Cubicación del movimiento de tierras

Para obtener los volúmenes de las tierras terraplenadas y excavadas es necesario trazar un número suficiente de perfiles transversales, siendo tanto más exacto el resultado cuanto mayor sea el número de ellos. De hecho, en la práctica, se trazan perfiles transversales a distancias constantes, en general, de 20 en 20 metros.

Los perfiles resultantes pueden ser cualquiera de los cuatro de las figuras 162a y 162b, debiendo aplicarse, en cada caso, las expresiones que se indican para obtener los volúmenes entre perfiles sucesivos.

Dos perfiles consecutivos en terraplén

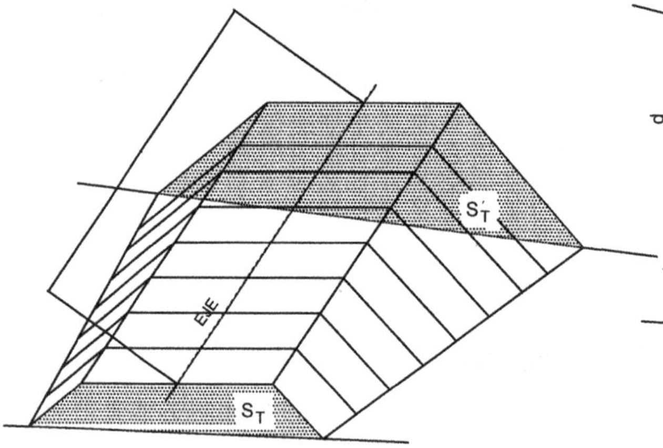

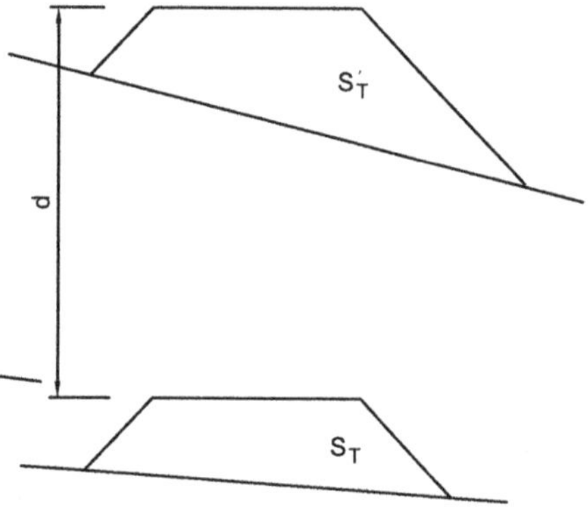

$$V_T = \frac{d}{2}(S'_T + S_T)$$

Dos perfiles consecutivos en desmonte

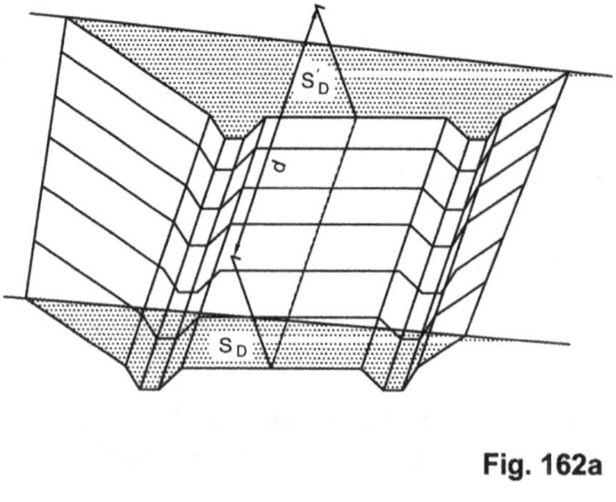

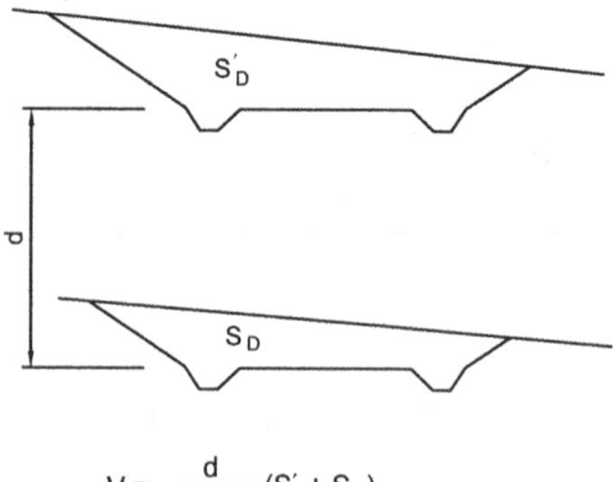

$$V_D = \frac{d}{2}(S'_D + S_D)$$

Fig. 162a

Dos perfiles sucesivos, uno en desmonte y otro en terraplén

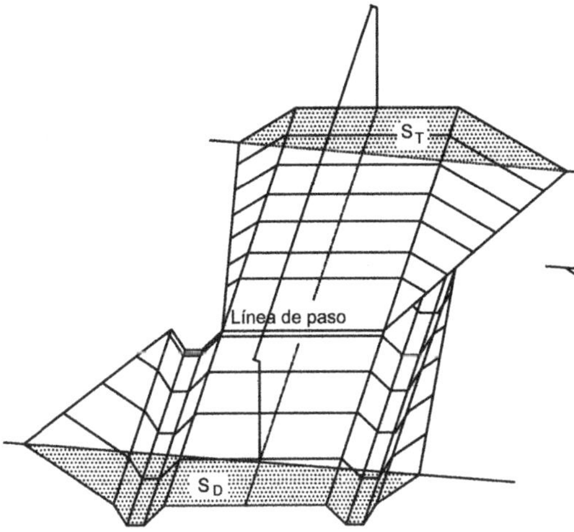

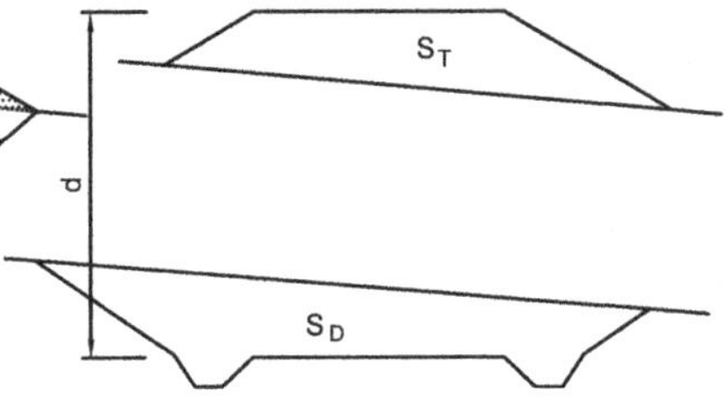

$$V_D = \frac{d}{2}\,\frac{S_D^2}{S_D + S_T}$$

$$V_T = \frac{d}{2}\,\frac{S_T^2}{S_D + S_T}$$

Dos perfiles sucesivos con desmonte y terraplén simultáneamente

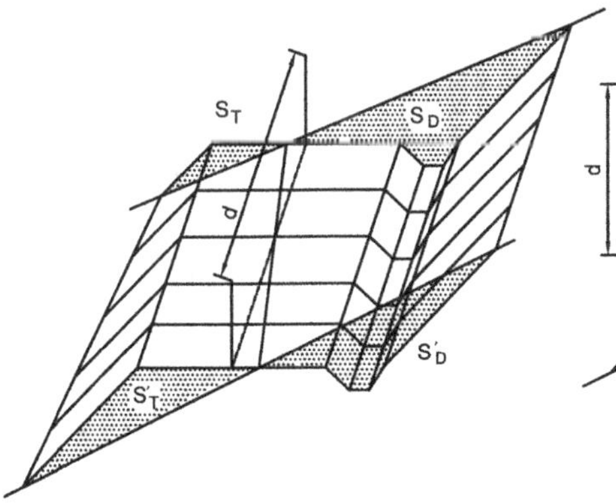

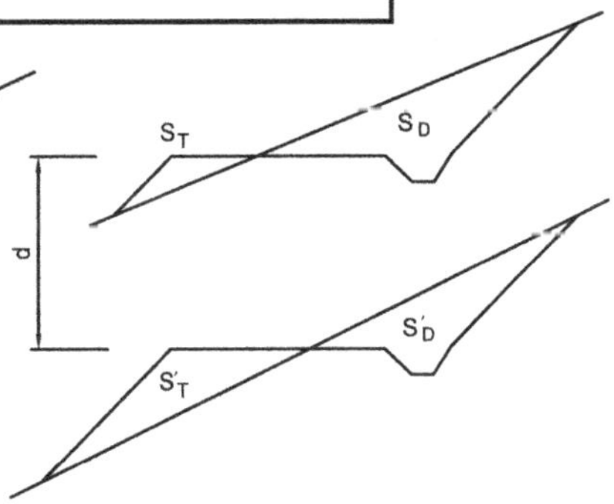

$$V_D = \frac{d}{2}\,(S'_D + S_D)$$

$$V_T = \frac{d}{2}\,(S'_T + S_T)$$

Fig. 162b

El criterio que ha de seguirse para calcular con suficiente aproximación los volúmenes es trazar perfiles transversales, además de en los puntos de paso, en aquellos puntos en que haya una clara discontinuidad de la línea de pies de talud , de tal forma que se pueda suponer entre dos perfiles sucesivos una variación lineal de las secciones de los perfiles. De esta forma, el volumen de tierras comprendido entre dos perfiles sucesivos, bien de desmonte o de terraplén, puede asemejarse, sin error considerable, al volumen de un prisma recto de altura la distancia entre los perfiles considerados y de sección recta la media aritmética de las secciones de los dos perfiles sucesivos.

Éste ha sido el criterio seguido en la cubicación del desmonte y del terraplén de la fig. 163.

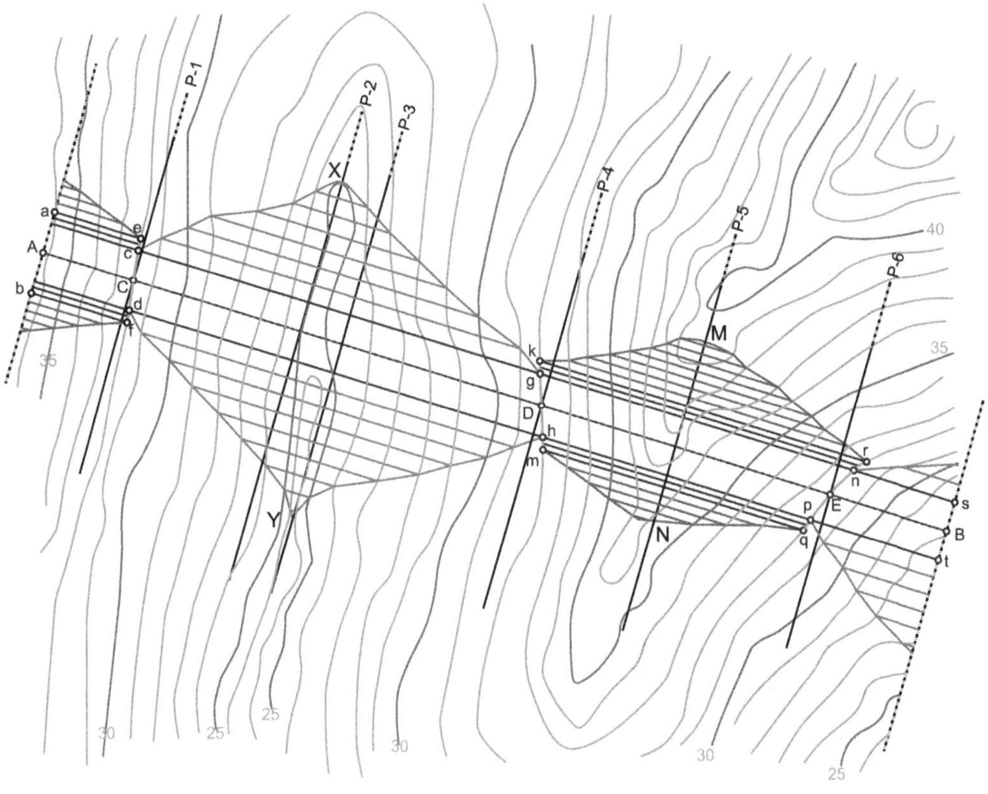

Fig. 163

Los perfiles trazados son los sucesivos desde el P-1 al P-6. Los perfiles P-1, P-4 y P-6 se han trazado por los puntos de paso C, D y E, respectivamente. Los perfiles P-2 y P-3 se han hecho pasar, respectivamente, por los puntos X e Y más bajos del terraplén. Se ha supuesto, por tanto, que la sección de terraplén varía linealmente entre P-1 y P-2, entre P-2 y P-3 y entre P-3 y P-4.

Para obtener el volumen de desmonte basta con trazar el perfil P-5, además de los P-4 y P-6, ya que el P-5 pasa sensiblemente por los puntos M y N más altos del desmonte.

Los perfiles obtenidos son los de la fig. 164a, donde se indican las superficies de desmonte y terraplén de cada uno de ellos, así como sus distancias relativas. Los datos anteriores de cada perfil se recogen de forma sistemática en la tabla de doble entrada de la fig. 164b que, por explícita, no comentamos, obteniendo los volúmenes del movimiento de tierras.

El método de cubicación seguido, que aconsejamos por su sencillez y resultados aceptables, puede mejorarse si se considera el volumen entre dos perfiles sucesivos como el de un prismatoide.

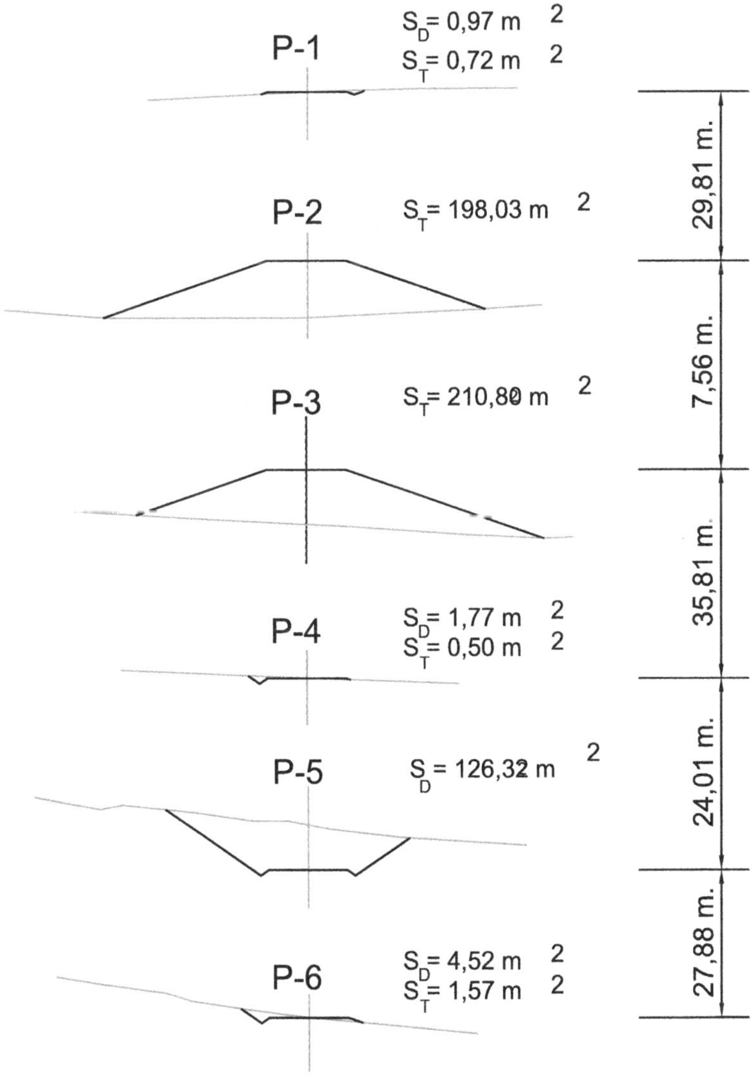

Fig. 164a

	$S_D(m^2)$	$S_T(m^2)$	$S_{mD}(m^2)$	$S_{mT}(m^2)$	d (m)	$V_D(m^3)$	$V_T(m^3)$
P-1	0,97	0,72					
			0,48	99,37	29,81	14	2.962
P-2	——	198,03					
			——	204,41	7,56	——	1.545
P-3	——	210,80					
			0,88	105,65	35,81	32	3.783
P-4	1,77	0,50					
			64,04	0,25	24,01	1.538	6
P-5	126,32	——					
			65,42	0,78	27,88	1.824	22
P-6	4,52	1,57					
			Volúmenes Totales:			3.408	8.318

Fig. 164b

29.1.4 Drenaje

Ya se ha comentado que la evacuación del agua de lluvia sobre la plataforma se consigue dando a ésta un cierto bombeo o pendiente transversal.

Longitudinalmente, fig. 165, el agua se conduce mediante las cunetas, dotadas de las pendientes necesarias, hacia las líneas de pie de terraplenes y, por ellas, hasta sus puntos más bajos, tales como los X e Y. En este punto confluirán también las aguas de escorrentías de las vaguadas correspondientes. El talud construido supone una barrera al discurrir natural del agua y producirá su estancamiento. Para remediar ese efecto peligroso se disponen canalizaciones como tuberías, alcantarillas, pontones etc. que, en general, reciben el nombre de tajeas y discurren enterradas bajo los terraplenes y por los puntos más bajos de ellos.

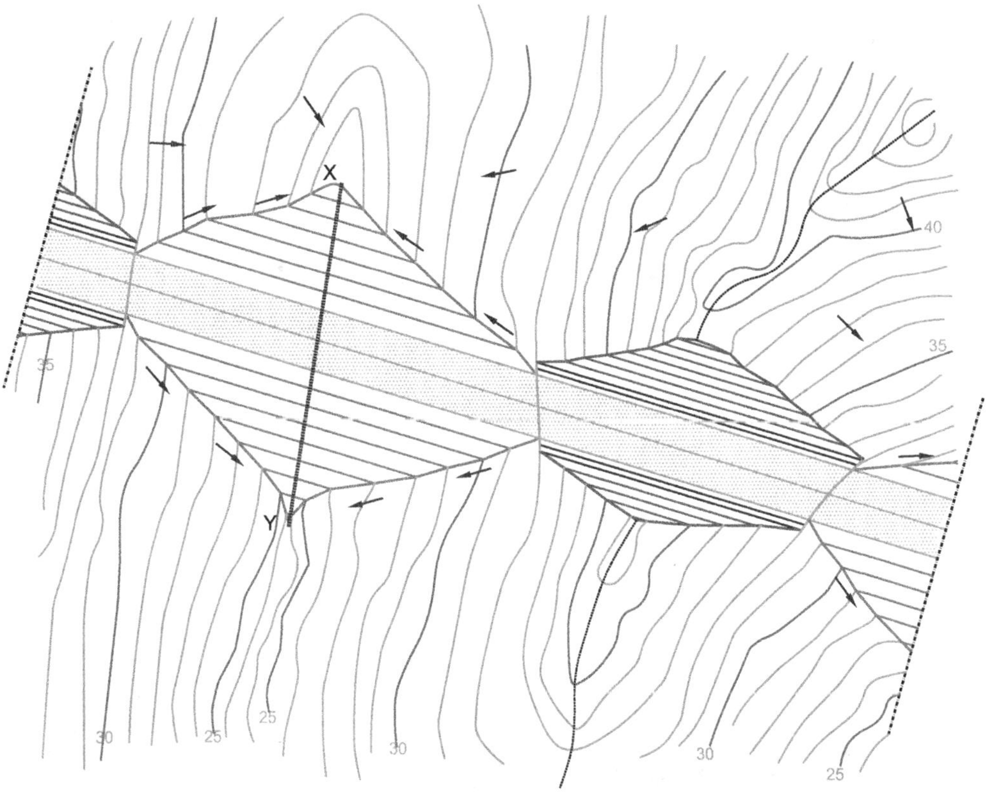

Fig. 165

29.2 Viales horizontales de planta circular

En ocasiones, la mala calidad de las tierras a excavar obliga a dar pendientes muy bajas a las superficies de desmonte para asegurar su estabilidad, quedando, en ese caso, afectada por la obra una gran superficie de terreno con efectos no deseados tanto ecológica como estéticamente.

Una solución en tales casos es adoptar como pendiente del desmonte la crítica, aceptando la posibilidad de que puedan producirse desprendimientos puntuales. Para que en caso de producirse queden retenidos y no afecten al vial, se disponen a determinadas alturas del desmonte plataformas horizontales denominadas bermas.

Este tipo de dispositivos quedan reflejados en la sección tipo de la fig. 167, y con ella se va a resolver el vial de la fig. 166, sobre la topografía realizada a escala 1/1.000.

El eje del vial, a cota constante de 30 m, consta de una alineación circular AB de centro O, que enlaza con otra recta BC. El ancho de la plataforma es de 10,00 m más cunetas de 2,00 m en desmontes. Se dispondrán bermas de 2,00 m cada 4,00 m de altura de desmonte, estando la primera a la misma cota de la plataforma. Los módulos de los taludes de desmonte y terraplén serán de 1,5 y 3, respectivamente.

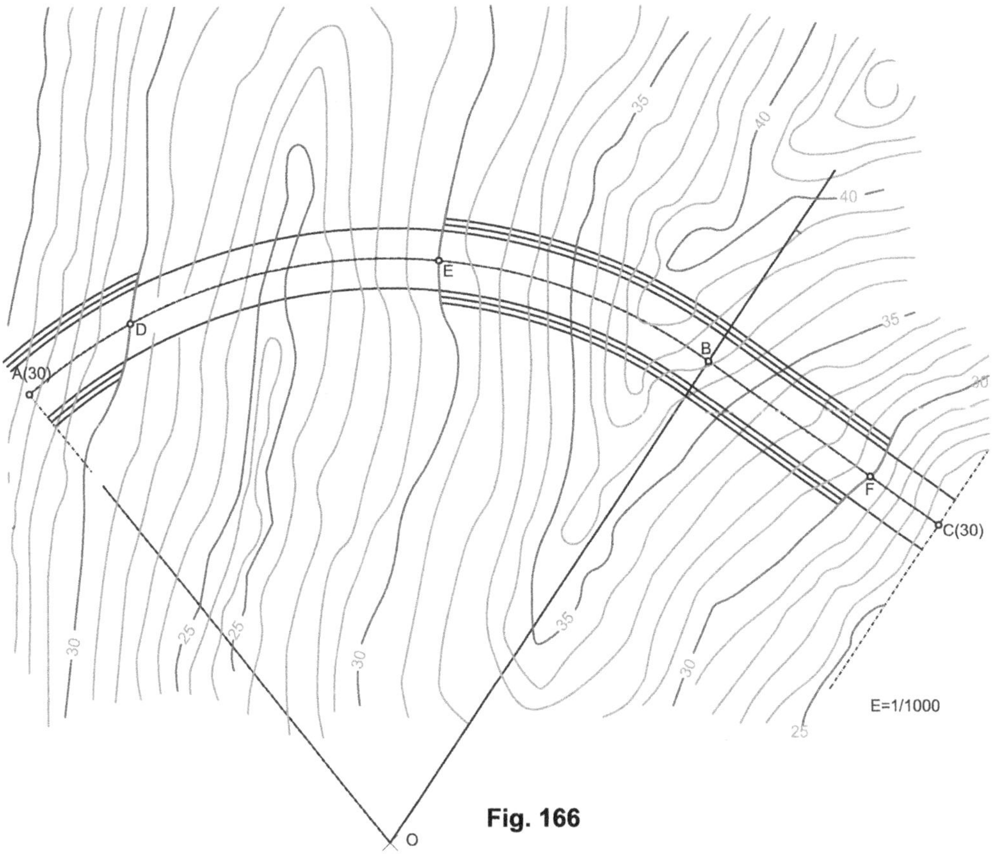

Fig. 166

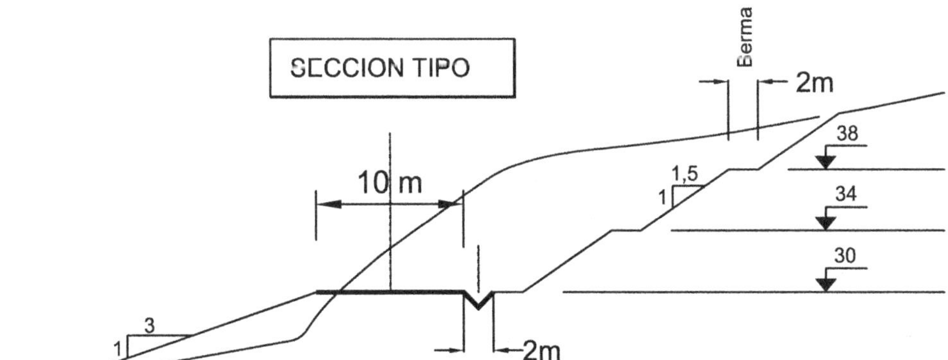

Fig. 167

El eje del vial, a cota constante de 30 m, consta de una alineación circular AB de centro O, que enlaza con otra recta BC. El ancho de la plataforma es de 10,00 m más cunetas de 2,00 m en desmontes. Se dispondrán bermas de 2,00 m cada 4,00 m de altura de desmonte, estando la primera a la misma cota de la plataforma. Los módulos de los taludes de desmonte y terraplén serán de 1,5 y 3, respectivamente.

Igual que en el caso anterior, se representará en planta, fig. 166, el ancho de la plataforma y se determinarán las líneas de paso, que resultan ser las líneas de nivel de cota 30,00 m del terreno. Las zonas DE y FC corresponderán a terraplenes, y las AD y EF a desmontes, en las que se disponen los anchos de cunetas.

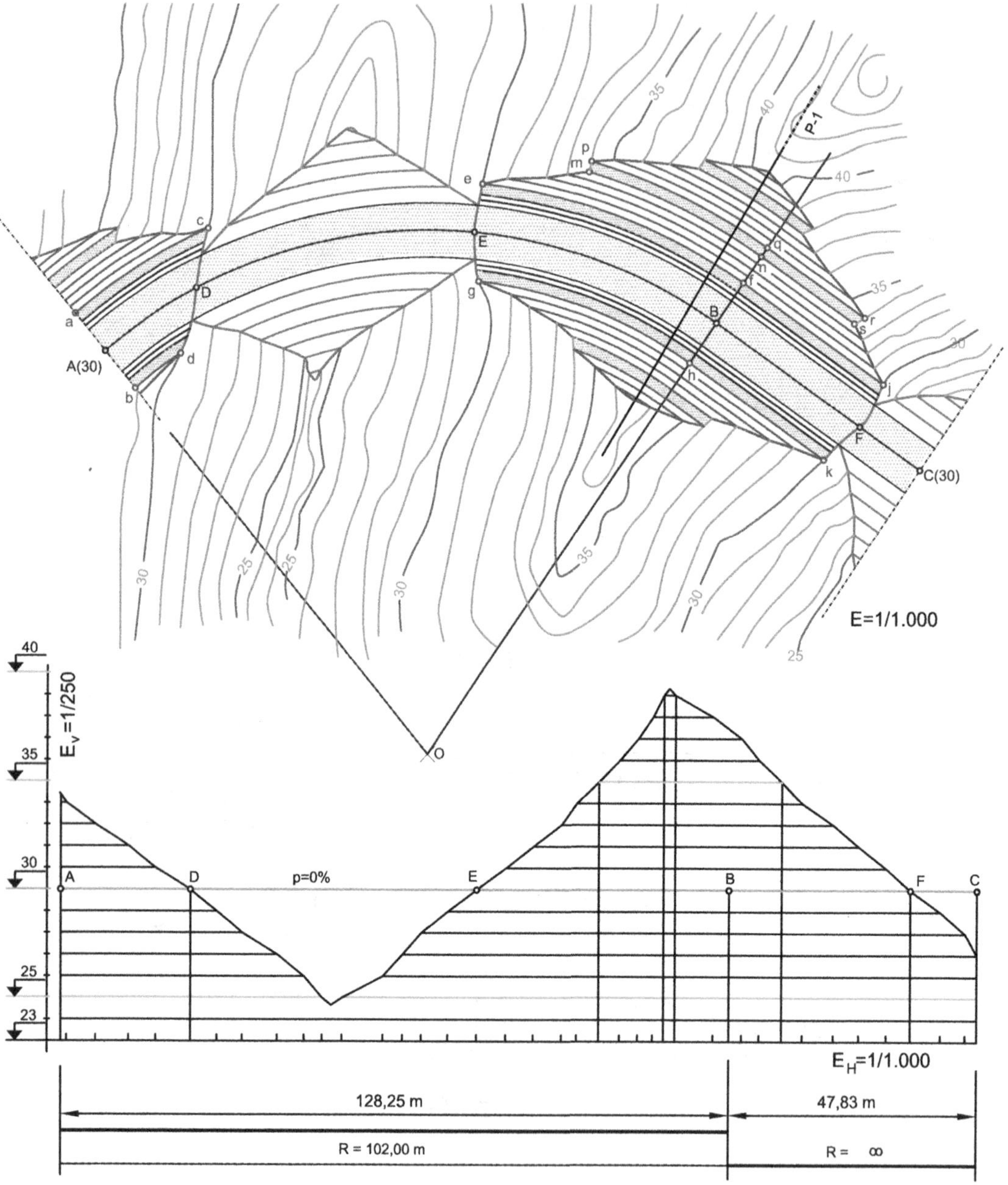

Fig. 168

Por ser los bordes de la plataforma arcos de circunferencia horizontales, las superficies de talud en los tramos curvos serán superficies cónicas, tanto en desmonte como en terraplén, tal como se vió en el apartado 27.4.2.1.

Los terraplenes del tramo DE, fig. 168, serán sendas superficies cónicas, de directrices horizontales los arcos de circunferencia de los bordes de la plataforma, uno cóncavo y otro convexo, y los dos descendentes hacia el exterior de la plataforma. Sus líneas de nivel serán circunferencias concéntricas de centro O, y equidistantes entre sí el valor del módulo del terraplén mt = 1,5 m a la escala del plano. Las intersecciones de las líneas de nivel con las del terreno de igual cota proporcionan puntos de la línea de pie de terraplén, que se dibuja a estima.

Consideremos el desmonte correspondiente al arco circular EB. Los arcos ef y gh, resultado del ancho de berma desde los bordes exteriores de las cunetas, serán las líneas de nivel de cota 30,00 m de las dos superficies cónicas que constituyen las superficies de desmonte. Una de ellas será cóncava y la otra convexa, ascendentes las dos hacia el exterior de la plataforma. Sus líneas de nivel serán arcos de circunferencia concéntricos de centro O, y con incrementos de radio iguales al valor del módulo del desmonte md = 1,5 m a la escala del plano. Se ascenderá en el desmonte hasta la línea de nivel mn de cota 34 m, obteniéndose la línea de pie de talud em.

Debido a la berma situada a cota 34 m, habrá que retranquear la línea mn el ancho de berma hasta la pq, también de cota 34 m. El arco pq es ahora la línea de cota de una nueva superficie cónica de talud con el mismo módulo md = 1,5, con su vértice proyectado, igualmente, en el punto O. Con esta nueva superficie, repitiendo el proceso, se alcanza la cota 38 m y así sucesivamente hasta finalizar el desmonte.

El tramo BF de desmonte se resuelve como en el caso anterior de vial horizontal y planta recta. Las superficies de desmonte serán planos tangentes a las superficies cónicas anteriores, siendo la recta OB su generatriz de tangencia resultando, en consecuencia, las líneas de nivel de ambos tipos de superficies tangentes entre sí, p.e. ef y fj, mn y ns, pq y qr, etc.

La superficie plana que conforma la berma de cota 34 m queda comprendida entre las líneas mns y pqr, y los tramos mp y sr de la línea de nivel de cota 34 m del terreno. El proceso se repite para todos los desmontes, como el correspondiente al tramo AD.

Respecto al perfil longitudinal, cabe indicar el diagrama de curvaturas correspondiente a la alineación curva AB de radio 102,00 m y longitud 128,25 m.

El cálculo de volúmenes de movimiento de tierras se realiza de forma similar al caso ya considerado de vial horizontal y planta recta. Los perfiles transversales que contemplen desmontes serán similares al de la fig. 169.

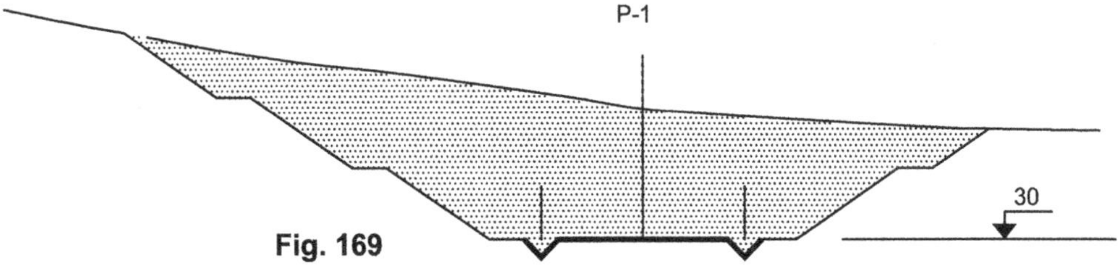

Fig. 169

Las superficies producidas por el acuerdo de un trazado recta/circunferencia pueden ser de mayor dimensión que las propias superficies cónicas asociadas. En la fig. 170, el cono de talud del terraplén inferior finaliza en su vértice O. A partir de este punto continúa el terraplén con los planos de talud adyacentes que dan lugar a la limahoya OP. De haberse tratado de un desmonte se habría generado una limatesa.

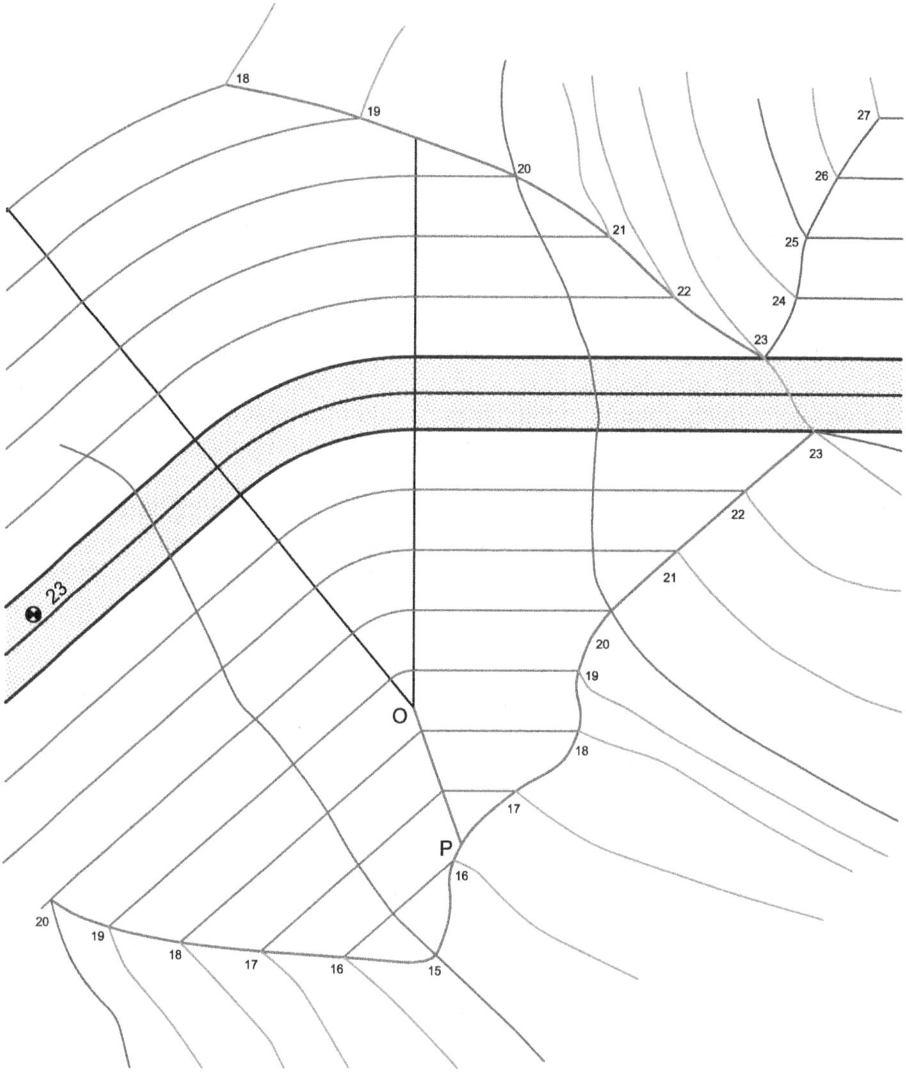

Fig. 170

29.3 Viales de planta recta y pendiente constante. Método de los conos de talud

Supuesta la superficie topográfica teórica de la fig. 171, se desea trazar una rampa que, desde el punto Z a cota +13, tenga un módulo ascendente mv dado en forma gráfica.

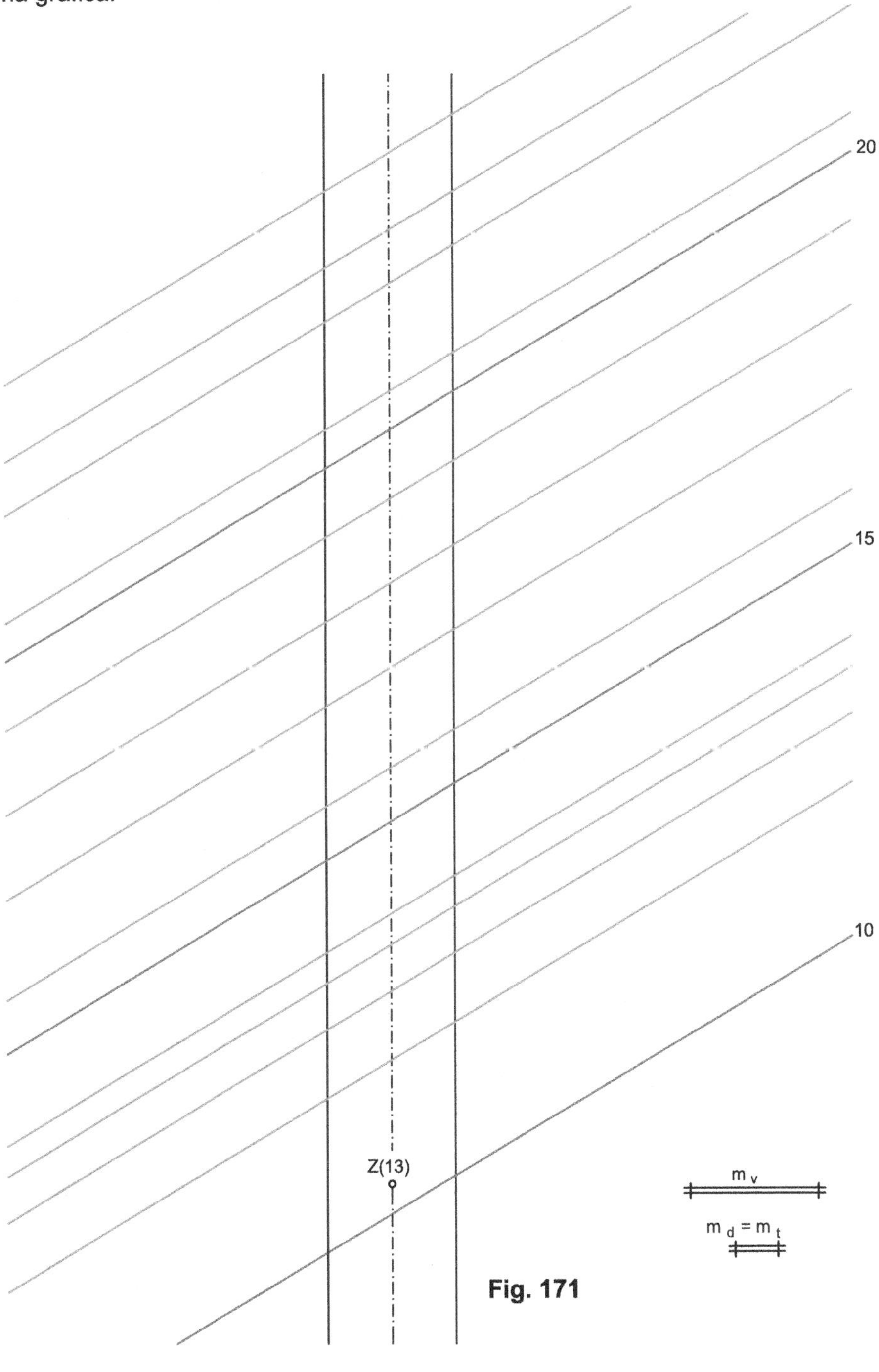

Fig. 171

Los módulos de desmontes y terraplenes serán $m_d = m_t = m$, todos ellos representados de forma gráfica. Trasladando el módulo del vial a partir del punto Z, establecemos su graduación y líneas de cota entera desde la 13 a la 21, que son las incluídas en los límites del dibujo.

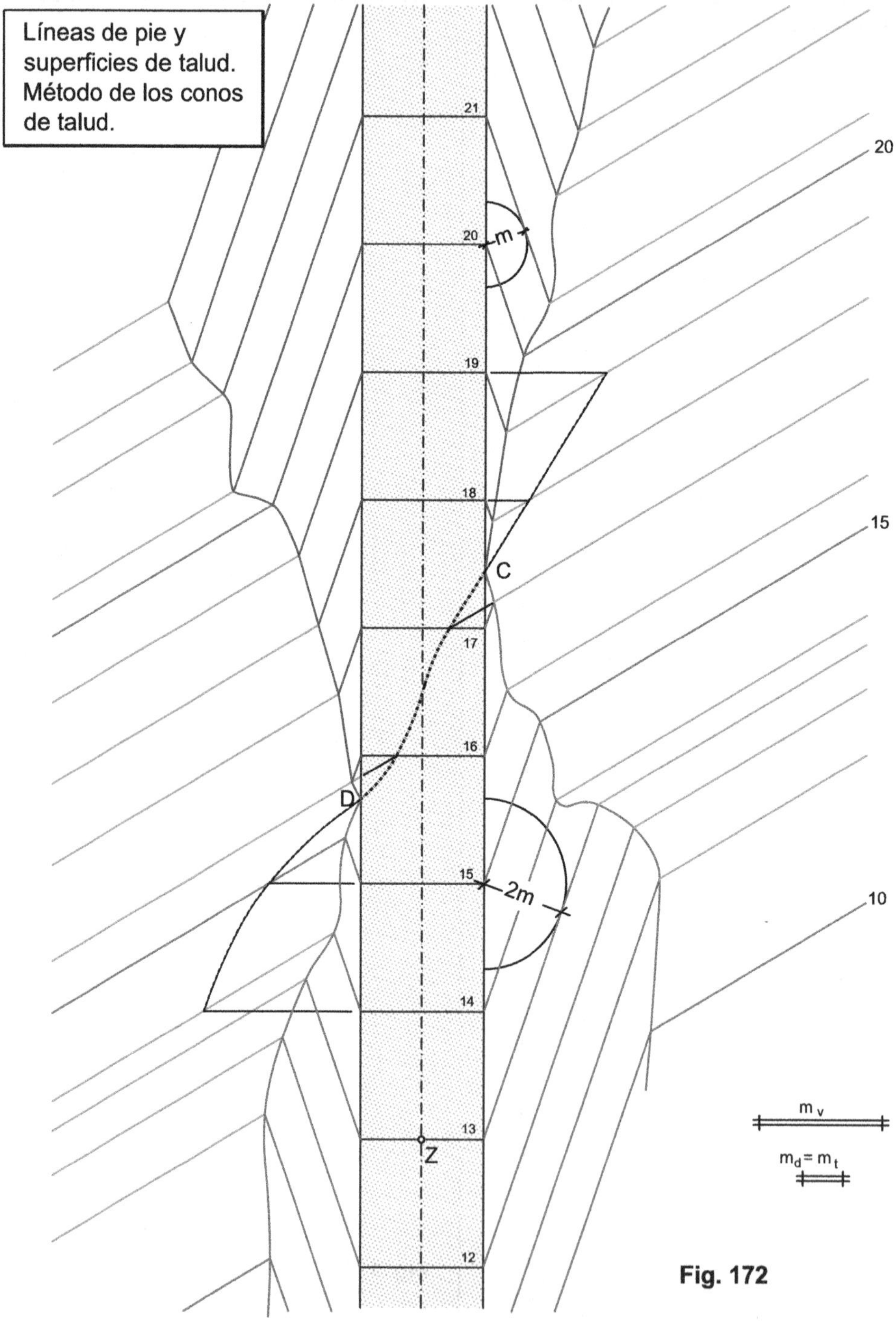

Fig. 172

Como se ha visto anteriormente, el paso previo a la ejecución gráfica de los movimientos de tierras es la obtención de la línea de paso.

Cuando se trataba de viales horizontales ésta se reducía a una, o varias, líneas de nivel, cuya cota coincidía con la de la rasante buscada; en el caso que nos ocupa ahora, al ser el vial de cota variable, ya no será posible la solución anterior.

Determinamos la línea intersección de la superficie plana formada por el vial, fig. 172, como si ésta no estuviera limitada por sus bordes, con el terreno. Basta hallar puntos de intersección de las horizontales del vial con las de igual cota del terreno, obteniéndose una curva que es la línea de paso buscada. Los puntos de corte de esta línea con los bordes de la plataforma, puntos C y D de la fig. 172, serán los puntos de paso de desmonte a terraplén.

Cuando los viales eran horizontales, sus bordes se constituían en líneas horizontales de cota de las superficies de talud buscadas. Ahora, al tener pendiente el vial, ya no será así, y han de determinarse los planos de talud que tienen común con el vial las líneas de borde, tal como se vio en el apartado 27.4.1.

Basta para ello tomar un punto de cota entera n del borde del vial (en la figura se ha tomado el de cota 20) y, tomándolo como centro, trazar la circunferencia de radio igual al módulo del plano de talud buscado (en este caso 2). Trazando una tangente a la circunferencia anterior desde un punto de cota n±1 se obtiene una horizontal del plano de talud y, a partir de ella, todas las que se deseen por paralelismo a distancias iguales al módulo.

Cuando el talud buscado es en desmonte, trazamos la tangente desde la cota inmediata superior; si es en terraplén desde la inmediata inferior. Si las circunstancias de exactitud gráfica lo aconsejaran, se podría haber tomado un radio de dimensión 2m: esto es lo efectuado en el punto de cota 15, determinando la horizontal mediante la tangente desde el punto de cota 13, (n-2), por ser un plano de terraplén.

La solución del problema se reduce, una vez efectuadas las construcciones indicadas, al corte de las horizontales de los planos de talud con las curvas de nivel del terreno de igual cota, obteniéndose puntos de las líneas de pie de taludes, que se dibujan a estima.

29.4 Viales de planta recta y pendiente constante. método de los perfiles transversales.

Ya hemos indicado anteriormente, aunque de forma somera, que un procedimiento tradicional para obtener los movimientos de tierras en los trazados de caminos es el llamado de los perfiles. Consiste éste en la determinación de una serie de perfiles transversales sucesivos y conjuntos de los taludes y el terreno, a partir de los cuales se obtienen las líneas de pie de los taludes establecidos.

Vamos a resolver según este método la misma cuestión planteada en el caso anterior, según lo expresado en la fig. 171, para, posteriormente, comparar resultados con el método de los conos de talud ya explicado, justificando la diferencia de resultados.

Determinamos para ello, fig.174, la línea de paso de igual manera a como se realizó en la fig. 171, y expresamos gráficamente las pendientes de los taludes correspondientes a sus módulos ya conocidos $m_d = m_t = m = 2$, según se representa en la fig. 173.

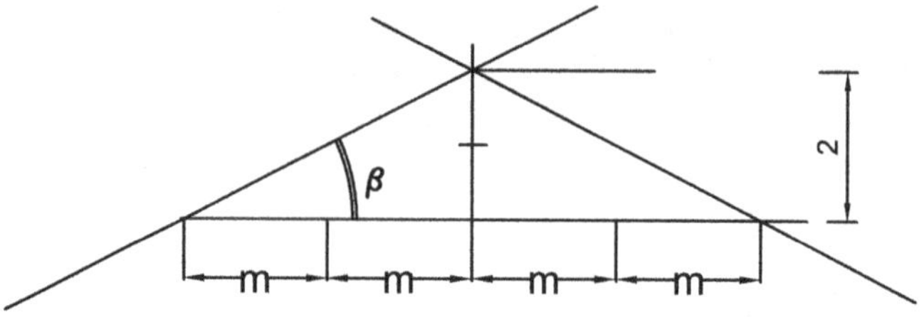

Fig. 173

Con el ángulo ***β*** obtenido, se realizan a continuación una serie de perfiles perpendiculares al eje del vial por cada uno de los puntos de cota entera del mismo: P-1(13), P-2(14),... P-9(21), fig.173, en donde se dibujan los correspondientes a taludes y terreno. Consideramos el perfil P-8 de cota 20, en el que el vial, por discurrir entre desmontes, es del tipo " en trinchera ". Donde se cortan los taludes y el terreno, puntos A y B de la figura, corresponden a dos puntos del borde del talud en el perfil. Refiriendo dichos puntos a su proyección acotada en el perfil P-8, puntos A´ y B´ de la figura, se habrán obtenido dos puntos de la línea de coronación del desmonte buscada.

Con el procedimiento empleado no sólo se hallan las líneas de pie de taludes de los movimientos de tierras sino que, por su propio desarrollo, se obtiene una serie de perfiles del vial y del terreno, sumamente aptos para definir verticalmente las características del mismo, y permitir el proceso de obtención de volúmenes. En la fig. 175 se han dibujado los perfiles obtenidos en la figura 174, que permiten analizar el vial trazado.

Se observa en la fig. 175 como, desde el perfil P-1 con cota 13 de partida en la que el vial discurre elevado, se pasa en el perfil P-4 a ser del tipo a media ladera, y en el perfil P-6 a ser en trinchera.

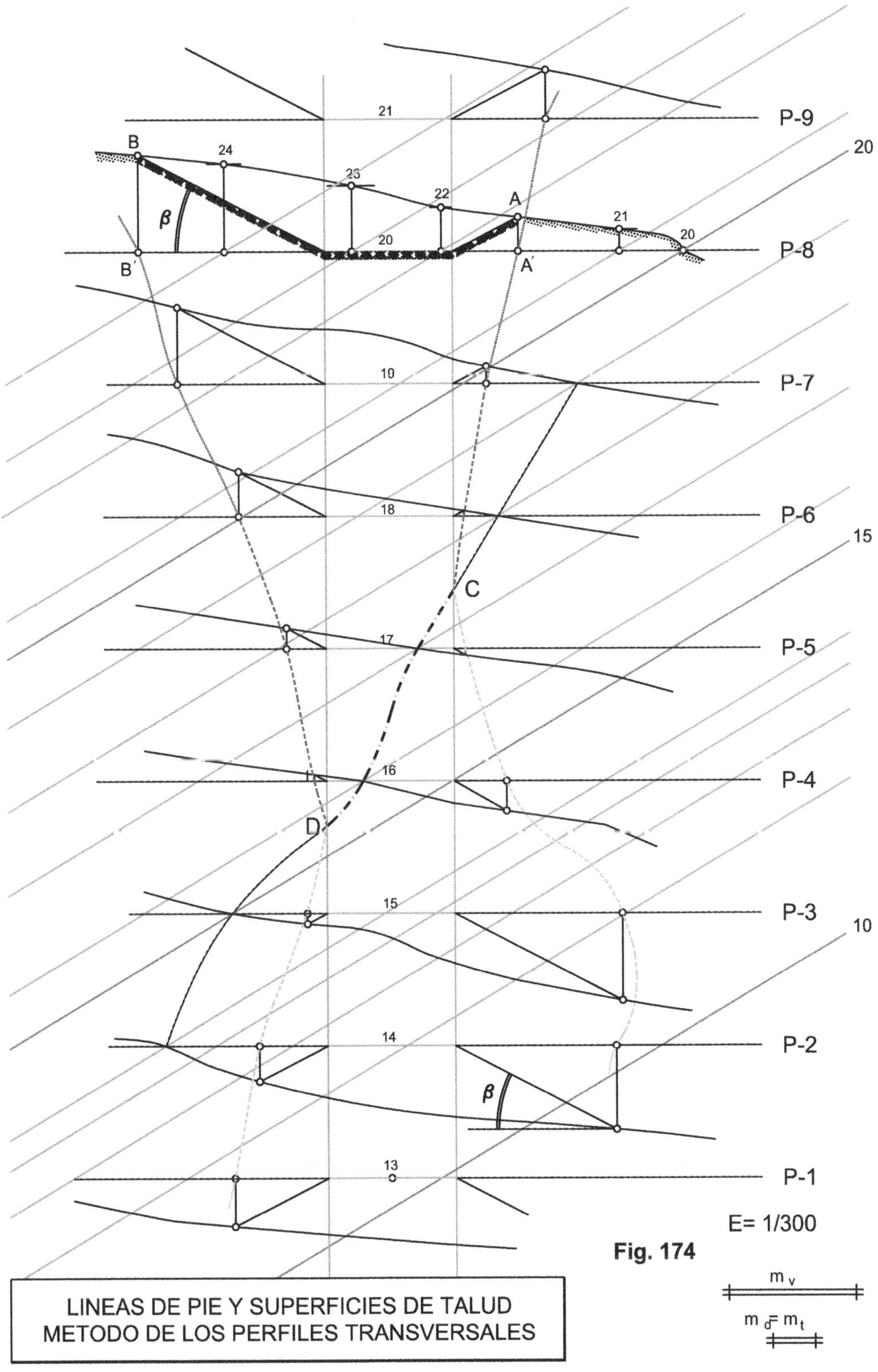

P-9
P-8
P-7
P-6
P-5
P-4
P-3
P-2
P-1
B
B′
A
A′
C
D
β
24
23
22
21
20
19
18
17
16
15
14
13
10
E= 1/300
m_v
$m_d = m_t$
LINEAS DE PIE Y SUPERFICIES DE TALUD
METODO DE LOS PERFILES TRANSVERSALES

Fig. 174

PERFILES TRANSVERSALES

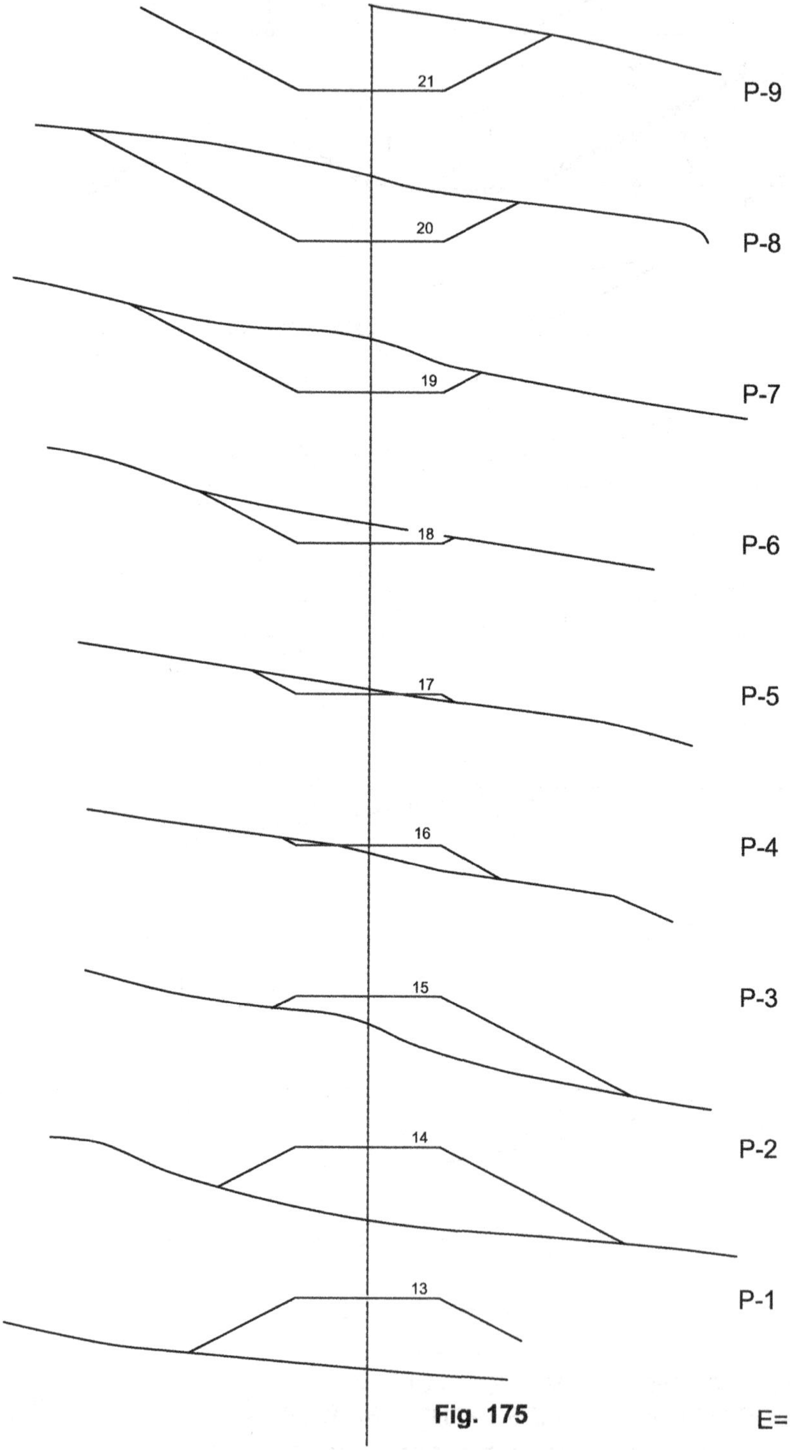

Fig. 175

E= 1/300

29.5 Comparación entre el método de los conos de talud y el método de los perfiles

El problema planteado en la fig. 171 se ha resuelto por dos procedimientos distintos con resultados que no son iguales. En las figs. 176a y b se justifica la diferencia.

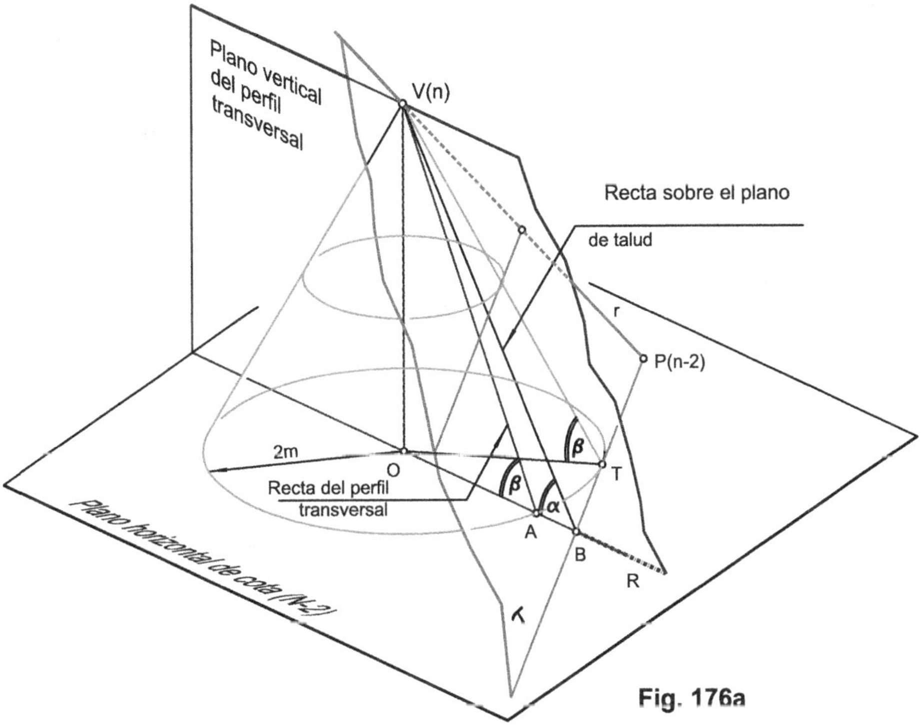

Fig. 176a

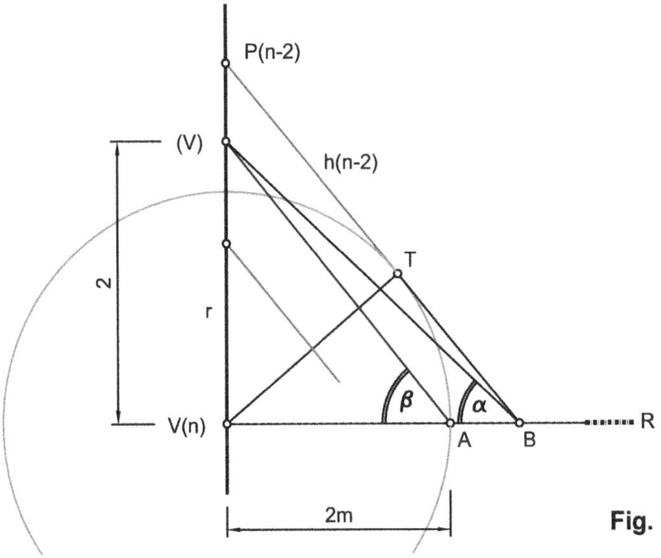

Fig. 176b

Se considera el cono de talud de vértice V a la cota n, y dos unidades de altura, la circunferencia de su base tendrá de radio dos módulos. En el método de los conos de talud, el plano de talud t que pasa por la recta r tiene por horizontal de cota n-2 a la recta PTB.

Cuando se traza el perfil transversal que pasa por V, se está utilizando un plano vertical que pasando por V tiene su traza VR, fig. 176b, ortogonal a la proyección acotada de la recta r, obteniéndose como punto del pie de talud el punto A, correspondiendo al talud así trazado un ángulo de inclinación β mayor que el ángulo α del talud real.

Existe, en consecuencia, cuando se utiliza el método de los perfiles un desplazamiento de la línea de pie de taludes hacia los bordes de la plataforma representado por el segmento AB, digamos que se reducen con este método los volúmenes de movimientos de tierras, siendo menores las superficies afectadas por ellos. Cuando los viales son horizontales, el método de los perfiles es geométricamente exacto, apartándose de la exactitud proporcionalmente a la pendiente del vial y a los taludes tratados. En vías de comunicación de poca pendiente, como son todas las redes generales, esta inexactitud es despreciable en comparación con las ventajas de obtener numerosos perfiles para definirlas. Se une a ello la mecánica reiterativa del método, sumamente apta para el proceso informático de la cubicación. De cualquier modo, el error de la toma de datos es del mismo orden.

En la figura 177 se han superpuesto las soluciones de las líneas de pie de taludes de desmonte y terraplén obtenidas anteriormente por los dos métodos. Con línea discontinua se representa la correspondiente al método de los perfiles, y en continua la de los conos de talud.

COMPARACION DE RESULTADOS

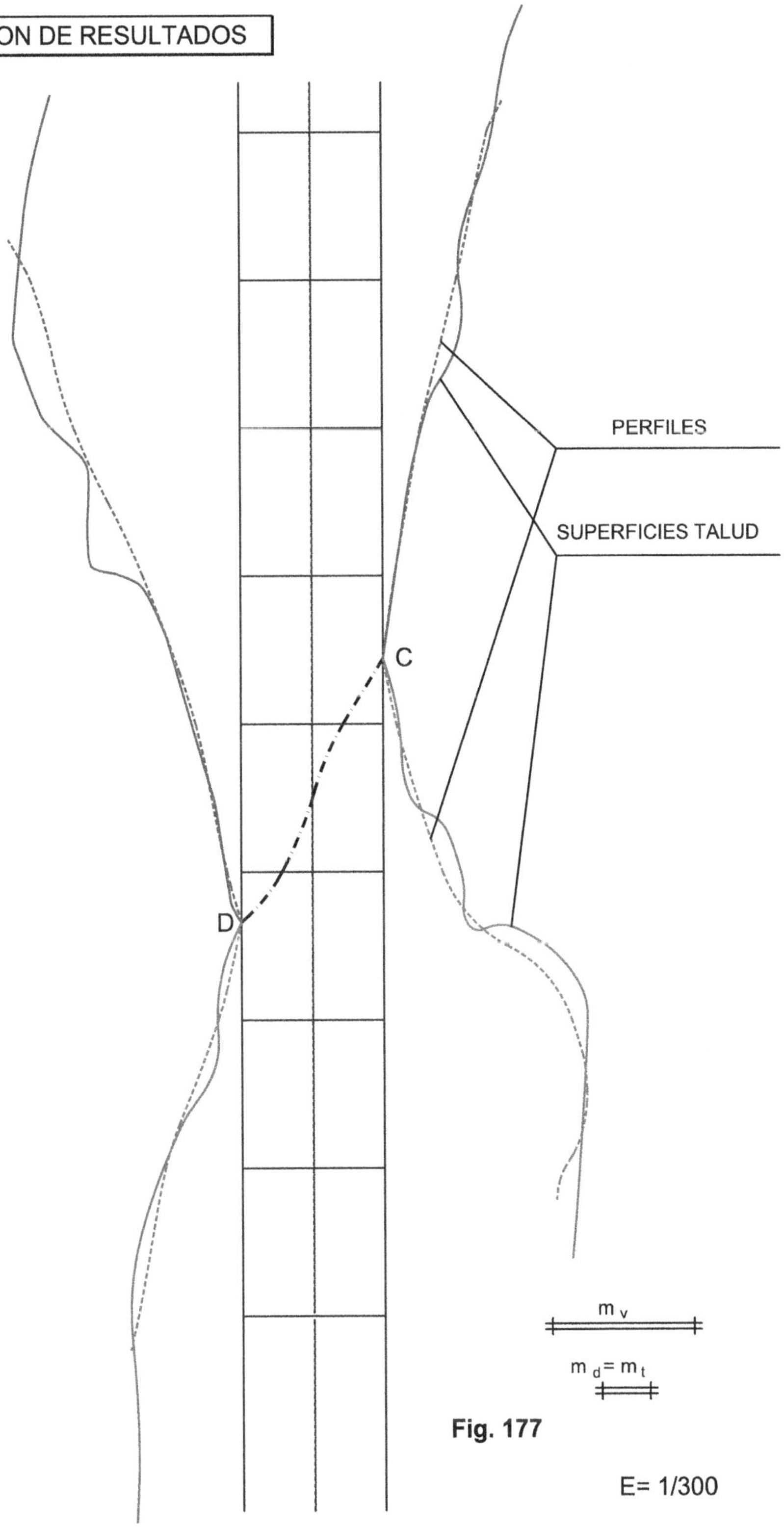

Fig. 177

29.6 Vial de planta recta y pendiente constante sobre superficie topográfica

Como aplicación de lo expuesto anteriormente, se resuelve el vial de la fig. 178 sobre la topografía indicada, con módulo dado m_v para el vial, y m_d y m_t para los desmontes y terraplenes, respectivamente.

Resolvemos por conos de talud, fig. 179, determinando previamente la línea de paso. La horizontal de cota 18 del vial proporciona los puntos G y H sobre la línea de nivel del terreno de igual cota. Se ha obtenido el punto F, situado sobre el terreno

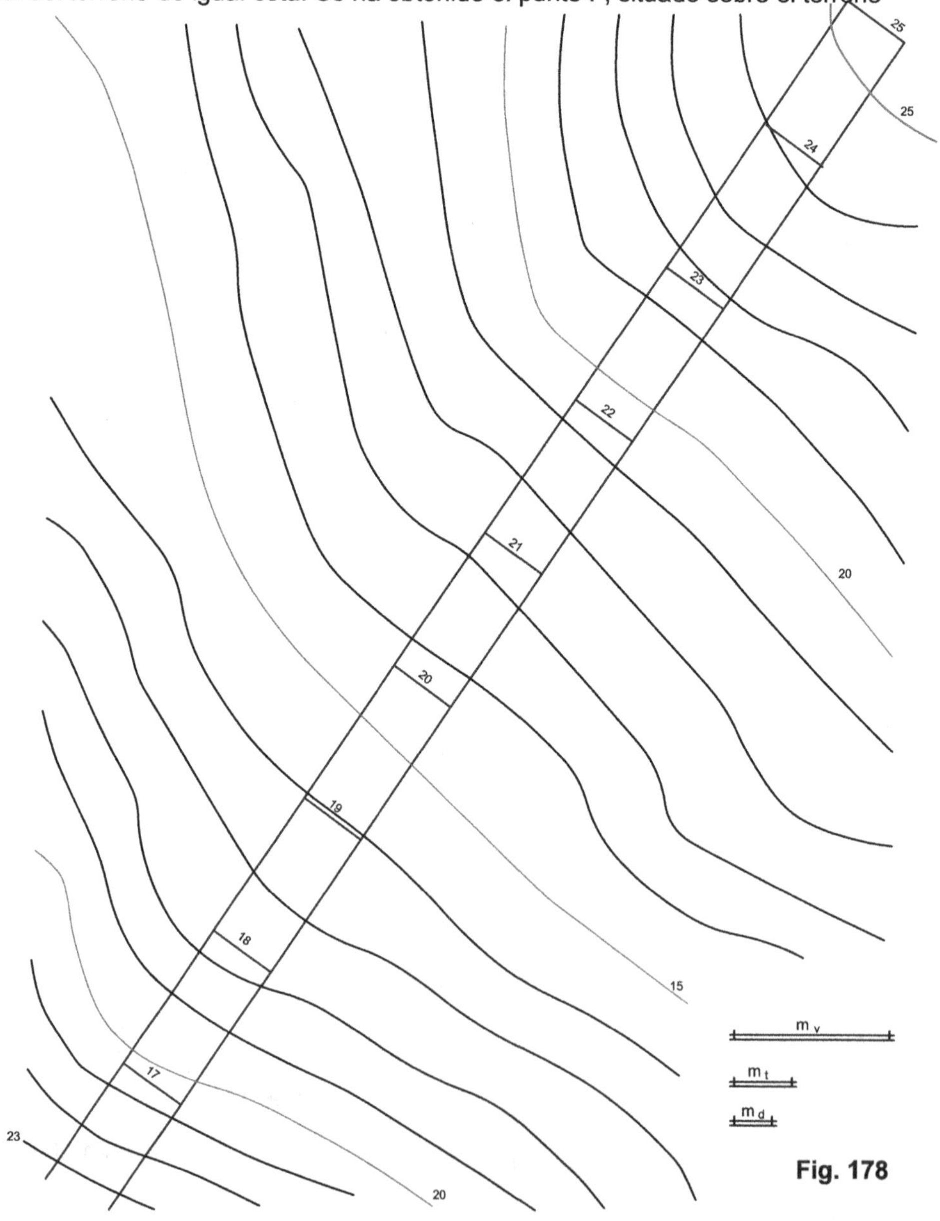

Fig. 178

sensiblemente a la cota 18,5, utilizando la horizontal del vial de cota 18,5. Igualmente se obtiene la otra línea de paso JK.

Determinadas las líneas de paso y delimitadas las zonas de desmonte y terraplén se dibujan los correspondientes conos de talud. El de desmonte con vértice en el punto de cota 17 del borde de cuneta y base de radio $2m_d$ a la cota 19. El de terraplén con vértice en el punto del borde del vial de cota 20 y base de radio $2m_t$ a la cota 18.

Trazando las horizontales de los planos de talud y hallando sus intersecciones con el terreno por los procedimientos ya conocidos se determinan las líneas de borde de los movimientos de tierra precisos para la ejecución del vial.

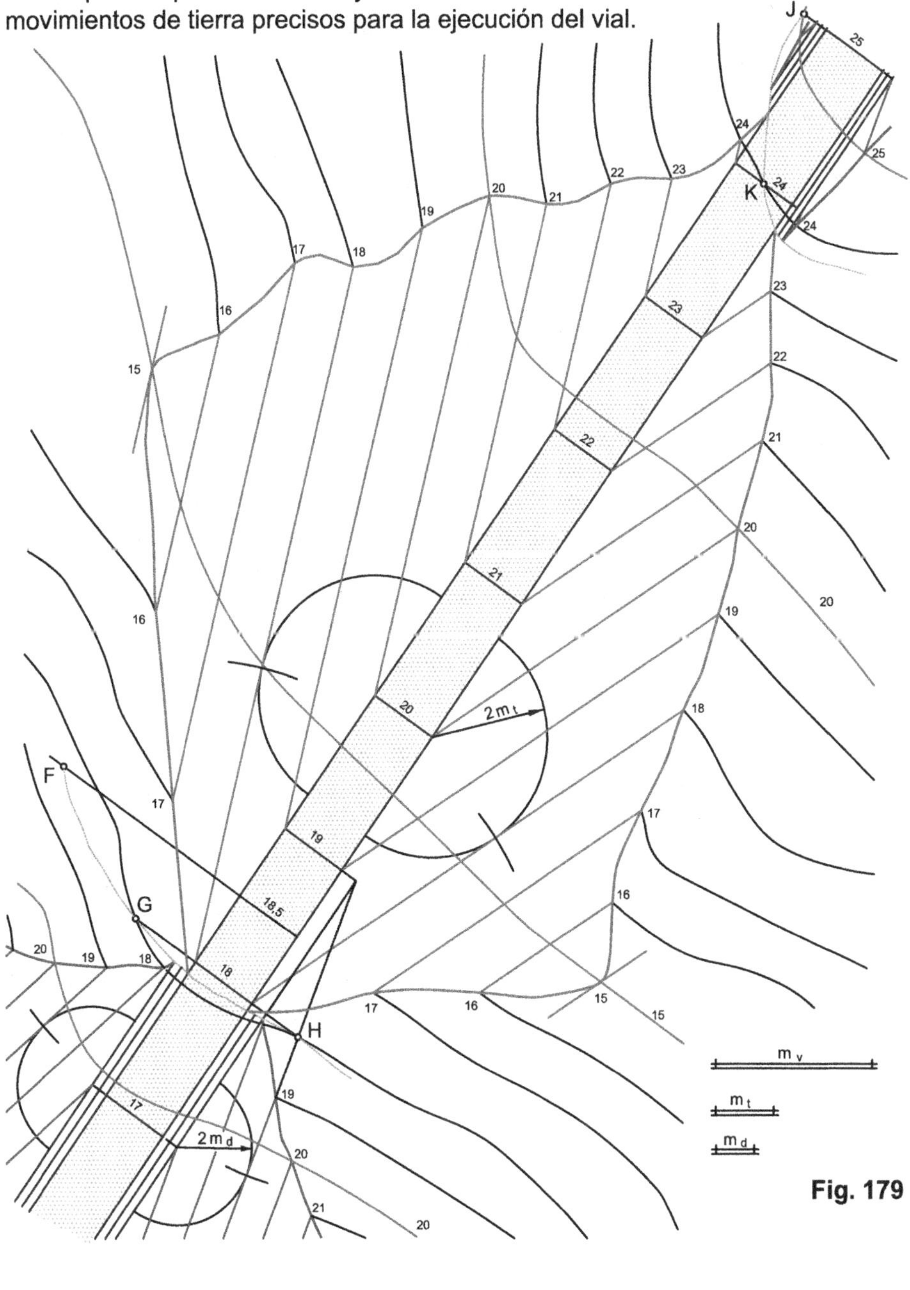

Fig. 179

29.7 Vial con planta mixtilínea y pendiente constante

La solución de los movimientos de tierras para viales en curva se puede abordar mediante el empleo de conos de talud o por el método de los perfiles transversales, con las reservas ya indicadas.

En la fig. 180, se representa el trazado de un vial de 11,00 m de anchura, que tiene señaladas las cotas del mismo. Como se ve, el vial describe dos curvas de centros O y P, y su pendiente es sensiblemente uniforme. Los módulos de los desmontes y terraplenes serán iguales y su valor $m_d = m_t = m = 6$. El plano topográfico tiene escala 1/1.000. Se va a resolver por el método de los conos de talud, y como aplicación de lo visto en el apartado 27.4.2 sobre superficies de talud.

Como es habitual, fig. 181, trazamos la anchura del vial y determinamos las dos líneas de paso L-N por interpolación. La parte central el vial quedará elevado, mientras que su entrada y salida se encontrará en trinchera. La aplicación del método de los conos de talud a los tramos rectos no ofrece diferencia con anteriores aplicaciones, por lo que no la referimos.

Para el tramo curvo trazamos conos de talud de vértices en los puntos de cota entera del borde del vial, de directrices circunferencias de centros la proyección acotada de dichos puntos y radios múltiplos del módulo del talud, proporcionales a la altura del vértice, con un procedimiento similar al empleado para los planos de talud. Así, el cono trazado con vértice en la cota +20 del borde del vial y altura 1, se proyecta como una circunferencia de radio m y cota +19; el trazado con vértice en el punto de cota 21 del borde del vial y altura 2, se proyecta como una circunferencia de radio 2m y cota +19, la línea de nivel de la superficie de talud que parte del punto de cota 19 del borde del vial deberá ser tangente a las dos circunferencias anteriores. Se reitera el proceso para obtener las distintas curvas de nivel de la superficie de talud, cuya intersección con las curvas de nivel del terreno de igual cota dará puntos de la línea de pie de terraplén. El resultado final puede verse en la fig. 181 donde, además de las cunetas, se han señalado las zonas de terraplén destinadas a señalización.

En los tramos curvos, la superficie de la plataforma del vial, sin considerar peraltes, es un helicoide axial recto pudiendo considerarse como directriz la hélice descrita por el eje del vial. Los bordes de la plataforma describen sendas hélices, del mismo paso que la del eje pero con distinto ángulo helicoidal. Las superficies de talud obtenidas en los tramos curvos son, como ya se indicó, helicoides desarrollables, con independencia de que no hayan sido considerados como tales en el dibujo.

El procedimiento seguido es independiente de la geometría de la curva directriz y, por tanto, aplicable a cualquier tipo de trazado, por ejemplo a las curvas de transición, lo que lo convierte en un método general.

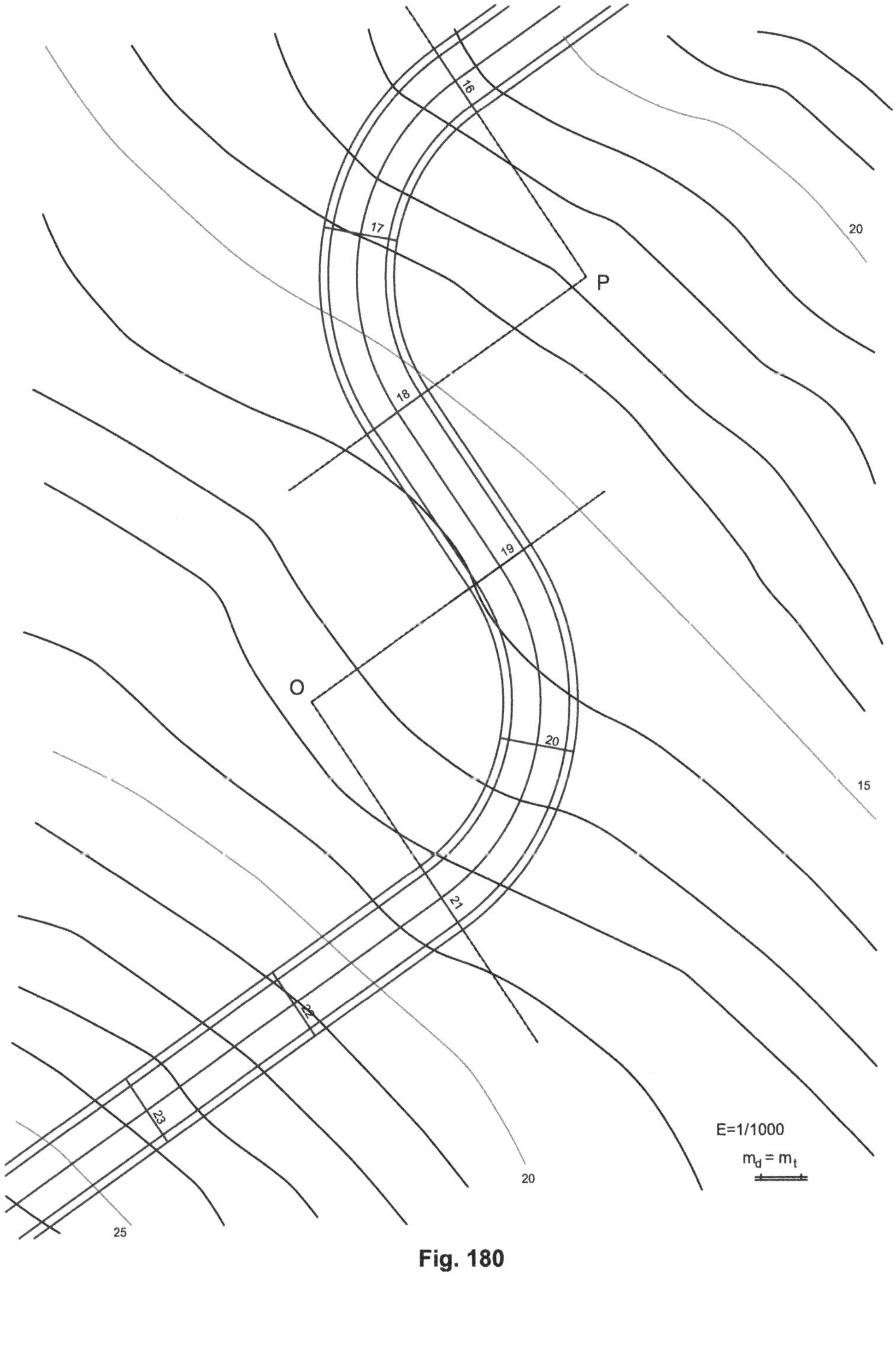

Fig. 180

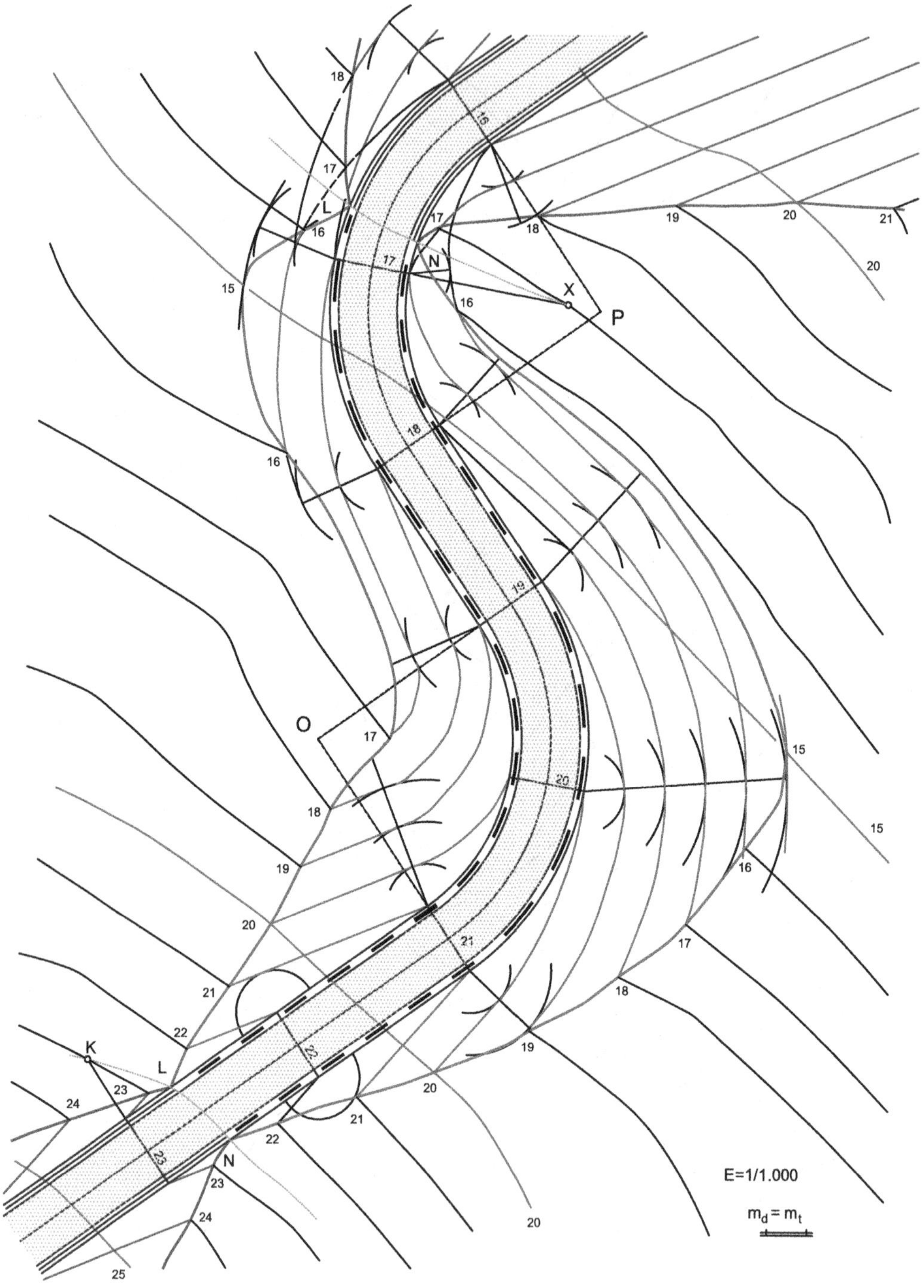

Fig. 181

Made in the USA
Monee, IL
06 November 2026

67375735R00136